普通高等学校“十四五”规划计算机类专业特色教材

数据库应用开发技术

刘黎志　吴云韬　牛志梅　编著

华中科技大学出版社
中国·武汉

内容介绍

本书首先介绍了如何使用 SQL Server 数据库管理系统对数据库进行基本操作，然后依次详细讲解了如何对基于数据库的窗体应用程序、ASP. NET Web 应用程序、跨平台的手机应用程序进行开发。全书共分 6 章：第 1 章为 SQL Server 基础，第 2 章为使用 ADO. NET 开发 Windows 窗体应用程序，第 3 章为 Entity Framework 基础，第 4 章为使用 ASP. NET Core MVC 开发 Web 应用程序，第 5 章为 Angular 开发基础，第 6 章为使用 Angular＋Ionic＋Cordova 开发跨平台移动端 APP。

本书可以作为计算机类及信息技术类相关专业在读本科生的教材，也可作为数据库应用技术人员、软件开发人员的业务参考书。

图书在版编目(CIP)数据

数据库应用开发技术/刘黎志，吴云韬，牛志梅编著. —武汉：华中科技大学出版社，2021. 5（2023. 8 重印）
ISBN 978-7-5680-7106-2

Ⅰ. ①数…　Ⅱ. ①刘…　②吴…　③牛…　Ⅲ. ①数据库系统　Ⅳ. ①TP311. 13

中国版本图书馆 CIP 数据核字(2021)第 083795 号

数据库应用开发技术
Shujuku Yingyong Kaifa Jishu

刘黎志　吴云韬　牛志梅　编著

策划编辑：范　莹
责任编辑：陈元玉
封面设计：原色设计
责任监印：周治超
出版发行：华中科技大学出版社(中国・武汉)　　电话：(027)81321913
武汉市东湖新技术开发区华工科技园　　邮编：430223
录　　排：武汉市洪山区佳年华文印部
印　　刷：广东虎彩云印刷有限公司
开　　本：787mm×1092mm　1/16
印　　张：22
字　　数：534 千字
版　　次：2023 年 8 月第 1 版第 2 次印刷
定　　价：53.00 元

前　　言

与云计算、大数据、移动互(物)联网、人工智能、区块链技术相关的新业态、新经济发展模式已经成为GDP新的增长点，信息产业已经成为名副其实的支柱产业。为满足新业态和新经济发展模式对人才规格的需求，国家、社会和产业都对计算机专业技术人才的培养提出了新的要求，要求面向新产业、新经济、新业态来建设新工科，教育部先后实施了“卓越工程师计划”和“新工科建设计划”来保障这一战略目标的实现。2016年，我国正式签署了《华盛顿协议》，成为该协议的第18个成员国。这一系列举措，就是要促使高校对传统的教学模式进行改革，按工程教育专业认证的理念组织课堂及实践教学，培养能符合新经济发展模式下社会所需要的计算机专业工程技术人才。工程教育专业认证的三大理念“以学生为中心”、“产出导向(OBE)”、“持续改进”，相辅相成，形成一个封闭的循环体，不断地对教学过程和人才培养质量进行着完善，提高了专业的办学水平。

建设新工科及按工程教育专业认证的要求进行教学，其核心就是为了提升学生的能力，让学生在工作中解决复杂的工程问题。随着社会经济的发展以及“互联网+”向各行各业的渗透及改造，产业及社会对计算机类专业人才需求的规格也越来越高。目前，计算机本科相关专业的教材大多还是针对学科领域中的一些经典问题进行讲解，偏重于知识传授和理论学习，对如何引导学生利用学到的知识去解决现实中的实际问题则介绍的不多，或者内容陈旧，已经跟不上时代的节奏。对于省属高校，本科教学的主要任务是为地方经济的发展服务，大多数学生还是服务于中小型企业，这就要求我们的教学内容要相对务实一些，在系统地对理论知识进行讲解后，对于计算机类的学生，更重要的是锻炼动手实践能力，真正学到本领，能够在计算机相关领域独立从事计算机应用系统的规划、架构、设计和开发等工作。经过5年左右的实践和学习，可承担所在部门或团队的项目经理、技术负责人、技术骨干等重任。信息产业的发展非常迅速，新的系统、应用、模型、框架层出不穷，这就要求我们培养的学生能够通过自我学习，持续更新知识体系，适应领域中不断出现的新技术、新概念，具备对前沿技术的敏感性和洞察力。

数据库原理与应用是计算机类学生在本科阶段必须学习的一门重要的专业基础课程，在今后的工作中，只要涉及数据存储，都要用到数据库技术。笔者在10余年的数据库课程教学过程中，深感需要写一本教材来指导学生运用数据库技术进行应用程序的开发，掌握常用的开发技术、框架及模型。按照工程教育专业认证的要求，让学生具备基于数据库的应用程序的开发能力，为今后的工作和研究打下坚实的基础。

本书首先介绍了如何使用SQL Server数据库管理系统对数据库进行基本操作，然后依次详细讲解了如何对基于数据库的窗体应用程序、ASP.NET Web 应用程序、跨平台的手机应用程序进行开发。与国内外同类书籍相比,本书的主要特点如下。

(1) 计算机类及信息技术类本科相关专业的数据库课程一般偏重于理论知识,本书则可以指导学生如何使用数据库进行各类应用程序的开发,将数据库的理论知识应用到实践中去。

(2) 学生面对数据库应用程序开发的各种不同的技术、框架、模型往往无从下手,通过网络查阅到的相关文献的质量也良莠不齐。本书将目前流行的几种主要应用程序的开发技术进行了归纳,所有程序代码均经过了严格的测试及教学过程检验,能很好地指导学生进行数据库的应用开发,从而具备解决实际问题的能力。

(3) 按照数据库应用程序开发的历史发展过程,依次进行教材内容的设计。让学生理解和掌握数据库应用程序开发的整个技术架构,引导学生进行后续的深入学习。

全文源代码的下载链接为 https://pan.baidu.com/s/1Q9yN-7WMoP60Y_9p3VsDZw,提取码为 two0。

本书可以作为计算机类及信息技术类相关专业在读本科生的教材,也可作为数据库应用技术人员、软件开发人员的业务参考书。

武汉工程大学教务处处长王海晖,在本书编写过程中提出了许多宝贵的意见,并对本书的出版给予了大力支持,在此表示衷心的感谢。武汉工程大学计算机科学与工程学院、人工智能学院吴云韬院长,审阅了全书,并参与了部分章节的编写;牛志梅老师作为计算机科学与工程学院数据库原理及应用课程的负责人,参与了部分章节的编写,并结合多年的数据库课程教学实践经验,对本书内容提出了许多中肯的意见,在此,对两位老师的辛勤付出表示感谢。2019 级硕士研究生张晨跃,2018 级本科生文鸿宇、徐凤卓、银莹、饶磊同学参与了本书的修订和代码的审阅工作,在此,也对他们表示感谢。书中的不妥和错误之处,望读者不吝指正。

编　者

2021 年 1 月 18 日

目　录

第1章　SQL Server基础

SQL Server是由美国微软公司开发的关系数据库管理系统，已经在市场上存在了20多年，是微软公司的一款成功的关系数据库产品。本章介绍SQL Server的基本使用，包括建立数据库和数据表、执行SQL语句、建立视图、使用存储过程及触发器、执行事务等内容。

1.1　建立数据库和数据表

本节介绍如何使用SQL Server Management Studio及查询分析器建立数据库和数据表。首先需要在自己的台式机或者笔记本电脑上安装SQL Server数据库引擎和SQL Server Management Studio两个组件。在这两个组件中，有些安装包是放在一起的，有些安装包是分开放的，选择安装包时要注意区分。本书使用的是SQL Server 2012版本，下载地址为https://www.microsoft.com/zh-cn/download/details.aspx?id=29062，在下载页面有下载包的详细说明，大家可以根据自己机器的情况安装32位或者64位的版本。一般安装Express版本即可(在下载页面选择文件名含SQLEXPRWT的安装文件)，如果需要学习数据仓库技术，则可以安装Advanced版本(在下载页面选择文件名含SQLEXPRADV的安装文件)。安装的过程很简单，一般都是跟着安装的界面点击“下一步”按钮。需要注意的是，在安装过程中，需要选择“Windows”和“SQL Server”两种用户验证方式，并设置数据库管理员的密码。SQL Server的身份认证方式在后续的Web开发中会用到。

1.1.1　使用图形化方式建立数据库和数据表

1. 建立数据库

安装SQL Server数据库引擎和SQL Server Management Studio成功后，启动SQL Server Management Studio，出现如图1.1所示的界面。

选择“Windows身份验证”或者“SQL Server身份验证”。“Windows身份验证”不需要输入密码，因为该验证方式是以Windows操作系统管理员的身份登录数据库引擎的，操作系统管理员拥有对其所管理软件的所有权限。“SQL Server身份验证”需要输入在安装数据库引擎时自定义的密码。登录数据库引擎成功后，会出现SQL Server Management Studio的操作主界面，如图1.2所示。

在图1.2中的“数据库”处点击鼠标右键，在弹出的快捷菜单中选择“新建数据库”，出现“新建数据库”界面，如图1.3所示。

在“数据库名称”处输入“StdMng2020”作为数据库的名称，确定数据库名称后，数据库的主文件(mdf文件)和日志文件(log文件)的名称会自动出现，mdf文件和log文件均存储在“D:\Data”目录下。将数据库的主文件(mdf文件)和日志文件(log文件)存放到指定的而不是默认的目录下是一个好的习惯，可以避免数据库的安装升级导致数据库丢失的情况。

图 1.1　登录 SQL Server

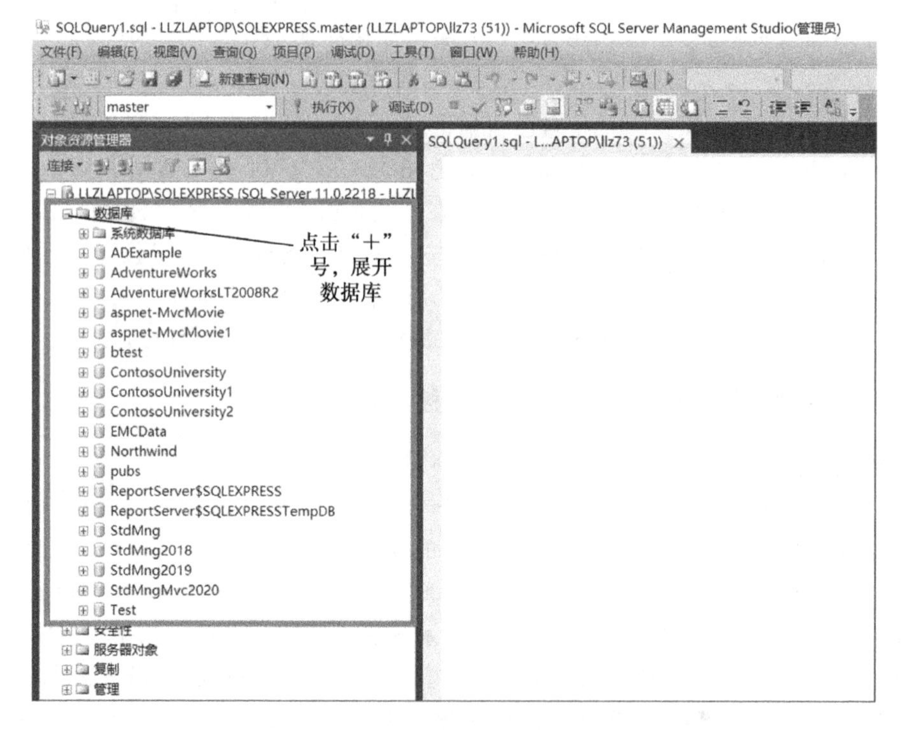

图 1.2　SQL Server Management Studio **的操作主界面**

点击“确定”按钮，确认数据库的创建。

2. 建立数据表

在 SQL Server Management Studio 的左侧数据库列表中找到刚刚新建的数据库“StdMng2020”，点击“+”号，展开数据库，在“表”处点击鼠标右键，在出现的快捷菜单中选择“新建表”，出现如图 1.4 所示的界面。

定义 t_Student 的表结构，如表 1.1 所示。

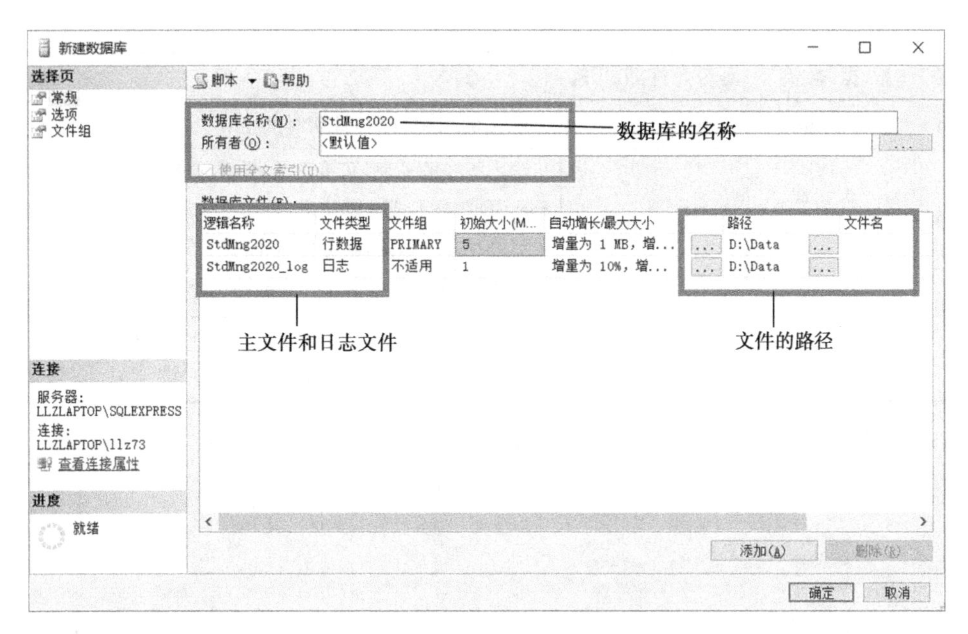

图1.3　“新建数据库”界面

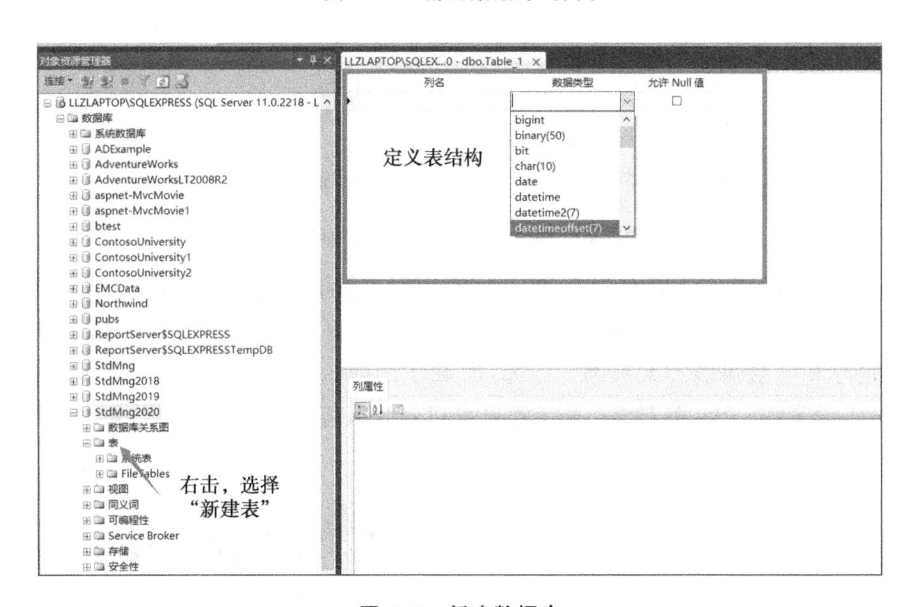

图1.4　新建数据表

表1.1　定义t_Student的表结构

列　名	数据类型	是否允许Null值	说　明
Sno	varchar(50)		学生的学号，可变字符类型，主码。和t_SC表中的Sno形成外键关系，为被参考对象
Sname	varchar(50)		学生的姓名，可变字符类型
SGender	varchar(2)		学生的性别，可变字符类型

续表

列　名	数 据 类 型	是否允许 Null 值	说　　明
SBirth	datetime		学生的出生日期，日期时间型
Sdept	varchar(50)	√	学生所在的系别，可变字符类型，外键。和 t_Sdept 表中的 SdeptID 字段形成外键关系，为参考对象，表示学生只能属于一个已经存在的系别，或者为 Null，表示学生不属于任何系别
SImage	varbinary(MAX)	√	学生的登记照，blob(二进制大对象类型)
Sage		√	学生的年龄、计算列，由 SBirth 导出。计算公式为(datediff(year,sbirth,getdate()))

Sage 计算列公式定义的位置如图 1.5 所示。

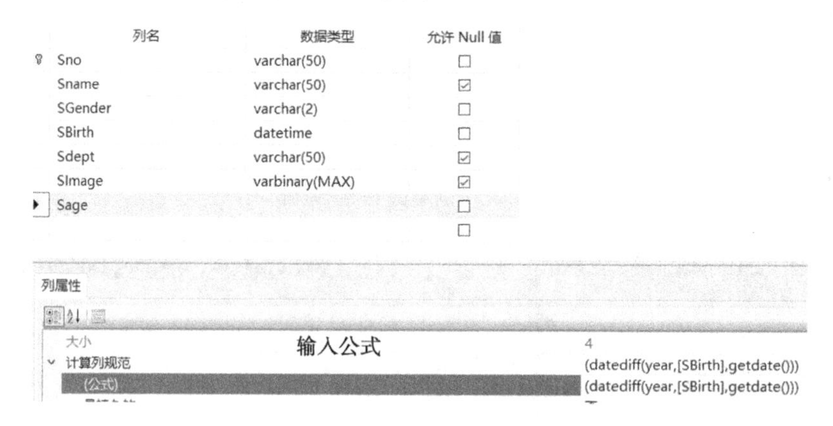

图 1.5　Sage 计算列公式定义的位置

datediff()和 getdate()均为 SQL Server 数据库引擎的内置函数，getdate()表示当前的日期，datediff(year,[SBirth],getdate())表示取当前日期和 SBirth 值的差值，以年为单位，这样求得的学生年龄可能不太准确。比如，如果今天是 2020 年 4 月 3 日，那么只要是 1998 年出生的，不管是哪一天，都是 22 岁。大家可以考虑使学生年龄的计算更加准确的公式。设置 sno 字段为主码的操作如图 1.6 所示。

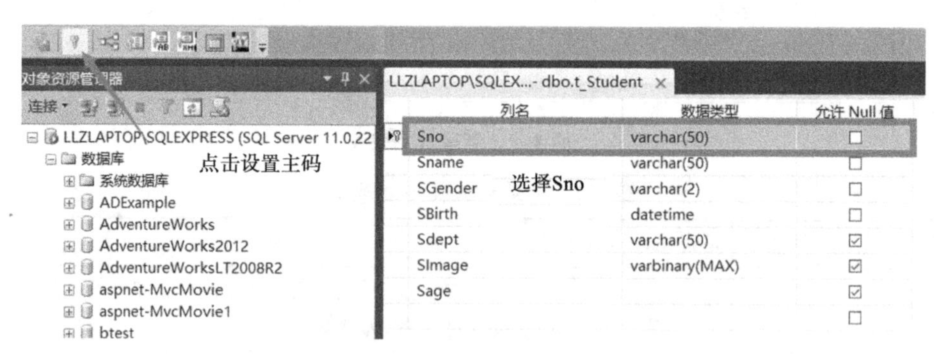

图 1.6　设置 Sno 字段为主码的操作

设置主码完成后，点击“保存”按钮，以“t_Student”为名称保存学生表。

按如表1.2所示的内容定义t_Sdept表结构，以SdeptID为主码，以t_Sdept为名称进行保存。

表1.2　t_Sdept表结构

列　名	数据类型	允许Null值	说　　明
SdeptID	varchar(50)		系别编号，可变字符类型，主码。和t_Student表中的Sdept形成外键关系，为被参考对象
SdeptName	varchar(50)		系别的名称，可变字符类型

按如表1.3所示的内容定义t_Course表结构，以Cno为主码，以t_Course为名称进行保存。

表1.3　t_Course表结构

列　名	数据类型	允许Null值	说　　明
Cno	varchar(50)		课程的编号，可变字符类型，主码。和t_SC表中的Cno形成外键关系，为被参考对象。和自身的CPno形成外键关系，为被参考对象
Cname	varchar(50)		课程的名称，可变字符类型
CPno	varchar(50)	√	课程的先修课，可变字符类型，外键。和自身的Cno形成外键关系，为参考对象，表示课程的先修课必须是一门已经存在的课程，或者为Null，表示该课程没有先修课
CCredit	smallint		课程的学分，16位短整型

按如表1.4所示的内容定义学生选课表结构，以(Sno、Cno)为主码，以t_SC为名称进行保存。同时选中Sno、Cno的方法是按住“Ctrl”键不放，然后鼠标依次点击Sno和Cno，保证同时选中后，再点击设置主键的按钮。

表1.4　学生选课表

列　名	数据类型	允许Null值	说　　明
Sno	varchar(50)		学生的学号，可变字符类型，主码，外键。和t_Student表中的Sno形成外键关系，为参考对象，表示只能是一个已经存在的学生才能选择课程，并且有考试成绩，由于为主属性，故不能为Null
Cno	varchar(50)		课程的编号，可变字符类型，主码，外键。和t_Course表中的Cno形成外键关系，为参考对象，表示只能是一门已经存在的课程才能被学生选择，并且有考试成绩，由于为主属性，故不能为Null
Grade	smallint		学生所选课程的考试成绩，16位短整型

3. 建立表之间的关系

(1) 设置系别和学生之间的一对多关系，外键为t_Student表中的Sdept，被t_Sdept表中的SdeptID约束。选中“t_Student”表后，点击鼠标右键，在出现的快捷菜单中选择“设计”，出现如图 1.7 所示的界面。

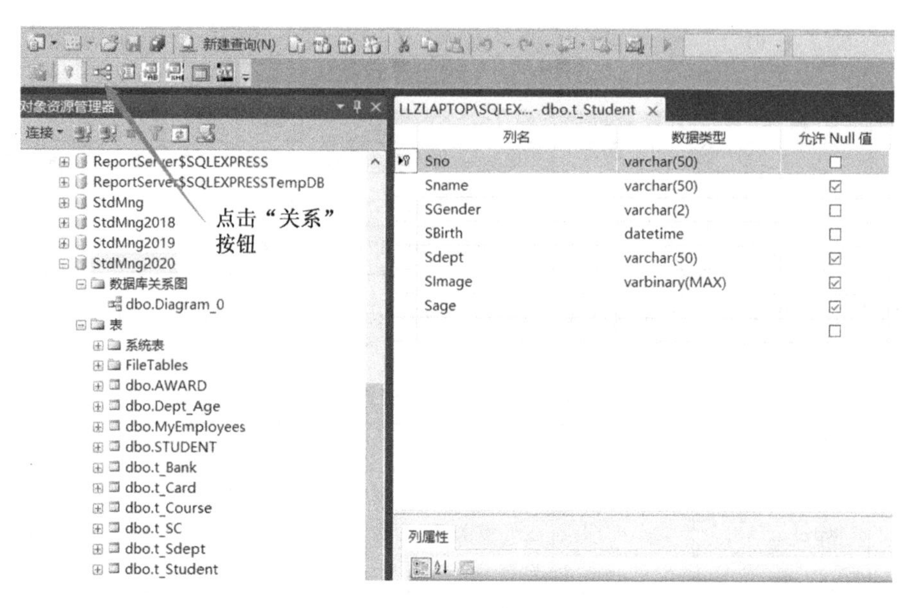

图 1.7 t_Student 表的设计界面

点击“关系”按钮后，在出现的关系设置界面中设置系别和学生的关系，如图 1.8 所示。

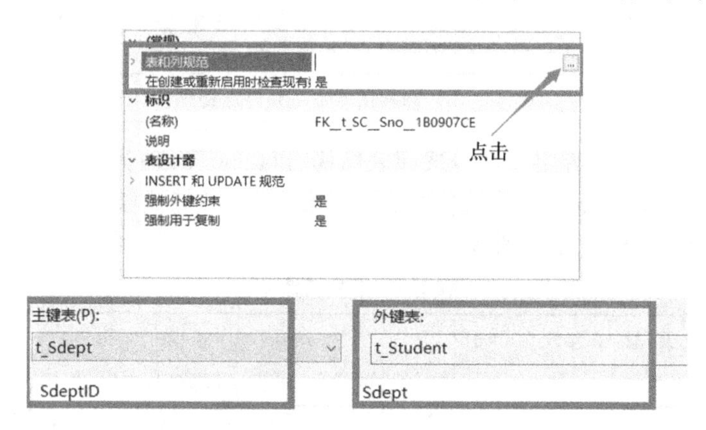

图 1.8 设置系别和学生之间的关系

点击“保存”按钮，保存所设置的关系。

(2) 设置先修课和课程之间的一对多关系，外键为 t_Course 表中的 CPno，被主键为 t_Course 表中的 Cno 约束。设置过程如图 1.9 所示。

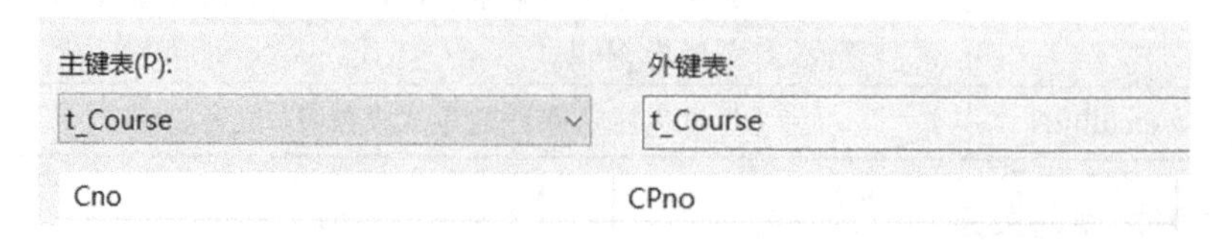

图 1.9 设置先修课和课程之间的关系

(3) 设置学生选课表和学生及课程之间的多对多关系。外键为 t_SC 表中的 Sno，被主键为 t_Student 表中的 Sno 约束；外键为 t_SC 表中的 Cno，被主键为 t_Course 表中的 Cno 约束。设置过程如图 1.10 所示。

主键表(P):	外键表:
t_Student	t_SC
Sno	Sno
主键表(P):	外键表:
t_Course	t_SC
Cno	Cno

图 1.10　设置学生选课表和学生及课程之间的关系

保存好后，右键点击“数据库关系图”，在出现的快捷菜单中选择“新建数据库关系图”，在出现的“添加表”对话框中，依次选择“t_Student”、“t_Sdept”、“t_Course”、“t_SC”四个表，点击“确定”按钮，出现如图 1.11 所示的数据表之间的关系图。

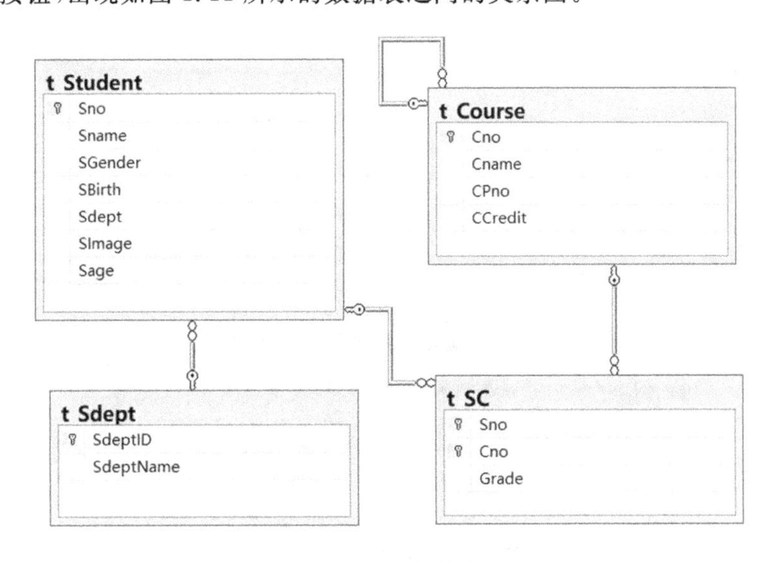

图 1.11　数据表之间的关系图

若图形如图 1.11 所示，则表示数据表之间建立的关系是正确的。

(4) 为学生表建立以下三个约束。

设置学生姓名为唯一键约束。右键点击 t_Student 表，在出现的快捷菜单中选择“设计”，出现如图 1.12 所示的界面，在工具栏上点击“管理键和索引”，出现如图 1.13 所示的界面，按照图 1.13 所示设置学生姓名为唯一键约束。

注意，唯一键是约束，不是主码，不要和主键的概念混淆。唯一键是指不允许有重名的学生，是数据完整性的一种保证，但是可以允许整个表的学生姓名中有一个为 Null 的。学生姓名的唯一键设置完成后，关闭对话框。在 t_Student 表的设计界面，点击工具栏上的“管理 check 约束”按钮，按照图 1.14 所示分别为学生表的性别字段及出生日期字段设置

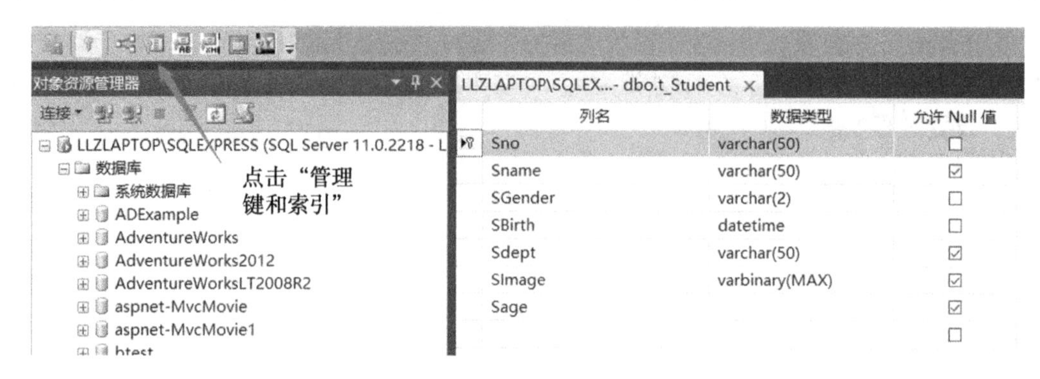

图 1.12　学生表设计界面

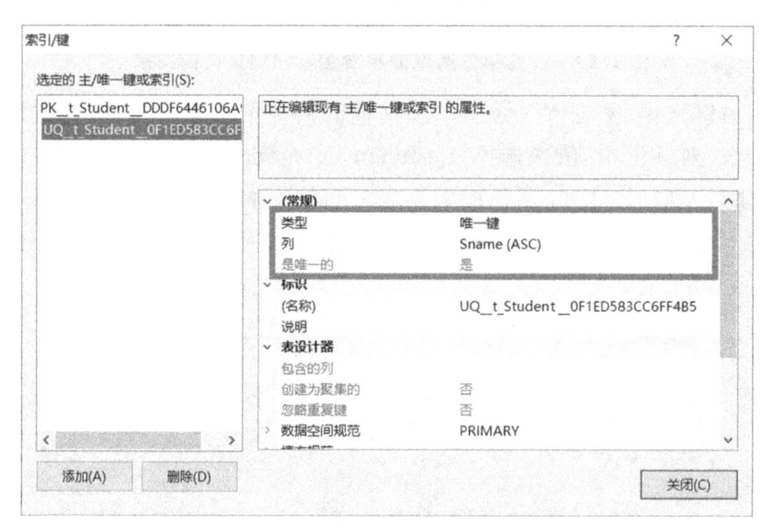

图 1.13　设置学生姓名为唯一键约束

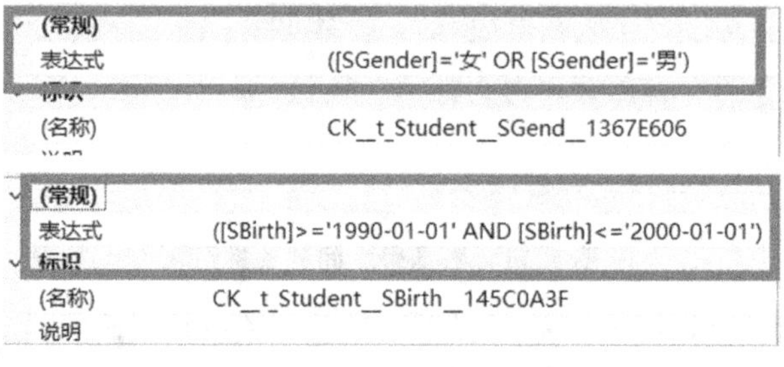

(常规)
表达式　([SGender]='女' OR [SGender]='男')
标识
(名称)　CK__t_Student__SGend__1367E606

(常规)
表达式　([SBirth]>='1990-01-01' AND [SBirth]<='2000-01-01')
标识
(名称)　CK__t_Student__SBirth__145C0A3F
说明

图 1.14　check 约束设置

check 约束，从而保证性别字段只能输入“男”或者“女”，出生日期在“1990-01-01”和“2000-01-01”之间。

check 约束是保证用户自定义完整性的一个重要手段，是数据库中数据有效性的重要保证。

1.1.2　使用 SQL 语句建立数据库和数据表

本节演示使用 SQL 语句建立数据库及数据表，关于 create database 和 create table 的具体语法本节不做深入讨论，大家可以查阅软件的官方文档获得更详细的帮助(最好在安装数据库引擎时，选择安装 SQL Server 2012 联机丛书，这样在 SQL Server Management Studio 的帮助菜单中就可以获得 SQL 语句的详尽帮助)。

如果已经按 1.1.1 节的图形化方式建立了 StdMng2020 数据库，请将其删除，再进行本节的演练。

1. 建立数据库

在工具栏点击“新建查询”，打开一个空的查询分析器，输入以下 SQL 语句，建立 StdMng2020 数据库：

```
--建立数据库
create database StdMng2020
on (name=StdMng2020, FILENAME='d:\Data\StdMng2020.mdf')
LOG ON (name=StdMng2020_Log , FILENAME='d:\Data\StdMng2020.ldf');
GO
```

注意，SQL 语句在 SQL Server 中的大小写是不区分的，按 F5 键或者 Alt+X 组合键，执行 SQL 语句。执行成功后，刷新数据库，确认 StdMng2020 数据库建立成功。

2. 建立数据表

在同一个查询分析器中，将上述建立数据库的 SQL 语句注释掉(Ctrl+K+C，取消注释为 Ctrl+K+U)。初学者在此经常犯错，在没有注释前面语句的情况下，继续执行后面的 SQL 语句，会导致前面的 SQL 语句重复执行，出现一些不必要的错误。在同一个查询分析器中执行多条 SQL 语句块的一个好习惯就是将与本次执行无关的 SQL 语句块删除，或者注释掉。在查询分析器中，输入以下 SQL 语句，依次建立“t_Sdept”、“t_Student”、“t_Course”、“t_SC”四个数据表：

```
--保证当前数据库为 StdMng2020
use StdMng2020

--建立系别表
create table t_Sdept
(
  SdeptID varchar(50) primary key,
  SdeptName varchar(50) not null
)

--建立学生表
create table t_Student
(
  Sno varchar(50) primary key,
  --定义姓名为唯一键约束
  Sname varchar(50) unique,
  SGender varchar(2) not null
  --check 约束，性别只能是'男'或者'女'
```

```
  check(SGender in('男','女')),
  SBirth datetime not null
  --check约束,出生日期在'1990-01-01'和'2000-01-01'之间
  check (SBirth between '1990-01-01' and '2000-01-01') ,
  Sdept varchar(50) null,
  SImage varbinary(max) null
  --定义外键
  foreign key (sdept) references t_Sdept(SDeptID)
)

--添加Sage为计算列
alter table t_Student add Sage as datediff(year,SBirth,getdate())

--建立课程表
create table t_Course
(
  Cno varchar(50) primary key,
  Cname varchar(50) not null,
  CPno varchar(50) null,
  CCredit smallint not null,
  --定义外键
  foreign key (CPno) references t_Course(Cno)
)

--建立学生选课表
create table t_SC
(
  Sno varchar(50),
  Cno varchar(50),
  Grade smallint ,
  --定义主键
  primary key (Sno,Cno),
  --定义外键
  foreign key (Sno) references t_Student(Sno),
  foreign key (Cno) references t_Course(Cno)
)
```

运行以上这段语句时,请注意以下几个问题。

● 建立表的语句次序不要错,按“t_Sdept”、“t_Student”、“t_Course”、“t_SC”的次序,否则外键引用可能会出错。

● 每建立一个表,就运行建立该表的语句,可以利用 SQL Server 查询分析器的特点,将某段 SQL 语句块选中(鼠标拖放操作),然后运行,这时,不论其他语句块是否处于注释状态,所运行的语句也只有选中的语句块。

● 养成写注释的好习惯,对 SQL 语句块中的关键语句或者执行逻辑写注释,一是便于

阅读，二是一个整理思路的过程。团队开发中，自己写的代码往往也要给团队中的其他成员阅读，所以清晰的注释有助于大家的交流。不要认为代码是你自己写的，只给自己看，就不用写注释。人的大脑是会遗忘的，如果没有注释，2 个月后再来看自己写的代码，估计自己都会认为这个代码不是自己写的了，或者非常疑惑，当时自己为什么要这么写。

建立四个表的语句全部执行完成后，再次建立数据库关系图，如果得到的关系图与图 1.11 一致，则说明建立的数据表是成功的。

1.1.3　插入测试数据

为方便后续章节 SQL 语句的学习，需要在数据表中插入一些记录，在同一个查询分析器中继续输入以下语句，然后运行，保证以下数据全部插入对应的数据表中。

```
--插入系别表
insert t_Sdept(SdeptID,SdeptName) values('cs','计算机系')
insert t_Sdept(SdeptID,SdeptName) values('IS','信息技术系')
insert t_Sdept(SdeptID,SdeptName) values('MA','数学系')
insert t_Sdept(SdeptID,SdeptName) values('CHS','化学系')

--插入课程表,注意插入课程的次序
insert t_Course(Cno,Cname,Cpno,CCredit) values('2','数学',null,2)
insert t_Course(Cno,Cname,Cpno,CCredit) values('6','数据处理',null,2)
insert t_Course(Cno,Cname,Cpno,CCredit) values('4','操作系统',6,3)
insert t_Course(Cno,Cname,Cpno,CCredit) values('7','PASCAL 语言',6,4)
insert t_Course(Cno,Cname,Cpno,CCredit) values('5','数据结构',7,4)
insert t_Course(Cno,Cname,Cpno,CCredit) values('1','数据库',5,4)
insert t_Course(Cno,Cname,Cpno,CCredit) values('3','信息系统',1,4)

--插入学生记录
insert t_Student (Sno,Sname,SGender,SBirth,Sdept,SImage)
values('200215121','李勇','男','1994-04-13','CS',null)

insert t_Student
(Sno,sname,sGender,sBirth,sdept,sImage)
values('200215122','刘晨','女','1995-07-16','CS',null)

insert t_Student(Sno,sname,sGender,sBirth,sdept,sImage)
values('200215123','王敏','女','1996-02-14','MA',null)

insert t_Student
(Sno,sname,sGender,sBirth,sdept,sImage)
values('200215125','张立','男','1995-12-14','IS',null)

--插入选课记录
insert t_sc values('200215121','1',92)
insert t_sc values('200215121','2',85)
```

```
insert t_sc values('200215121','3',88)
insert t_sc values('200215122','2',90)
insert t_sc values('200215122','3',80)
```

可以在查询分析器中输入“select * from t_Student”检查学生表中的数据是否插入正确,以同样的语句检查其他表中的数据插入情况。

点击“保存”按钮,将整个查询分析器中的SQL语句保存以.sql为扩展名的文件到磁盘上,然后删除StdMng2020数据库。在SQL Server Management Studio中打开刚刚保存的文件,直接执行整个文件的内容,执行成功后,检查数据库、数据表、数据表之间的关系及各个表中的数据是否正确。

使用图形化方式和SQL语句方式构建数据库与数据表,各有优势。图形化方式简单直观,不需要理解和记忆构建数据库与数据表的SQL语句及语法,直接在图形界面上完成输入和设置就可完成数据库的设计。SQL语句方式灵活可控,使用SQL脚本文件就可轻松地在不同的数据库引擎上还原数据库结构。实际应用中,两种方式经常交替使用,各取所长。作为计算机类专业的学生,使用SQL语句方式构建数据库和数据表是必须掌握的。

1.2 SQL语句的使用

1.2.1 单表查询

单表查询的基本格式如下[①]:

```
Select [ ALL | DISTINCT ]
    [TOP ( expression ) [PERCENT] [ WITH TIES ] ]
    <select_list>
    [INTO new_table]
[FROM {<table_source>} [ ,...n ] ]
[WHERE <search_condition>]
[<GROUP BY>]
[HAVING <search_condition>]
[<ORDER BY>]
```

能对单个表使用Select语句进行熟练查询,是数据库学习的基础。下面的语句请大家务必上机练习,每条语句的执行结果请仔细检查是否达到查询的预期效果。打开SQL Server的查询分析器,在查询分析器窗口中输入:

```
use StdMng2020
```

将当前数据库切换到StdMng2020。

(1) 查询全体学生的学号和姓名,语句如下:

```
select sno,sname from t_Student
```

① 由于SQL Server不区分大小写,所以读者在阅读本书的SQL语句及相关截图、代码时,可以忽略其中的表名、字段名、关键字等大小写前后不一致的问题。

(2) 查询全体学生的姓名、学号、所在系，注意查询列的次序是可以互相交换的。

```
select sname,sno,sdept from t_Student
```

(3) 查询全部的列，语句如下：

```
select * from t_Student
```

注意，在实践中，慎用查询全部的列，当数据表的列非常多或者数据表中的数据非常多的时候，查询全部的列会给服务器及网络带来较大的压力，查询全部的列没有必要，也不是必需的。查询前 3 个学生的信息，语句如下：

```
select top 3 * from t_Student
```

(4) 查询经过计算的值，语句如下：

```
select sno,sname,(datepart(year,getdate())-sage) as BirthYear from t_Student
```

使用内置的日期时间函数，根据年龄计算学生的出生年份。

(5) 使用内置的字符串函数将系别名称全部转换为小写字母，语句如下：

```
select sname,lower(sdept) as lsdept from t_Student
```

(6) 消除重复的行，根据实际情况选择出现重复的行或者消除重复的行，语句如下：

```
select distinct sno from t_SC
```

(7) 使用关系和逻辑表达式，根据列值进行逻辑运算或者关系运算，取表达式为 True 时的结果值。使用关系表达式查询年龄大于 24 岁的学生信息。语句如下：

```
select sname,sage
from t_Student
where sage>24
```

(8) 使用逻辑表达式查询年龄大于 24 岁且性别为男的学生信息，语句如下：

```
select sname,sage
from t_student
where sage>24 and sgender='男'
```

(9) 使用 between…and…查询年龄在 24 岁至 25 岁的学生信息，语句如下：

```
select sname,sgender,sage
from t_Student
where sage between 24 and 25
```

between…and…用于确定列的取值范围，等价于逻辑表达式>=…<=，实例如下：

```
select sname,sgender,sage
from t_Student
where sage>=24 and sage<=25
```

not between…and…，不在范围之内的列值，查询年龄不在 24 岁至 25 岁的学生信息，语句如下：

```
select sname,sgender,sage
from t_Student
where sage not between 24 and 25
```

(10) in 用于确定的集合，下面的语句用于查询系别为 CS、MA 的学生信息。

```
select sname,sgender
from t_Student
where sdept in ('CS','MA')
```

in 和 between…and…的区别在于，如果在 age 字段上有索引，则 between…and…可以利用索引定位，以加快查询的速度。in 则因为集合元素本身是没有顺序的，故无法使用索引。

(11) 字符匹配%和_。%匹配任意多个字符；_匹配任意一个字符，主要用于模糊查询，如查询姓“刘”(like '刘%')的学生，名字中出现“雅”('%雅%')的学生，名字为三个字且中间为“雅”('_雅_')字的学生。注意在中文操作系统中，每个汉字算一个字符，而不是两个。语句如下：

```
select sno,sname,sgender
from t_Student
where sname like '刘%'

select sno,sname,sgender
from t_Student
where sname like '_雅_'
```

字符匹配符号%和_的转义。若_和%是需要查询的字符，而不是匹配符，则需要对其进行转义。在 SQL Server 中，直接使用[]进行转义，如查询以“DB_”开头且倒数第三个字符为 i 的课程情况，语句如下：

```
select*
from t_Course
where CName like 'DB[_]% i_'
```

(12) 对于空值 null 的查询，只能使用 is null 或者 is not null，不能使用“=”符号，如查询学生登记照为空的学生信息，语句如下：

```
select sno,sname,SImage
from t_Student
where SImage is null
```

如果使用下面的语句：

```
select sno,sname,SImage
from t_Student
where SImage=null
```

则返回空元组集合，表示没有符合条件的记录，故为 null。一定记住，使用 is null 来判断 null，使用 is not null 来判断非 null。

(13) 使用 order by 子句进行排序，查询选修了 3 号课程的学生，并按成绩从高到低进行排序，语句如下：

```
select sno,grade from t_SC
where cno=3
order by grade desc
```

可以使用多个字段为排序依据，并为排序的字段指定 asc(升序)或者 desc(降序)，默认排序为 asc(可以不写)。若按多个字段进行排序，则先根据第一个字段排序，在第一个字段排序的基础上，再对第二个字段进行排序，语句如下：

```
select*
from t_Student
order by sdept,sage desc
```

以上语句表示先按学生所在系别进行排序，在一个系别中，再按学生的年龄进行降序排序。

(14) 聚集函数的使用。聚集函数主要用于求统计值(总和、均值、最大值、最小值等)。

- 求学生表中学生的总个数，count 为计数函数。

```
select count(*) from t_Student
```

- 注意 distinct 的使用，求选修了课程的学生个数。

```
select count(distinct(sno)) from t_Student
```

- 求选修了 1 号课程的学生平均成绩。

```
select avg(grade)
from t_SC
where cno=1
```

- 求选修了 1 号课程的最高分。

```
select max(grade)
from t_SC
where cno=1
```

- 查询学生 200215121 选修课程的总学分。

```
select sum(ccredit)
from t_SC sc
join t_Course c on sc.Cno=c.Cno and sc.sno='200215121'
```

这个查询用到了连接操作，将在下一节中详细讲解。

(15) group by 分组查询。group by 用于分组统计，如每门课程的选修人数，每个系别下男生和女生的人数等。分组的 select 语句后面只能跟两种类型的字段，① 分组依据，

② 聚集函数。下面的示例为查询每门课程的选修人数，并从课程号的角度出发进行统计：

```
select cno,count(sno) as Nums
from t_SC
group by cno
```

从学号的角度出发，统计每个学生选修课程的门数，语句如下：

```
select sno,count(cno)
from t_SC
group by sno
```

分组的条件筛选，对于上例，只查询选修了 3 门课（含）以上的学生。错误的写法如下：

```
select sno,count(cno)
from t_SC
where count(cno)>=3
group by sno
```

对分组结果进行筛选，必须使用 having 子句，如下所示：

```
select sno,count(cno)
from t_SC
group by sno
having count(cno)>=3
```

查询平均成绩大于等于 85 分的学生学号和平均成绩，语句如下：

```
select sno,avg(grade)
from t_SC
group by sno
having avg(grade)>=85
```

group by 也可以有多个分组依据。下面的查询求每个系别下男生和女生的人数，分组的依据为 sdept、sgender。首先按 sdept 分组，在此基础上再按 sgender 分组。注意 order by 子句在 group by 子句的后面。

```
select sdept,sgender,count(sno) as Num
from t_Student
group by sdept,sgender
order by sdept
```

使用 SQL 的 Pivot（数据透视）技术，可以更加方便对上面的查询进行阅读，语句如下：

```
SELECT sdept as '系别',男 AS '男', 女 AS '女'
FROM
(select sdept,sgender,count(*) as Num
from t_Student
group by sdept,sgender
) p
```

```
Pivot
(
  sum (Num)FOR sgender IN (男,女)
) AS pvt
```

1.2.2　连接查询

连接是关系数据库查询的常见操作，如果没有基于关系的查询，就不能称为关系数据库。最常见的连接查询是自然连接，即对两个实体中的两个可比属性进行等值操作，如果相等，则连接两个可比属性形成一个新的元组。而最常见的两个可比属性就是主键和外键，也就是说，一般的连接操作都是针对两个实体之间的主键、外键进行连接。下面给出连接查询的示例。

（1）连接两个实体，查询学生的姓名、学号、所选的课程号和考试成绩。该查询需要连接学生实体和学生选课实体，连接的依据是学生实体的学号（主键）和学生选课实体的学号（外键），语句如下：

```
select s.sno,s.sname,sc.cno,sc.grade
from t_Student s join t_SC sc on s.sno=sc.sno
```

注意，t_Student 表的别名为 s，t_SC 的别名为 sc，在进行 join 时，给出实体表的别名是为了在 select 语句中指定选取的属性来自哪个表，无论属性在连接的实体中是否有重名的情况，好的习惯就是明确指出所选取的属性来自哪个实体，从而避免属性来源混淆不清的情况。如果数据量大，那么连接操作是很费时的。如果希望进行改进，则可以打开查询分析器的查询计划，仔细分析连接查询的每个步骤的耗时和占用资源的情况，从而找到改进的办法。本例连接操作的查询计划如图 1.15 所示。

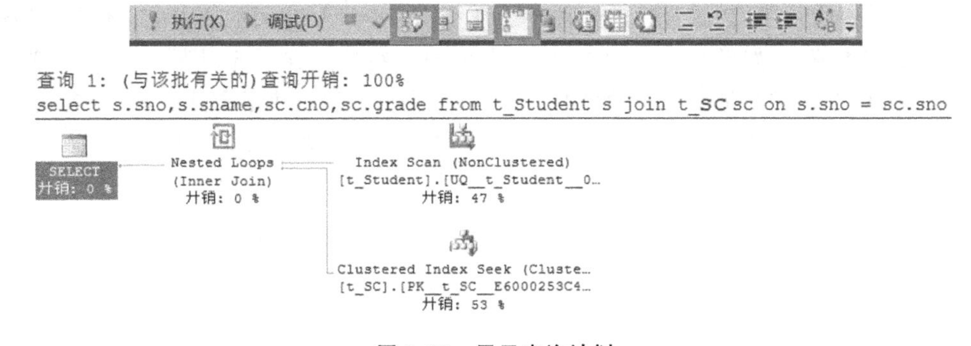

图 1.15　显示查询计划

（2）连接三个实体，查询学生的姓名、学号、所选的课程名称，课程学分和考试成绩。连接的依据是学生实体的学号（主键）和学生选课实体的学号（外键），课程实体的课程号（cno）和学生选课实体的课程号（外键）。语句如下：

```
select s.sno,s.sname,c.cname,c.ccredit,sc.grade
from t_Student s join t_SC sc on s.sno=sc.sno
join t_Course c on sc.cno=c.cno
```

(3) 连接四个实体，查询学生所在的系别名称，学生的姓名、学号、所选的课程名称，课程学分和考试成绩。连接的依据是系别实体的系别号(主键)和学生实体的所在系(外键)，学生实体的学号(主键)和学生选课实体的学号(外键)，课程实体的课程号(cno)和学生选课实体的课程号(外键)。语句如下：

```
select d.sdeptname,s.sno,s.sname,c.cname,c.ccredit,sc.grade
from t_Sdept d join t_Student s on d.SdeptID=s.sdept
join t_SC sc on s.sno=sc.sno
join t_Course c on sc.cno=c.cno
```

(4) 多个表连接后的结果可以作为派生表进行查询，如求每个系别、每门课程的平均分，可以将前面示例中的查询结果作为派生表，再对派生表进行分组查询，示例如下：

```
select sdeptName,Cname,avg(grade) as avgGrade
from
(
    select d.sdeptName,c.Cname,sc.grade
    from t_Sdept d join t_Student s on
    d.sdeptId=s.sdept join t_SC sc on sc.sno
    =s.sno join t_Course c on c.cno=sc.cno
) as t
group by sdeptName,Cname
order by sdeptName
```

(5) 实体在进行自然连接时，如果双方无可以连接的属性，则连接双方实体中的某些元组就不会出现在连接结果中。如果某个学生没有选课，则该学生的信息就不会出现在查询1的结果中；反之，如果某门课程没有学生选，则该门课程的信息也不会出现在连接查询的结果中。在某些应用中，自然连接的这种特点是不能完全满足应用的要求的。例如，要统计每个学生的选课情况，如果使用自然连接，就会出现一些学生选了5门课，一些学生选了3门课的情况，但有时候就是要统计学生的总体选课情况，即使学生没有选课，没有考试成绩，也要出现在查询结果中(显示该门课程，学生缺考)。对于这类查询，就需要进行外连接查询。

外连接分为左外连接、右外连接、全连接、交叉连接(笛卡儿积连接)。

① 左外连接。

左外连接的语句如下：

```
--自然连接结果没有不选课的学生
select s.sno,s.sname,sc.cno,sc.grade
from t_Student s join t_SC sc
on s.sno=sc.sno
--左外连接包括没有选课的学生
select s.sno,s.sname,sc.cno,sc.grade
from t_Student s left join t_SC sc
on s.sno=sc.sno
```

② 右外连接。

右外连接的语句如下：

```
--自然连接结果不包括没有学生选的课程
select sc.cno,sc.grade,c.cname
from t_SC sc join t_Course c
on sc.cno=c.cno
--右外连接包括没有学生选的课程
select sc.cno,sc.grade,c.cname
from t_SC sc right join t_Course c
on sc.cno=c.cno
```

③ 全连接。

全连接的语句如下：

```
--自然连接只显示系别下面有学生,学生都在某个系
select d.SdeptID,s.sno,s.sname
from t_Sdept d join t_Student s
on d.sdeptID=s.sdept
--左外连接,显示没有学生的系别
select d.SdeptID,s.sno,s.sname
from t_Sdept d left join t_Student s
on d.sdeptID=s.sdept
--右外连接,显示不在任何系别的学生
select d.SdeptID,s.sno,s.sname
from t_Sdept d right join t_Student s
on d.sdeptID=s.sdept
--全连接,显示没有学生的系别,显示不在任何系别的学生
select d.SdeptID,s.sno,s.sname
from t_Sdept d full join t_Student s
on d.sdeptID=s.sdept
```

④ 交叉连接(笛卡儿积连接)。

交叉连接的语句如下：

```
select d.SdeptID,s.sno,s.sname
from t_Sdept d cross join t_Student s
```

交叉连接就是求两个表的笛卡儿集，在需要的时候使用。

(6) 自连接。如果数据表用来存储层次结构的数据，即实体中的属性间存在主外键关系，则在同一个实体间进行连接的查询操作，称为自连接。对于课程实体，可以使用自连接来查询先行课的先行课，语句如下所示：

```
--先行课的先行课
select f.cno,f.cname,s.cpno
from t_Course f join t_Course s
on f.cpno=s.cno
```

```
--先行课的先行课的名称
select f.cno,f.cname,s.cpno,t.CName
from t_Course f join t_Course s
on f.cpno=s.cno join t_Course t
on s.CPno=t.cno
--先行课的先行课的先行课
select f.cno,f.cname,t.cpno
from t_Course f join t_Course s
on f.cpno=s.cno join t_Course t
on s.CPno=t.cno
--先行课的先行课的先行课的名称
select f.cno,f.cname,fr.cno,fr.cname
from t_Course f join t_Course s
on f.cpno=s.cno join t_Course t
on s.cpno=t.cno join t_Course fr
on t.cpno=fr.cno
```

对于层次数据的查询，使用迭代并不是好的选择，因为数据的层次是不确定的，可以使用公用表达式(CTE)来进行层次数据的递归查询。下面的示例为建立一个层次结构的雇员表，然后插入层次数据，最后使用 CTE 进行递归查询。

```
--建立雇员表
CREATE TABLE MyEmployees
(
    EmployeeID smallint NOT NULL,
    FirstName nvarchar(30) NOT NULL,
    LastName nvarchar(40) NOT NULL,
    Title nvarchar(50) NOT NULL,
    DeptID smallint NOT NULL,
    ManagerID int NULL,
    CONSTRAINT PK_EmployeeID PRIMARY KEY CLUSTERED (EmployeeID ASC)
);
--插入层次数据
INSERT INTO dbo.MyEmployees VALUES
(1, N'Ken', N'Sánchez', N'Chief Executive Officer',16,NULL)
,(273, N'Brian', N'Welcker', N'Vice President of Sales',3,1)
,(274, N'Stephen', N'Jiang', N'North American Sales Manager',3,273)
,(275, N'Michael', N'Blythe', N'Sales Representative',3,274)
,(276, N'Linda', N'Mitchell', N'Sales Representative',3,274)
,(285, N'Syed', N'Abbas', N'Pacific Sales Manager',3,273)
,(286, N'Lynn', N'Tsoflias', N'Sales Representative',3,285)
,(16, N'David',N'Bradley', N'Marketing Manager', 4, 273)
,(23, N'Mary', N'Gibson', N'Marketing Specialist', 4, 16);
--使用 CTE 进行递归查询
WITH DirectReports(ManagerID, EmployeeID, Title, EmployeeLevel) AS
```

```
(
    SELECT ManagerID, EmployeeID, Title, 0 AS EmployeeLevel
    FROM dbo.MyEmployees
    WHERE ManagerID IS NULL
    UNION ALL
    SELECT e.ManagerID, e.EmployeeID, e.Title, EmployeeLevel + 1
    FROM dbo.MyEmployees AS e
        INNER JOIN DirectReports AS d
        ON e.ManagerID=d.EmployeeID
)
SELECT ManagerID, EmployeeID, Title, EmployeeLevel
FROM DirectReports
ORDER BY ManagerID;
```

CTE首先查询层次结构的根节点，然后通过连接层次表与根节点记录，逐步递归查询整个层次表。可以通过CTE控制递归的层数，下面的代码用于控制查询雇员表到第二个层级。

```
WITH DirectReports(ManagerID, EmployeeID, Title, EmployeeLevel) AS
(
    SELECT ManagerID, EmployeeID, Title, 0 AS EmployeeLevel
    FROM dbo.MyEmployees
    WHERE ManagerID IS NULL
    UNION ALL
    SELECT e.ManagerID, e.EmployeeID, e.Title, EmployeeLevel+ 1
    FROM dbo.MyEmployees AS e
        INNER JOIN DirectReports AS d
        ON e.ManagerID=d.EmployeeID
)
SELECT ManagerID, EmployeeID, Title, EmployeeLevel
FROM DirectReports
WHERE EmployeeLevel<=2 ;
```

1.2.3 嵌套查询

嵌套查询将查询的过程分为两个部分，即内层查询和外层查询。内层查询执行的结果作为外层查询的判断依据。嵌套的层数可以为多层。嵌套查询是将查询问题进行分解，再使用多个简单的查询来实现复杂的查询，逻辑过程清晰，符合人们的思维习惯，也是SQL语言结构化的体现。如果内层查询可以单独执行，不依赖于外层查询，则称为非相关子查询，否则称为相关子查询。下面先讨论非相关子查询。

(1) 查询选修了2号课程的学生姓名，首先使用连接查询，语句如下：

```
select s.sname
from t_Student s join t_SC sc
on s.sno=sc.sno and sc.cno='2'
```

使用带 in 谓词的嵌套查询，语句如下：

```
select sname
from t_Student
where sno in
(
    select sno from t_SC
    where cno='2'
)
```

比较连接查询和嵌套查询，显然，嵌套查询的逻辑要比连接查询的逻辑清晰一些，初学 SQL 语言者，也更容易接受。从查询效率来看，连接查询可以用到数据库管理系统内置的查询优化技术，而嵌套查询则只能依赖索引技术，且外层、内层需要反复查询，所以，解决同样的问题，连接查询的效率要高于嵌套查询的效率。该示例演示的查询是非相关子查询，因为内层查询可以单独执行。

(2) 关于非相关子查询，我们再举一个例子。查询选修了信息系统课程的学生的学号和姓名。使用嵌套查询的 SQL 语句如下：

```
select sno,sname
from t_Student
where sno in
(
    select sno from t_SC
    where cno in
    (
        select cno from t_Course
        where cname='信息系统'
    )
)
```

之所以最里层的嵌套查询是用 in 而不是用＝，是考虑到可能会有多个名称为“信息系统”的课程，但课程号却不同。使用连接查询实现的 SQL 语句如下：

```
select s.sno,s.sname
from t_Student s
join t_SC sc on s.sno=sc.sno
join t_Course c on sc.cno=c.cno
where c.CName='信息系统'
```

可以发现，这个示例的内部的两个子查询都是可以独立执行的，所有该查询为非相关子查询。

(3) 相关子查询是指内层查询，不能独立于外层查询而独立执行，如查询每个学生超过他自己所选课程平均成绩的课程号，语句如下：

```
select s1.sno,s1.cno,s1.grade from t_SC s1
where grade>=
```

```
(
    select avg(grade) from t_SC s2
    where s1.sno=s2.sno
)
```

内层查询需要外层查询传递一个学生号，才能计算出该学生所选课程的平均分，从而求解出该学生的哪些课程的成绩是高于平均分的。该问题也可以使用连接查询解决，SQL 语句如下所示：

```
select sc.sno,sc.cno,sc.grade
from t_SC sc
join
(select sno,avg(grade) as avgGrade
from t_SC group by sno) as scv
on sc.sno=scv.sno and sc.grade>=scv.avgGrade
```

连接查询首先将学生选课表按学号分组，求得每个学生所选课程的平均分，然后再与学生选课表进行连接操作，连接的依据为两者的学生号相等，且 sc 表中学生所选课程的分数大于等于 scv 表中的平均分。

比较连接查询和嵌套查询的效率，连接查询只进行了一次分组计算，而嵌套查询则是每次查询都进行一次聚集运算，所以连接查询的效率要比嵌套查询的效率高。

(4) 从课程角度出发，求学生所选的课程分数高于课程本身平均分的语句如下：

```
select scx.sno,scx.cno,scx.grade
from t_SC scx
where scx.grade>
(
    select avg(grade) from t_SC scy
    where scx.cno=scy.cno
)

select sc.sno,sc.cno,sc.grade
from t_SC sc
join
(select cno,avg(grade) as avgGrade
from t_SC group by cno) as scv
on sc.cno=scv.cno and sc.grade>scv.avgGrade
```

(5) 存在谓词 exists 特别适用于求取否定操作的查询，如查询没有选择 1 号课程的学生姓名，代码如下：

```
select sname
from t_Student s
where not exists
(
  select * from t_SC sc
```

```
  where s.sno=sc.sno and sc.cno='1'
)
```

显然，使用 exists 谓词的查询是一个相关子查询，当内层查询返回为非空时，表示该学生选修了 1 号课程。由于为取否操作 not exists，故 where 为假，该学生不符合查询要求。反之，如果内存查询为空，表示该学生没有选修 1 号课程，取否操作，假假为真，该学生满足查询要求，没有选择 1 号课程。

如果没有取否的谓词，解决这个问题就很麻烦。因为从逻辑上来说，要肯定一个推断，必须判断这个推断在所有情况下都为真，这是很不容易做到的，而要否定一个推断，只要找到一个推断的情况为假就可。如果从连接的角度出发，正向解决这个问题，直观的求解如下所示：

```
select s.sno,s.sname,sc.cno
from t_Student s join t_SC sc
on s.sno=sc.sno and sc.cno <>'1'
```

连接学生表和学生选课表，然后筛选 sc. cno <> '1'，查询结果显然是不对的。

首先，某个学生如果选修了 1 号课，但又选修了 2 号课，因为'2'<>'1'，故该学生也出现在查询结果中。

其次，如果某个学生没有选择任何一门课程，当然也没有选择 1 号课程，但由于其在学生选课表中没有选课记录，故不会出现在查询结果中。

根据分析，如果一定要从肯定的角度解决问题，则可以使用集合运算或者非相关子查询完成。

① 并集运算，确定选课的学生没有选修 1 号课程，加上没有选课的学生，SQL 语句如下所示：

```
select distinct s.sno,s.sname
from t_Student s join t_SC sc
on s.sno=sc.sno and
sc.sno not in
(
    select sno from t_SC where cno='1'
)
union
select sno,sname from t_Student
where sno not in
(
    select distinct sno from t_SC
)
```

② 差集运算，从所有学生中去掉选修了 1 号课程的学生，SQL 语句如下：

```
select sno,sname from t_Student
```

```
except
select distinct s.sno,s.sname
from t_Student s join t_SC sc
on s.sno=sc.sno and
sc.sno in
(
    select sno from t_SC where cno='1'
)
```

③ 非相关子查询,换一个思路,不使用连接方式,直接使用非相关子查询也可以解决问题,语句如下:

```
select sname
from t_Student s
where sno not in
(
    select sno from t_SC where cno='1'
)
```

(6) not exists的另外一个作用就是实现关系运算中的除法,如求选修了全部课程的学生,由于SQL没有提供全称谓词,故只能使用存在谓词,取否来解决,也就是选修了全部课程的学生可以等同于查询某个学生,没有一门课是他不选的,SQL语句如下所示:

```
select sname
from t_Student s
where not exists(
    select*
    from t_Course c
    where not exists (
        select* from t_SC sc
        where s.sno=sc.sno and c.cno=sc.cno
    )
)
```

1.2.4　集合查询

SQL语句可以使用union、intersect和except进行集合的并、交及差的运算,进行集合运算的各类查询结果的列数必须是相同的,对应属性列的数据类型也必须是相同的。对应并、差的集合查询在前面已经介绍过,交集查询大家可以参考王珊老师编写的教材。本节重点介绍使用union操作符实现分区视图,以提高查询效率。

进行集合运算的表结构必须是一致的,什么情况下会出现多个结构完全一致的表呢?按月份、季度进行记录的销售表,表的结构是完全一致的,不同的是记录的时间。记录环境空气质量污染物监测浓度的表结构是完全一致的,不同的是监测站点的名称。对于这类数据的查询、统计、分析,希望有一个全局的视图能够组合所有分散在各个表中的数据,如计算某个城市的AQI指数，就需要将隶属于该城市的所有自动化监测站的数据进行汇总后才能计算。在包含所有自动化监测站数据的全局视图中，如果只需要查询某个站点全年的PM 2.5污染物的均值，则需要将查询的范围控制在指定的站点表中，以提高查询效率。分区视图技术则可以同时满足以上两种场景。

分区视图技术根据各成员数据表中某列的取值范围对数据进行分区，每个成员数据表为分区所依据的列指定了check约束，从而限定其取值范围。然后使用union操作符将选定的所有成员数据表组合成视图。再引用该视图的select语句为分区依据列指定搜索条件后，查询分析器将使用check约束来确定查询哪个成员表中的记录。假设数据库中有四个数据表(T1,T2,T3,T4)用于记录某个公司每个季度的销售情况，分别为每个数据表的季节字段(Season)设定check约束，即Season＝1、Season＝2、Season＝3、Season＝4，然后用union all组合为视图V_T_ALL。

```
Create VIEW V_T_ALL
AS
select* from  T1
union all
select* from  T2
union all
select* from  T3
union all
select* from  T4
```

若对视图V_T_ALL进行以下查询：

```
select* from V_T_ALL where Season=1
```

SQL Server查询优化器可以识别select语句中其搜索条件仅为表T1中的行，因此，其搜索范围仅限制在T1表。而如果查询全年的销售额总和，则可对全局视图V_T_ALL进行如下查询：

```
select sum(SaleAmount) from V_T_ALL
```

1.2.5 数据更新

数据更新是对数据表进行插入、修改和删除操作，这三类操作称为DML(Database Maintenance Language)。

(1) insert语句的语法如下：

```
[WITH<common_table_expression>[,…n ]]
INSERT
{
        [TOP(expression)[PERCENT]]
        [INTO]
        {<object>|rowset_function_limited
```

```
            [WITH(<Table_Hint_Limited>[…n])]
          }
      {
          [(column_list)]
          [<OUTPUT Clause>]
          {VALUES ({DEFAULT | NULL | expression}[,…n])[,…n     ]
          |derived_table
          |execute_statement
          |<dml_table_source>
          |DEFAULT VALUES
          }
      }
  }
  [;]
```

对于 insert 语句的深入理解及在不同场景下的使用规则，请查阅相关文档，这里只对 insert 语句的基本使用给出示例。

①在数据表中插入一条数据：

```
insert t_Sdept(SdeptID,SdeptName)
values('Art','艺术系')
```

插入语句完整的用法是，指明表的各列并在 values 中给出与各列一一对应的值。如果不指名列，则 values 中的值必须与表中列的默认排序一致，如：

```
insert t_Sdept
values('Art','艺术系')
```

注意，如果有列允许为 NULL 的情况，在插入时没有指定列，则必须在允许为 NULL 的列所对应的值处，在 values 中输入 NULL，否则就会出现数据插入错误的情况。而如果按第一种指定列名的方式插入，没有指定可以为 NULL 的列，则该列会自动插入值 NULL，而不需要在 values 中指定，示例如下：

```
insert t_SC(sno,cno)
values('200215125','4')
```

由于指定了列名，故 grade 自动插入 NULL。若省略列名，则必须在 values 中为 grade 明确指明 NULL 值。

```
insert t_SC
values('200215125','2',NULL)
```

如果不为 grade 指定 NULL 值，则会出现语法错误。由于数据表的模式在使用过程中可能会发生改变，故不建议使用省略列名的插入方式，避免由于模式修改而引起插入语句的值和列不对应而产生错误。

② 可以使用 insert 语句插入一个子查询的结果，也就是同时插入多条记录，如下：

```
create table Dept_Age(
sdept varchar(50) primary key,
avg_Age int)

insert Dept_Age(sdept,Avg_Age)
select sdept,avg(sage)
from t_Student
group by sdept
```

上面的语句首先建立一个记录每个系别的学生平均年龄的表，然后将分组统计的结果使用子查询的方式插入该表中。

③ SQL Server 中数据库对象的访问规则为"服务器.数据库.模式.对象"，如StdMng2020数据库中的t_Student表的完整访问路径为：

```
[LLZLAPTOP\SQLEXPRESS].StdMng2020.dbo.t_Student
```

其中：LLZLAPTOP为服务器名称，SQLEXPRESS为数据库的实例名（因为一个服务器上可以安装多个数据库的实例），StdMng2020为数据库名，dbo为默认的模式名，t_Student为表对象名。我们在前面查询t_Student表时，经常直接使用表对象，而省略了"服务器.数据库.模式"，是因为使用了这三个部分的默认值。根据数据库对象的命名规则，假设在同一个服务器的StdMngBack中有一个和t_Student结构一样的数据表，则可以使用下面的insert语句，将StdMng2020数据库中的t_Student表复制到StdMngBack数据库的t_Student表中。

```
insert [LLZLAPTOP\SQLEXPRESS].StdMngBack.dbo.t_Student
select sno,sname,sgender,sbirth,sdept,simage
from [LLZLAPTOP\SQLEXPRESS].StdMng2020.dbo.t_Student
```

④ 可以使用SQL数据库对象的命名规则，在不同的服务器、数据库模式中进行对象的操作，只要用户对这些对象有足够的权限。还可以将excel文件通过insert语句插入数据表中。假设文件为"e:\std.xls"，Excel的sheet名称为std，结构与t_Student表的一致，则可以使用下面的SQL语句插入该Excel文件里的数据到t_Student表中：

```
insert [LLZLAPTOP\SQLEXPRESS].StdMng2020.dbo.t_Student
SELECT* FROM
OPENROWSET('Microsoft.Jet.OLEDB.4.0','Excel 8.0;Database=e:\std.xls',[std$ ])
```

注意，上述语句可能由于本地Excel软件的版本问题导致错误，请确定本地安装的Excel软件的版本后，查阅相关文档解决。

(2) update语句的语法如下：

```
UPDATE
    [TOP(expression)[PERCENT]]
    {{table_alias|<object>|rowset_function_limited
       [WITH(<Table_Hint_Limited>[...n])]
      }
```

```
      |@table_variable
    }
    SET
        {column_name={expression|DEFAULT|NULL}
          |{udt_column_name.{{property_name=expression
                                  |field_name=expression}
                                  |method_name(argument[,...n])
                                }
          }
          |column_name { .WRITE ( expression , @Offset , @Length ) }
          |@variable=expression
          |@variable=column=expression
          |column_name {+ =|-=|*=|/=|% =|&=|≏||=} expression
          |@variable{+ =|-=|*=|/=|% =|&=|^=||=}expression
          |@variable=column {+=|-=|*=|/=|% =|&=|^=||=}expression
        }[,...n]

    [<OUTPUT Clause>]
    [FROM{<table_source>}[,...n] ]
    [WHERE{<search_condition>
            |{[CURRENT OF
                {{[GLOBAL]cursor_name}
                    |cursor_variable_name
                }
              ]
            }
          }
    ]
    [OPTION(<query_hint>[,...n])]
[;]
```

对于update语句的深入理解及在不同场景下的使用规则，请查阅相关文档，这里只对update语句的基本使用给出示例。

① update语句后面一般要有where语句进行筛选，对数据表中的一条或者多条记录进行修改。下面的SQL语句对学号为200215123的学生的出生日期及所在系别进行修改，更新时注意sbirth的用户自定义完整性和sdept的参考完整性。

```
update t_student set sbirth='1998-01-01',sdept='Art'
where sno='200215123'
```

② 下面的update语句将所有选修2号课程的成绩减去5分，也就是使用update语句更新多条记录。

```
update t_sc set grade=grade-5
```

```
where cno='2'
```

③ 下面的 update 语句使用子查询将计算机系的全体学生的考试成绩清 0。

```
update t_sc set grade=0
where sno
in
(
    select sno from t_Student
    where sdept='CS'
)
```

(3) delete 语句的语法如下：

```
DELETE
    [TOP(expression)[PERCENT]]
    [FROM]
    {{table_alias
        |<object>
        |rowset_function_limited
        [WITH(table_hint_limited[...n])]}
        |@table_variable
    }
    [<OUTPUT Clause>]
    [FROM table_source[,...n]]
    [WHERE{<search_condition>
            |{[CURRENT OF
                  {{[GLOBAL]cursor_name}
                     |cursor_variable_name
                  }
               ]
             }
          }
    ]
    [OPTION(<Query Hint>[,...n])]
[;]
```

对于 delete 语句的深入理解及在不同场景下的使用规则，请查阅相关文档，这里只对 delete 语句的基本使用给出示例。

① 删除数据表中的记录时，需要注意数据表之间的参考完整性，如使用 SQL 语句删除学号为 200215121 的学生记录，如下：

```
delete t_Student where sno='200215121'
```

如果该学生在 t_SC 表中有选课记录，则直接删除该记录会导致实体间的参考完整性被破坏，出现如图 1.16 所示的错误提示。

```
消息 547，级别 16，状态 0，第 1 行
DELETE 语句与 REFERENCE 约束"FK__t_SC__Sno__1B0907CE"冲突。该冲突发生于数据库"StdMng2020"，表"dbo.t_SC"，column 'Sno'。
语句已终止。
```

图 1.16　删除错误

解决的办法有以下两种。

- 删除该学生的选课记录，然后删除该学生记录，语句如下：

```
delete t_SC where sno='200215121'
delete t_Student where sno='200215121'
```

- 设置 t_Student 表和 t_SC 表间的删除规则为级联，如图 1.17 所示。

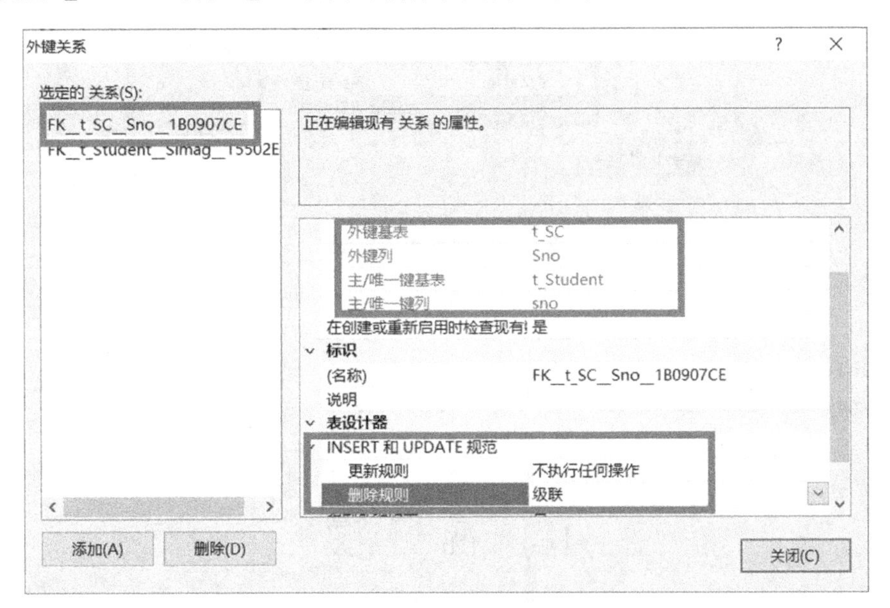

图 1.17　级联删除规则

如果删除系别表中的某个记录，由于与 t_Student 表中的 Sdept 存在外键关系，故也不能直接删除。但删除某个系别记录，并不意味着这系别下的学生全部被删除，而是学生所在的系别处于待定状态，也就是设置学生表的 Sdept 字段为 Null，由于学生表和系别表为多对一的关系，Sdept 不为主属性，故多方的外键取值可以为 Null，使用 SQL 图形化界面设置这一级联规则，如图 1.18 所示。

在执行 update 语句时，也会由于存在外键关系，导致更新实体信息失败，可以参考上面设置删除级联规则的情况，为更新操作设置合理的更新级联规则。

② 删除学生选课表中所有数据的 SQL 语句，如下所示：

```
delete t_SC
```

③ 下面的 delete 语句使用子查询，将计算机系的全体学生选课记录删除。

```
delete t_SC
where sno
```

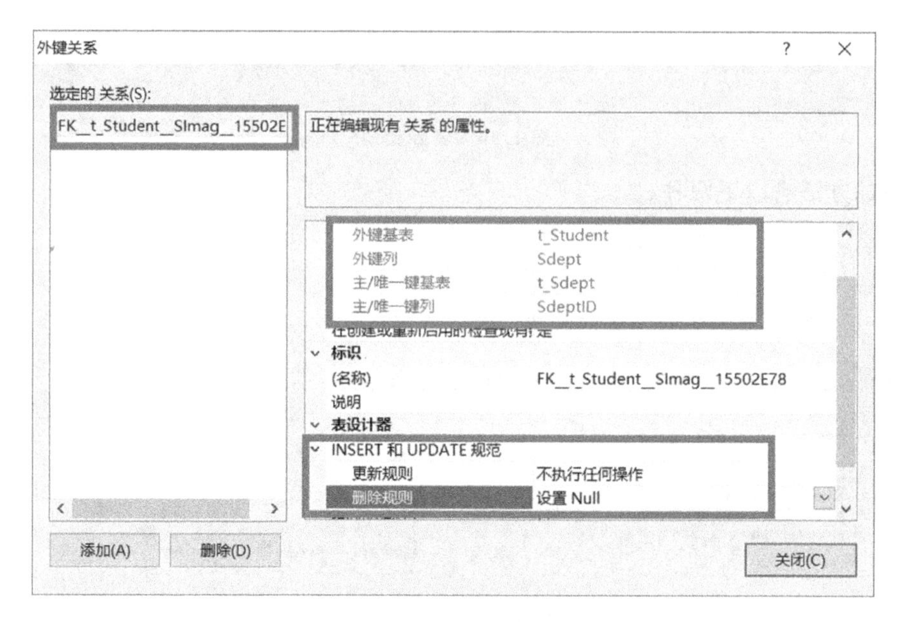

图 1.18 级联删除规则

```
in
(
    select sno from t_Student
    where sdept='CS'
)
```

1.3 视　　图

在前面的连接查询中,我们将系别、学生、课程、学生选课这四个表通过主外键关系连接起来,并以派生表的形式对连接的结果进行了分组统计查询,SQL 语句如下:

```
select sdeptName,Cname,avg(grade) as avgGrade
from
(
    select d.sdeptName, s.sno,s.sname,c.Cname,sc.grade
    from t_sdept d join t_student s on
    d.sdeptId=s.sdept join t_sc sc on sc.sno
    =s.sno join t_Course c on c.cno=sc.cno
) as t
group by sdeptName,Cname
order by sdeptName
```

如果连接四个表的查询结果要经常使用,则可以将连接的结果定义为视图,从而保存查询结果的定义。将连接查询定义为视图的 SQL 语句如下:

```
create view v_StdDetails as
```

```
(
    select d.sdeptName, s.sno,s.sname,c.Cname,sc.grade
    from t_Sdept d join t_Student s on
    d.sdeptId=s.sdept join t_SC sc on sc.sno
    = s.sno join t_Course c on c.cno=sc.cno
)
```

视图定义完成后，上述分组查询语句可以写为：

```
select sdeptName,Cname,avg(grade) as avgGrade
from v_StdDetails
group by sdeptName,Cname
order by sdeptName
```

视图是虚表，只是保存查询的定义，当查询依赖的基本表中的数据发生变化时，视图的结果也会随之发生变化。视图一般用于查询，虽然部分视图可以更新，但一般不这样做。还可以以图形化的方式来定义视图，步骤如下。

（1）在 SQL Server Management Studio 中展开 StdMng2020 数据库，在“视图”处右击，选择“新建视图”，在出现的对话框中选择 t_Course、t_SC、t_Sdept、t_Student 这四个表，如图 1.19 所示。

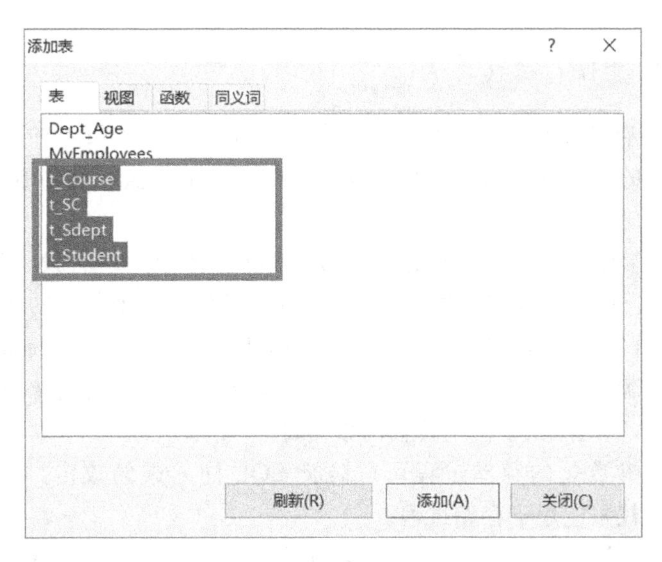

图 1.19　选择表

（2）点击“添加”按钮，SQL Server 会自动根据四个表的主外键关系将这四个表连接起来，依次在表格属性中选择 t_Sdept 表的 SdeptName、t_Student 表中的 sno 和 sname，t_Course 表中的 CName 和 t_SC 表中的 Grade 属性，如图 1.20 所示。

属性勾选结束后，会自动生成视图的定义，选择“执行”，可以查看视图的查询结果，选择“保存”按钮可以将查询的过程保存为视图。

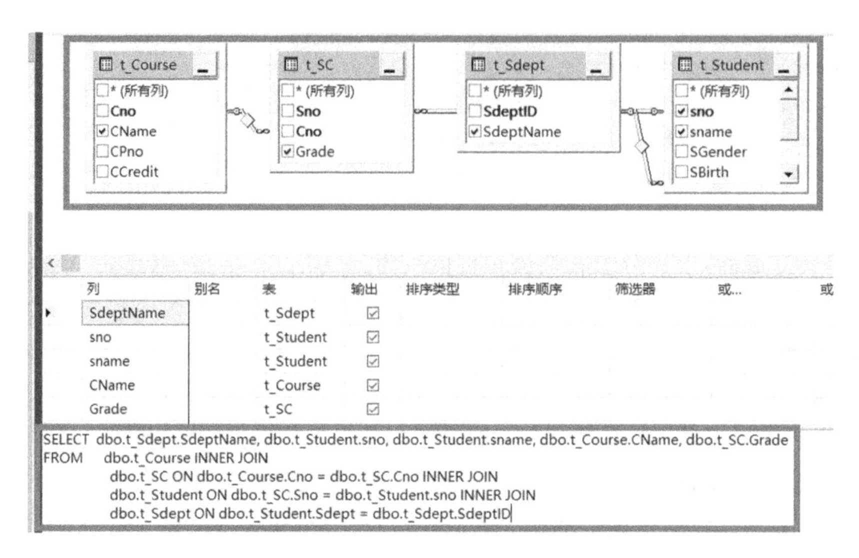

图 1.20 视图的定义

1.4 存储过程和触发器

1.4.1 存储过程

SQL Server 的存储过程是一个被命名的存储在服务器上的 Transaction-Sql 语句集合，是封装重复性工作的一种方法，它支持用户声明的变量、条件执行和其他强大的编程功能。相对于其他数据库访问方法，存储过程有以下优点。

(1) 重复使用。存储过程可以重复使用，从而可以减少数据库开发人员的工作量。

(2) 提高性能。存储过程在创建的时候就进行了编译，将来使用的时候不用再重新编译。一般的 SQL 语句每执行一次就需要编译一次，所以使用存储过程提高了效率。

(3) 减少网络流量。存储过程位于服务器上，调用的时候只需要传递存储过程的名称以及参数就可以了，因此降低了网络传输的数据量。

(4) 安全性。参数化的存储过程可以防止 SQL 注入式的攻击，而且可以将 Grant、Deny 以及 Revoke 权限应用于存储过程。

存储过程一共分为三类：用户定义的存储过程、扩展存储过程以及系统存储过程。本节主要介绍用户定义的存储过程的使用。创建(Create)和修改(Alter)存储过程的基本模式如下所示：

```
Create(Alter) PROCEDURE <存储过程名称>
    参数列表
    ……
AS
BEGIN
    SQL 语句
```

```
    ……
END
```

在 SQL Server Management Studio 中选择“StdMng2020”，打开“可编程性”→“存储过程”，右击，选择“新建存储过程”，如图 1.21 所示。

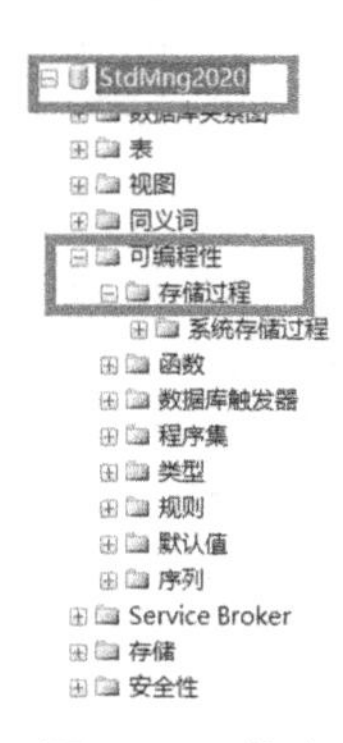

图 1.21 创建存储过程

在出现的查询分析器中输入以下代码：

```
Create PROCEDURE GetStdByID
    @sno varchar(50)
AS
BEGIN
    select* from t_Student where sno=@sno
END
```

创建名为“GetStdByID”的存储过程，执行创建语句，在图1.21所示的存储过程处点击“刷新”按钮，确认“GetStdByID”存储过程的创建。新打开一个查询分析器，输入以下语句。

```
exec GetStdByID '200215121'
```

再运行以上语句，确认读取学号为“200215121”的学生信息的显示。下面的存储过程演示如何插入一条学生的选课信息：

```
Create PROCEDURE InsertSC
    @sno varchar(50),
    @cno varchar(50),
    @Grade smallint
AS
BEGIN
    insert t_sc values(@sno,@cno,@Grade)
END
```

下面的存储过程演示事务的使用：

```
Create PROCEDURE DeleteStd
    @sno varchar(50)
AS
BEGIN
    --开始事务
    begin transaction
begin try
    delete t_sc where sno=@sno
    delete t_student where sno=@sno
    --提交事务
    commit transaction
end try
begin catch
```

```
    --如果出错,则回滚事务
    if @@Error < > 0
        ROLLBACK TRANSACTION

    SELECT
    ERROR_NUMBER() AS ErrorNumber,
    ERROR_SEVERITY() AS ErrorSeverity,
    ERROR_STATE() AS ErrorState,
    ERROR_PROCEDURE() AS ErrorProcedure,
    ERROR_LINE() AS ErrorLine,
    ERROR_MESSAGE() AS ErrorMessage;
end catch
END
```

事务的原子性保证了两条删除语句必须全部执行成功才能提交,否则回滚该事务,就当该操作没有发生一样。

存储过程的优势就是执行效率高,在ORM技术已经成为数据库开发主流技术的今天,存储过程还是有其应用的空间,典型的就是递归数据。对于前面所建立的MyEmployees表,由于其所表示的是一个树结构,编号为"1"的雇员为根节点,其他记录均为其子节点或者子节点的子节点。查询层次结构的过程是一个递归过程,使用SQL Server的CTE可以较好地完成递归查询的过程,存储过程如下:

```
Create PROCEDURE [dbo].[GetEmpByID]
    @EmployeeID smallint
AS
BEGIN
  WITH DirectReports(ManagerID, EmployeeID, Title, EmployeeLevel) AS
  (
      SELECT ManagerID, EmployeeID, Title, 0 AS EmployeeLevel
      FROM dbo.MyEmployees
      WHERE ManagerID=@EmployeeID
      UNION ALL
      SELECT e.ManagerID, e.EmployeeID, e.Title, EmployeeLevel+1
      FROM dbo.MyEmployees AS e
          INNER JOIN DirectReports AS d
          ON e.ManagerID=d.EmployeeID
  )
  SELECT ManagerID, EmployeeID, Title, EmployeeLevel
  FROM DirectReports
  ORDER BY ManagerID;
    END
```

执行存储过程GetEmpByID,给出参数EmployeeID,就可以得到在该EmployeeID下的所有子节点。

1.4.2　触发器

触发器是一种特殊的存储过程，它不能被显式地调用，而是在向表中插入、更新或者删除时被自动地激活。相对于 check 约束，触发器可用来对表实施更为复杂的完整性约束，如 check 约束往往只对一个数据表中的属性或者多个属性进行数据完整性约束，而触发器可以自定义逻辑，完成对多个表之间复杂逻辑关系的完整性约束。

SQL Server 中触发器可以分为两类：DML 触发器和 DDL 触发器。DDL 触发器在执行数据库定义语句时触发，如 create、alter、drop 语句。DML 触发器在对表执行 insert、update、delete 语句时自动激活。

SQL Server 提供了两种触发器：Instead of 触发器和 After 触发器。一个表或视图的每个修改动作(insert、update 和 delete)都可以有一个 Instead of 触发器，一个表的每个修改动作都可以有多个 After 触发器。

Instead of 触发器在真正"插入"之前被执行。除表之外，Instead of 触发器也可以用于视图，用来扩展视图支持的更新操作。Instead of 触发器会替代所要执行的 SQL 语句，言下之意就是要执行的 SQL 并不会"真正执行"。

After 触发器在 insert、update 或 deleted 语句执行之后被触发。After 触发器只能用于表。After 触发器主要用于通过表修改后(insert、update 或 delete 操作之后)来维护业务逻辑和其他数据表的完整性。本节主要介绍 After 触发器。

SQL Server 为每个触发器都创建了两个专用表：Inserted 表和 Deleted 表。这两个表由系统来维护，它们存储在内存中而不是在数据库中，可以理解为一个虚拟的表。

- 这两个表的结构总是与触发器作用的表的结构相同。
- 触发器执行完成后，与该触发器相关的这两个表也被删除。
- Deleted 表存放由于执行 delete 或 update 语句而要从表中删除的行。
- Inserted 表存放由于执行 insert 或 update 语句而要向表中插入的行。

对数据表进行 DML 操作后，Inserted 表和 Deleted 表中的记录存储情况如表 1.5 所示。

表 1.5　Inserted 表和 Deleted 表中的记录存储情况

对表的操作	Inserted 表	Deleted 表
增加(insert)记录	存放增加的记录	无
删除(delete)记录	无	存放被删除的记录
修改(update)记录	存放更新后的记录	存放更新前的记录

下面演示触发器的具体使用，在 StdMng2020 数据库中建立 t_smodify 表，如下所示：

```
Create TABLE t_smodify
(
    [sid][varchar](50) primary key,
    [SmNums][int] NOT NULL,
    [SmTime][datetime] NOT NULL,
    [SmHistory][varchar](250) NULL,
```

```
)
```

在查询分析器中，为 t_Student 表设置 Insert、Update、Delete 三个触发器，代码如下：

```
--Insert 触发器
Create TRIGGER trg_insert ON t_Student
FOR INSERT
AS
BEGIN
    declare @sid varchar(50)
    select @sid=sno from inserted
    insert t_smodify values(@sid,1,getdate(),'')
END
--Update 触发器
Create TRIGGER trg_update ON t_Student
FOR UPDATE
AS
BEGIN
    declare @sid varchar(50);
    declare @SmNums bigint;
    declare @oldName varchar(50)
    declare @nowName varchar(50)
    select @sid=i.sno ,@smNums=smNums,@oldName=d.Sname,@nowName=i.Sname
    from t_smodify sm join inserted i
    on sm.sid=i.sno join deleted d on d.sno=sm.sid
    set @smNums=@smNums+ 1;
    update t_smodify set SmNums=@smNums,
    SmTime=getdate(),SmHistory=@oldName +'->'+@nowName where[sid]=@sid;
END
--Delete 触发器
Create TRIGGER trg_delete ON t_Student
FOR DELETE
AS
begin
  delete t_smodify from deleted where sid=deleted.sno
end
```

在 t_Student 中插入一条记录，然后修改学生的姓名，最后删除该条记录。每执行完一个操作，观察 t_smodify 表中的记录变化。

1.5 用户的身份验证和权限设置

本节介绍使用 SQL Server Management Studio 进行用户的身份验证和权限设置。

(1) 在“Solution1-Microsoft SQL Server Management Studio(管理员)”对话框的“对象资源管理器”中，打开“安全性”→“登录名”→“新建登录名”，建立 Tom 及 Jack 两个登录名，设置密码，如图 1.22 所示。注意去掉默认的密码安全策略。

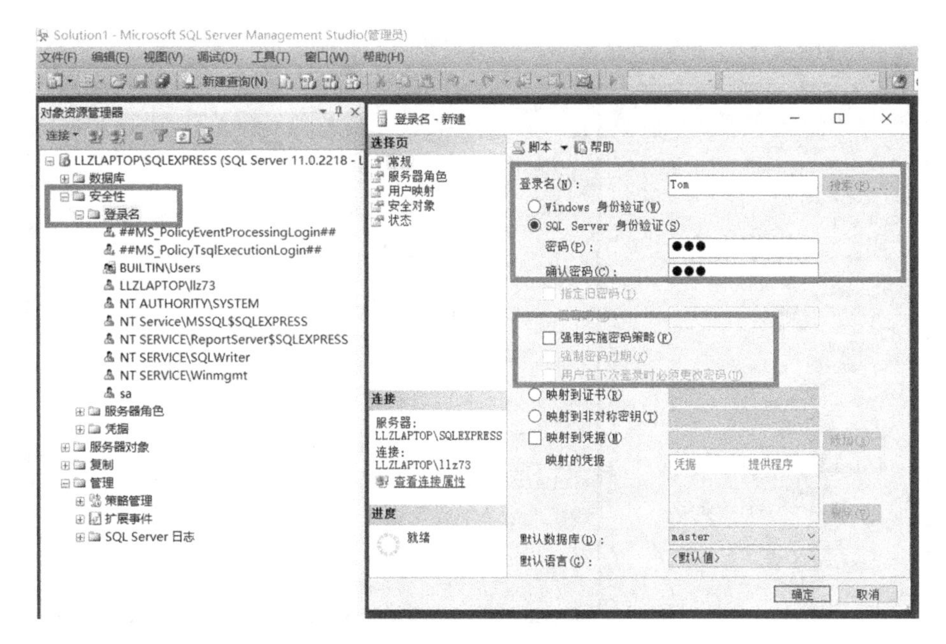

图 1.22　新建登录名

使用 Tom 或 Jack 登录数据库，如图 1.23 所示。

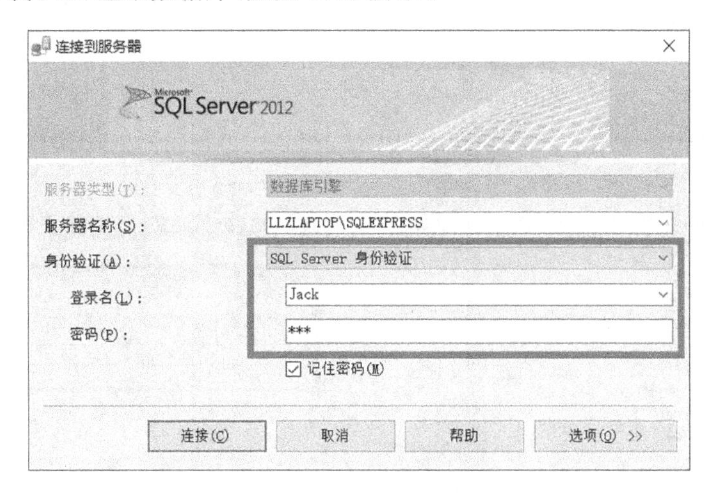

图 1.23　登录数据库

观察 Tom 或 Jack 登录数据库后的情况，由于没有为 Tom 和 Jack 设置任何权限，故 Tom 和 Jack 对数据库没有任何操作权限。

(2) 以管理员的身份重新登录数据库，选择 StdMng2020 数据库中的“安全性”→“用户”，右击，在出现的快捷菜单中选择“新建用户”，在 StdMng2020 中建立和登录名 Tom 及 Jack 对应的用户，如图 1.24 所示。

使用 Tom 或 Jack 登录数据库，此时 Tom 和 Jack 可以查看 StdMng2020 数据库，但对数据库中的所有对象没有任何操作权限。

(3) 使用管理员身份登录，在 StdMng2020 数据库中选择“安全性”→“架构”，右击，选

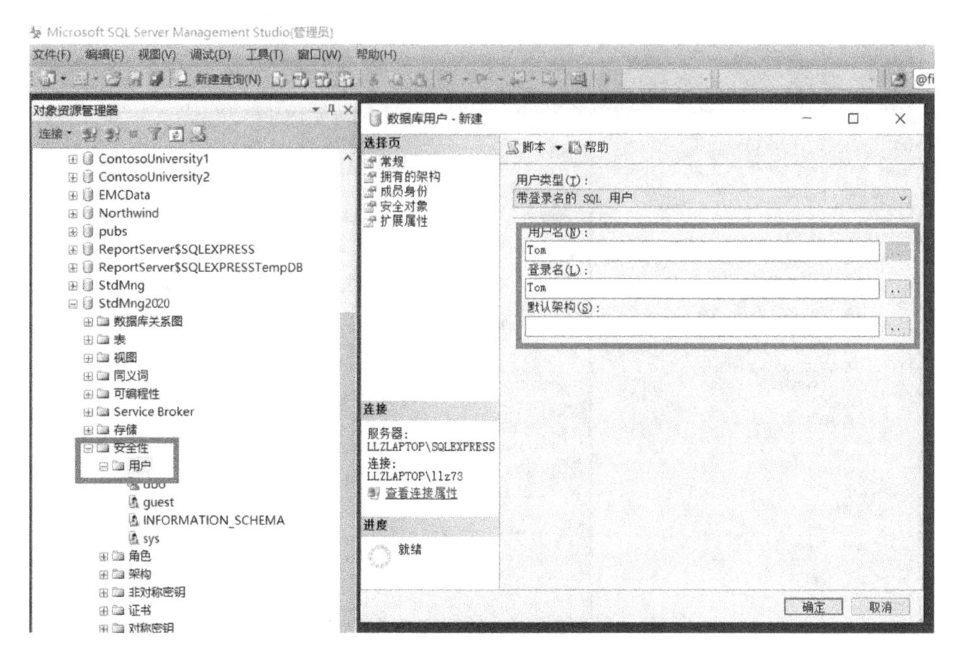

图 1.24 为数据库建立用户

择“新建架构”，建立 T1 及 T2 架构(模式)，并将该架构(模式)分别给予 Tom 及 Jack，如图 1.25 所示。

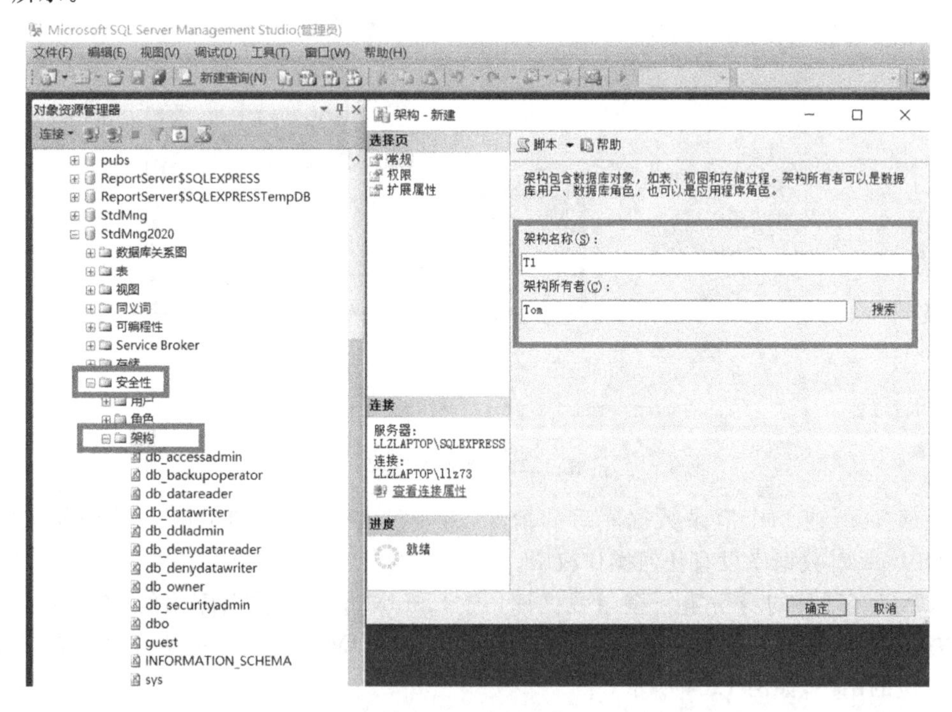

图 1.25 建立架构

使用管理员的身份在架构(模式)下建立同名的 Test 表，代码如下：

```
create table T1.Test
(
    sid int primary key,
    sname varchar(50) not null,
    sdesc varchar(200) null
)

create table T2.Test
(
    sid int primary key,
    sname varchar(50) not null,
    sdesc varchar(200) null
)
```

考虑为什么能在不同的架构下建立同名的 Test 表？使用 Tom 和 Jack 登录数据库，此时 Tom 和 Jack 可以对属于自己架构下的数据表 Test 执行所有操作。

（4）以管理员身份登录数据库，选择“StdMng2020”数据库中的“dbo. t_Student”表，右击，选择“属性”。在“表属性-t_Student”对话框中，选择“权限”，添加“Tom”用户，给予 Tom 用户“选择”的权限，为 Tom 授予 t_Student 表的 sno、sname、SGender 列的查询权限，如图 1.26 所示。以 Tom 的身份登录，查看授予权限的效果。

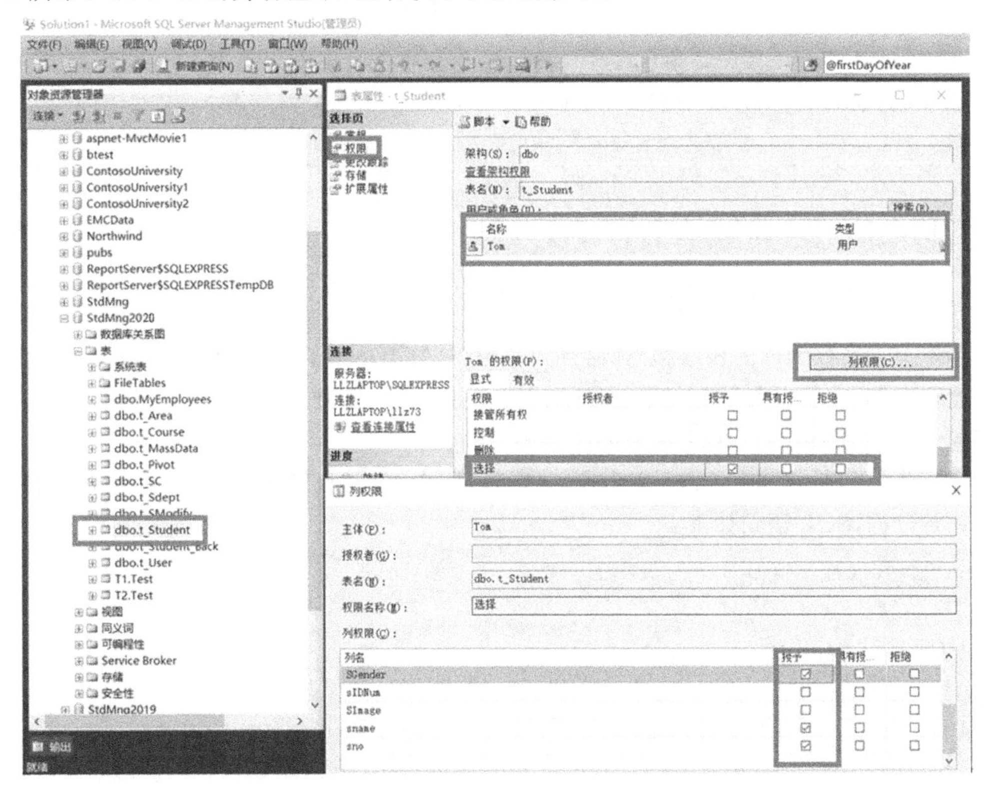

图 1.26　为 Tom 用户授予 t_Student 表的查询权限

(5) 以管理员身份登录数据库，选择“StdMng2020”数据库，选择“安全性”→“角色”→“数据库角色”，右击，在出现的快捷菜单中选择“新建”→“数据库角色”，建立角色名称为“TAC”，该角色成员包含“Tom”和“Jack”两个用户，使用角色的过程如图 1.27 所示。

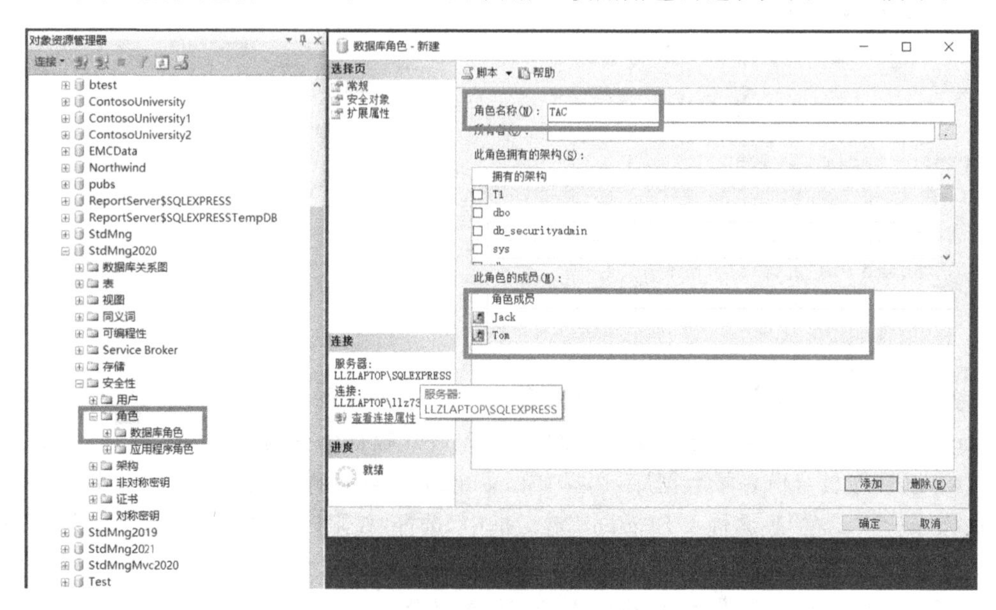

图 1.27　使用角色

与 Tom 一样，为“TAC”角色授予 t_Student 表的查询权限。以 Jack 的身份登录，由于 Jack 属于“TAC”角色，故 Jack 和 Tom 的权限一致。

1.6 事　务

1.6.1 事务的原子性

事务是关系数据库的核心概念，必须对事务的 ACID(原子性、一致性、隔离性、持续性)属性理解透彻，才能在实际应用中正确地使用事务。事务的原子性是事务最基本的特征，也是事务一致性的保证。下面举例说明事务的原子性。

(1) 建立 t_Bank 和 t_Card 两个表，分别表示银行存款和信用卡金额，在两个表中分别插入一条数据，SQL 语句如下：

```
create table t_Bank
(
    BankId int identity primary key,
    Balance int
)

create table t_Card
(
```

```
    CardId int identity primary key,
    Balance int
)

insert t_Bank values(100000)
insert t_Card values(10000)
```

(2) 在 SQL Server 的查询分析器中，定义一个操作序列从 t_Bank 中取出 10000 元，然后加到 t_Card 中去，语句如下：

```
update t_Bank set Balance=Balance-10000 where BankId=1
update t_Card set Balance=Balance+10000 where CardId=1
```

由于没有显式定义事务，SQL Server 的查询分析器使用隐式事务提交方式，即执行完一条语句，就提交该事务。如果在执行两条 SQL 语句的中间处没有任何异常和错误发生，则两条语句均正常执行，并隐式提交事务，从银行取钱并存到信用卡上的逻辑是正确的。但如果在成功执行第一条语句后，第二条语句由于某种原因无法执行，或者执行时出错，此时，由于第一条语句取钱的事务已经提交，故会出现从银行取出了 10000 元，银行账户已经核减，但这 10000 元却没有加到信用卡上的情况。保证多条对数据表的 DML 操作的语句能够按事务原子性执行的方法是，显式定义事务，SQL 语句如下：

```
begin transaction
begin try
    update t_Bank set Balance=Balance-10000 where BankId=1
    raiserror('事务错误',16,16)
    update t_Card set Balance=Balance+10000 where CardId=1
    commit transaction
end try
begin catch
    if @@Error < >0
      rollback transaction
    select
    ERROR_NUMBER() AS ErrorNumber,
    ERROR_SEVERITY() AS ErrorSeverity,
    ERROR_STATE() AS ErrorState,
    ERROR_PROCEDURE() AS ErrorProcedure,
    ERROR_LINE() AS ErrorLine,
    ERROR_MESSAGE() AS ErrorMessage;
end catch
```

首先将语句中的“raiserror('事务错误',16,16)”注释后，执行语句并提交事务(commit transaction)后，观察 t_Bank 表及 t_Card 表，以确定数据正确。然后去掉注释，再次执行该事务。由于在执行事务的过程中，模拟抛出了执行的异常，因此，根据事务原子性的特点，将回滚事务(rollback transaction)，将 t_Bank 表及 t_Card 表还原到事务执行前的状态，好像该操作没有执行一样。

1.6.2 多个事务并发执行

多个事务是可以并发执行的，在事务并发执行过程中，如果不对事务的执行进行隔离，就会出现丢失更新、不可重复读及读脏数据的情况。这里需要说明的是，出现这三种情况并不是错误，而是事务并发执行过程中的表现，如果业务逻辑能够容忍，则不需要对事务的隔离性进行控制。比如，业务系统如果认为丢失更新是可以容忍的，即后续的修改可以覆盖前面的修改，就不需要对出现丢失更新的事务进行隔离性控制。下面就事务并发过程中出现的丢失更新、不可重复读及读脏数据的情况分别给出实例，并给出隔离性控制的方法。

(1) 丢失更新。出现丢失更新的原因为事务 T1 和 T2 读/写的次序不一样，事务 T2 覆盖事务 T1 的修改。下面使用 AdventureWorks 数据库中的 HumanResources. Employee 数据表，以 VacationHours 属性为例说明丢失更新。首先定义事务 T1，SQL 语句如下：

```
--开始事务
begin tran T1
declare @vh int
--读取 BusinessEntityID 为 4 的 VacationHours 值
select @vh=VacationHours
from HumanResources.Employee
where BusinessEntityID=4;
--延迟执行，等待 5 秒钟
waitfor delay '00:00:05'
--更新 VacationHours 值
update HumanResources.Employee
set VacationHours=@vh-8
where BusinessEntityID=4;
commit tran T1
```

其次定义事务 T2，SQL 语句如下：

```
begin tran T2
declare @vh int
select @vh=VacationHours
from HumanResources.Employee
where BusinessEntityID=4;
--延迟执行，等待 10 秒钟
waitfor delay '00:00:10'
updaet HumanResources.Employee
set VacationHours=@vh - 6
where BusinessEntityID=4;
commit tran T2
```

在事务 T1 和事务 T2 开始执行前，BusinessEntityID=4 的 VacationHours 的初始值为 40，在 SQL Server 的查询分析器中，首先执行事务 T1，读取初始值 40，再减去 8。然后执行事务 T2，读取初始值 40，再减去 8。由于事务 T2 中设置的延时比事务 T1 设置的延时长，故可以保证事务T2在事务T1后面执行。执行的结果为VacationHours=34,事务T2的修改覆盖了事务T1的修改。如何避免丢失更新呢？在事务T1和T2的SQL语句的最前面,添加设置事务的隔离级别为可串行化的语句,如下：

```
SET TRANSACTION ISOLATION LEVEL SERIALIZABLE
```

还原VacationHours的值为40,依次执行事务T1和事务T2。事务T1能够正常执行,更新VacationHours的值为32。事务T2在执行过程中出现下面的错误。

```
消息 1205,级别 13,状态 51,第 12 行
事务(进程 ID56)与另一个进程被锁死在锁资源上,并且已被选择作死锁牺牲品.请重新运行该事务
```

说明系统为了保证不出现丢失更新,将事务T2强行终止了。再次执行事务T2,由于没有事务T1的锁争用,故T2能够正常执行,更新VacationHours的值为26,从而保证了事务T1和T2的串行执行,不出现丢失更新的情况。将VacationHours的值还原为40,在查询分析器中执行下面的语句：

```
SET TRANSACTION ISOLATION LEVEL READ COMMITTED
```

将事务的隔离级别设置为默认的读提交状态。

(2) 不可重复读。出现不可重复读的原因是事务T1读时,事务T2可写,当事务T1再次读取同一数据时,由于数据已经改写,所以会导致第一次读到的数据和第二次读到的数据不一致。如果事务T2进行了插入或者删除操作,那么事务T1第二次读取时,就会多读或者少读一些数据,这种情况也叫幻影现象。对于不可重复读,举例如下。定义事务T1,语句如下：

```
begin tran T1
--执行 select 操作,查看 VacationHours,对查找的记录加 S 锁
select BusinessEntityID, VacationHours
from HumanResources.Employee
where BusinessEntityID=4;
--等待 10 秒钟
waitfor DELAY '00:00:10'
--事务 T2 已经提交了事务,不再阻塞当前查询,因此返回事务 T2 修改后的数据
--从而产生不可重复读
select BusinessEntityID, VacationHours
from HumanResources.Employee
where BusinessEntityID=4;
--回滚事务
rollback tran T1;
```

事务T2的定义语句如下：

```
--开启第二个事务
begin tran T2;
--修改 VacationHours,需要获得写锁(2),在 VacationHours 上有 S 锁,WS 不冲突
--因此可以进行修改
```

```
update HumanResources.Employee
set VacationHours=VacationHours-8
where BusinessEntityID=4;
--提交事务
commit tranT2
```

事务 T1 在间隔 10 秒后，再次读取 BusinessEntityID＝4 的 VacationHours 值，在等待的过程中，事务 T2 修改了 BusinessEntityID＝4 的 VacationHours 值。由于默认的事务隔离级别读提交(READ COMMITTED)在读取数据时只上 S(读)锁，且允许对正在读取的数据加 U(更新)锁，故事务 T2 可以对 BusinessEntityID＝4 的 VacationHours 值进行修改，导致了 T1 事务出现不可重复读的情况，即第一次读取 BusinessEntityID ＝ 4 的 VacationHours 值为 40，第二次为 32。重新设置 BusinessEntityID＝4 的 VacationHours 值为 40，在从事务 T1 到 SQL 语句的最前面加上设置事务为可重复读的隔离级别控制语句。

```
SET TRANSACTION ISOLATION LEVEL REPEATABLE READ
```

再次执行事务 T1 和事务 T2，由于为事务 T1 设置了可重复读的隔离级别，在事务 T1 读取数据并赋予了 S 锁后，事务 T2 将不能获取 U 锁，故事务 T2 必须等待事务 T1 执行完毕，释放 S 锁后才能执行。事务 T1 两次读取 BusinessEntityID＝4 的 VacationHours 值均为 40，在事务 T1 执行完成后，事务 T2 开始执行，修改 BusinessEntityID ＝ 4 的 VacationHours 值均为 32。将事务的隔离级别还原为读提交，重新设置 BusinessEntityID＝4 的 VacationHours 值为 40。

(3) 读脏数据。出现读脏数据是因为事务 T1 写时，事务 T2 可读。定义第一个事务 T1，语句如下：

```
--开启第一个事务
begin tran T1;
--修改 VacationHours,需要获得 U 锁,在 VacationHours 上有 S 锁,US 不冲突,
--因此可以进行修改,在修改 VacationHours 时,U 锁变成 X(排他)锁,但此时
--事务 T2 的隔离级别为读不提交,故事务 T2 此时仍然可以读取
update HumanResources.Employee
set VacationHours=VacationHours - 8
where BusinessEntityID=4;
--等待 10 秒钟
waitfor delay '00:00:10'
--回滚事务
rollback tran T1
```

定义事务 T2，语句如下：

```
--设置第二个事务为读不提交
SET TRANSACTION ISOLATION LEVEL READ UNCOMMITTED
--开启第二个事务
begin tran T2
--执行 select 操作,查看 VacationHours,对查找的记录加 S 锁
```

```
select BusinessEntityID, VacationHours
from HumanResources.Employee
where BusinessEntityID=4;
```

注意，事务T2设置了隔离级别为读不提交(READ UNCOMMITTED)，设置这个隔离级别，会使得事务T2在事务T1对数据有X(排他)锁的情况下，仍然可以读取数据。因此，在事务T1修改了BusinessEntityID=4的VacationHours值为32后，事务T2在事务T1等待10秒钟的过程中，可以多次读取BusinessEntityID=4的VacationHours值，均为32。当事务T1回滚后，BusinessEntityID=4的VacationHours值变为40，故事务T2读取了脏数据。将事务T2的隔离级别设置为默认的读提交(READ COMMITTED)，就可以避免读取脏数据。修改事务T2的隔离级别如下：

```
SET TRANSACTION ISOLATION LEVEL READ COMMITTED
```

再次执行事务T1和事务T2，此时事务T1在执行过程中，事务T2不能读取数据，必须等待事务T1提交或者回滚事务后，事务T2才能读取数据，从而避免了读脏数据。注意，SQL Server控制事务隔离性的锁机制与王珊老师所编写教材中的封锁协议类似，大家在学习时可以相互参考。

第2章　使用 ADO.NET 开发 Windows窗体应用程序

本章介绍如何在 Visual Studio 开发平台下，使用 C# 语言开发一个简单的 Winform 窗体应用程序，实现对学生表的增、删、改、查等基本操作功能，开发者使用 ADO.NET 组件来连接 SQL Server 数据库，执行数据库的操作命令。

2.1　ADO.NET 简介

ADO.NET 是一个 COM 组件库，用于为应用程序访问数据库的接口。2000 年以后，微软公司将其应用程序的运行时(Runtime)和支撑框架(Framework)都冠以.NET 的标签。在基于 ORM 技术的 Entity Framework 成为数据库应用程序开发的主流之前，ADO.NET 是微软技术流派开发基于数据库的应用程序的主要工具。ADO.NET 是一个非常优秀的数据库访问组件，特别是 DataSet 的设计，可以将数据库中的一个完整的局部关系缓存到本地客户端，使用完成后，再次提交保存，极大提高了编程的效率。随着移动互联网、云计算、大数据、AI 时代的到来，移动端的 APP 已经初步取代桌面及 Web 应用程序，目前已成为基于数据库应用程序开发的主流。由于移动端操作系统在网络连接、进程优先级、内存管理、数据存储等方面与传统的操作系统有很大的差异，所以 ADO.NET 已经不适合当前的技术趋势，而被 Entity Framework、Restful Data、Web API 等技术取代。但作为应用程序开发入门的初学者，了解如何使用 ADO.NET 组件进行数据库访问是非常有必要的，特别是计算机专业的学生，要牢牢记住，傻瓜相机虽比专业相机好用，但是坏了，不好维修。ADO.NET 的框架结构如图 2.1 所示。

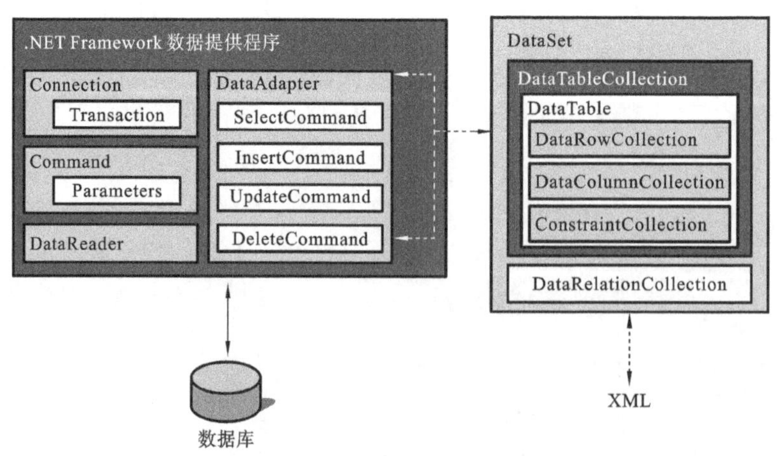

图 2.1　ADO.NET 的框架结构

2.2　ADO. NET 中的组件

ADO. NET 包含以下几个组件。

Connection 对象:数据库连接对象,通过连接字符串来说明数据库服务器、数据库名字、用户名、密码以及其他配置参数。Command 对象通过调用 Connection 对象,从而知道是在哪个数据源上执行命令。

Command 对象:成功与数据建立连接后,开发人员就可以使用 Command 对象来执行查询、修改、插入、删除等命令。开发人员使用 Command 对象来发送 SQL 语句给数据库,Command 对象使用 Connection 对象来指出与哪个数据源进行连接。Command 对象常用的方法有 ExecuteReader()、ExecuteScalar()和 ExecuteNonQuery()。ExecuteNonQuery()用于执行 Create、Retrieve、Update、Delete(CRUD)等数据库维护语句。

DataReader 对象:在执行 select 语句查询数据库时,假设只需要以“只进只读”的方式读取数据,则使用 DataReader 对象。DataReader 对象最大的优点就是读取数据的速度快,因为只需要从一个方向向前读取数据,而不用考虑向后重复读取的问题。

DataSet 对象:DataSet 是 ADO. NET 的核心组件,关于 DataSet 的定义和说明有很多,在此,结合笔者的使用体验,可用一句话说明:DataSet 就是在客户端内存中缓存的一个小型数据库。其结构如图 2.2 所示。

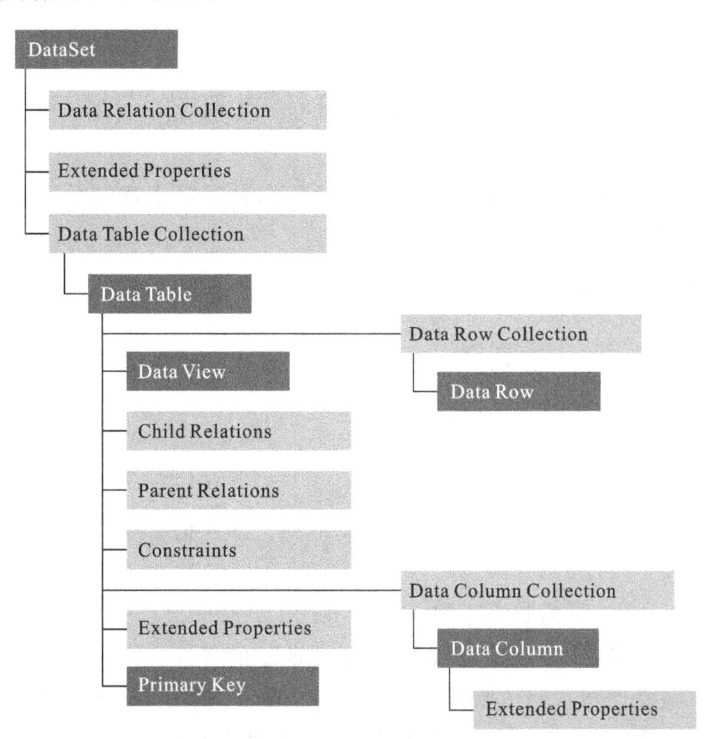

图 2.2　DataSet **的结构图**

如果使用微软的 Winform 技术来开发桌面应用程序,DataSet 组件是程序员的不二之选，通过与前端的 Grid（表格控件）、Tree（树控件）及其他控件的无缝数据绑定（Data Binding），结合 DataAdapter 的自动 SQL 语句生成，DataSet 可以帮助程序员不用书写任何 SQL 语句，而轻松地完成对数据表的增、删、改、查功能。

DataAdapter 对象：DataAdapter 对象用于填充 DataSet 对象中的各个数据表，并维护数据表之间的主外键关系。DataAdapter 可以通过填充学习到数据表的结构，从而自动地生成用于插入、修改、删除所需要的 SQL 语句，当缓存在客户端内存中的 DataSet 对象里的数据发生变化时，DataAdapter 对象会调用自动生成的 SQL 语句，完成对数据库中数据的更新。DataAdapter 对象可让程序员从枯燥无味的编码中解脱出来，极大地提高了工作效率。

DataTable 对象：DataTable 对象包含在 DataSet 对象中，对应数据库中一张具体的数据表。

虽然微软公司一贯善于学习和使用他人的创新思维和优秀技术，并依靠其在桌面操作系统中的霸主地位和雄厚的经济实力，通过不断地收购和兼并一些创新性的小公司来保证其自身的技术优势，但微软公司自身的技术实力还是不可小觑的，就 ADO. NET 而言，可以说 DataSet 就是当时客户端数据库开发技术的一个标杆，从笔者的角度来看，是非常优秀的，也是无法超越的。本章没有具体介绍 DataSet 技术，还是希望读者书写 SQL 语句来完成应用程序的开发，如果使用 DataSet 技术，本章介绍的大部分内容恐怕只需要点几下鼠标就可以轻松完成。还是那个观点，计算机专业的学生多写代码，多了解底层的一些技术，对后续的学习和发展是有益处的。

2.3 开发学籍管理系统

本节介绍使用 Winform 技术，再结合 ADO. NET，针对第 1 章的学籍管理数据库，开发一个简单的客户端应用程序。

2.3.1 主界面设计

启动 Visual Studio 2017，在“文件”菜单中选择“新建”→“项目”，选择“Windows 窗体应用(. NET Framework)”，如图 2.3 所示。

步骤如下。

(1) 编程语言选择“Visual C＃”。

(2) 明确项目在磁盘上的存放位置，本例为“D:\Projects\Windows\”，名称为“StdMng2020”。

(3) . NET Framework 的版本不限。

点击图 2.3 中的“确定”按钮后，出现如图 2.4 所示的界面。

打开“解决方案管理器”，修改默认的窗体名称 Form1 为 fmMain，如图 2.5 所示。

选中主窗体，点击“属性”，在属性管理器窗口中对主窗体的属性进行调整，如表 2.1 所示。

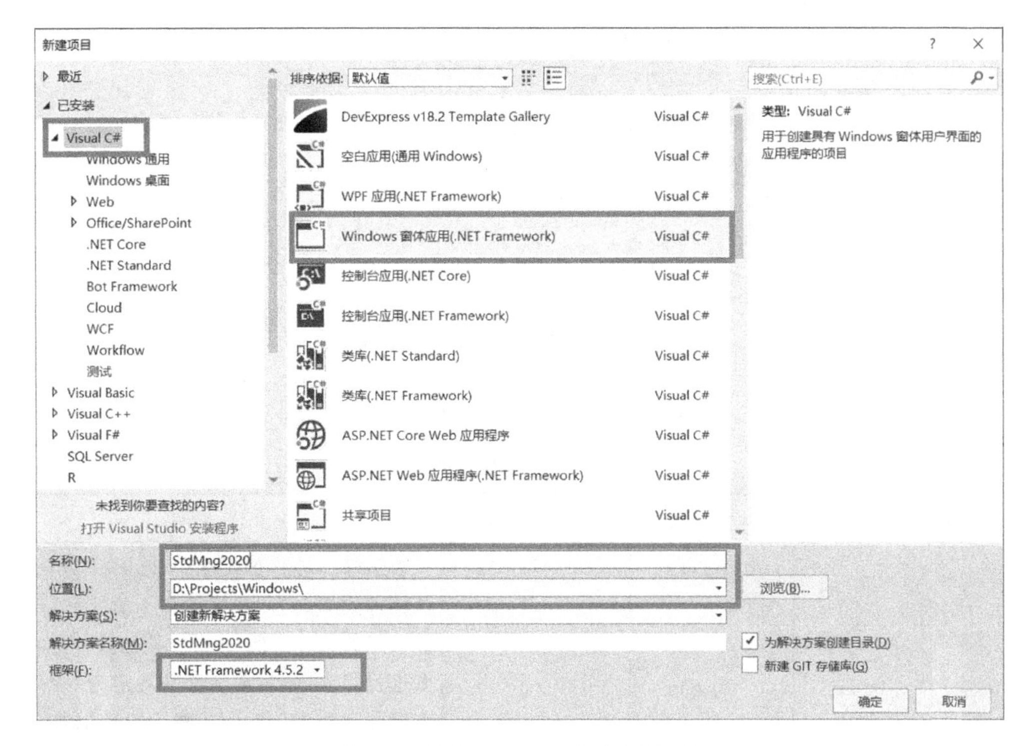

图 2.3　新建 Windows 窗体应用程序

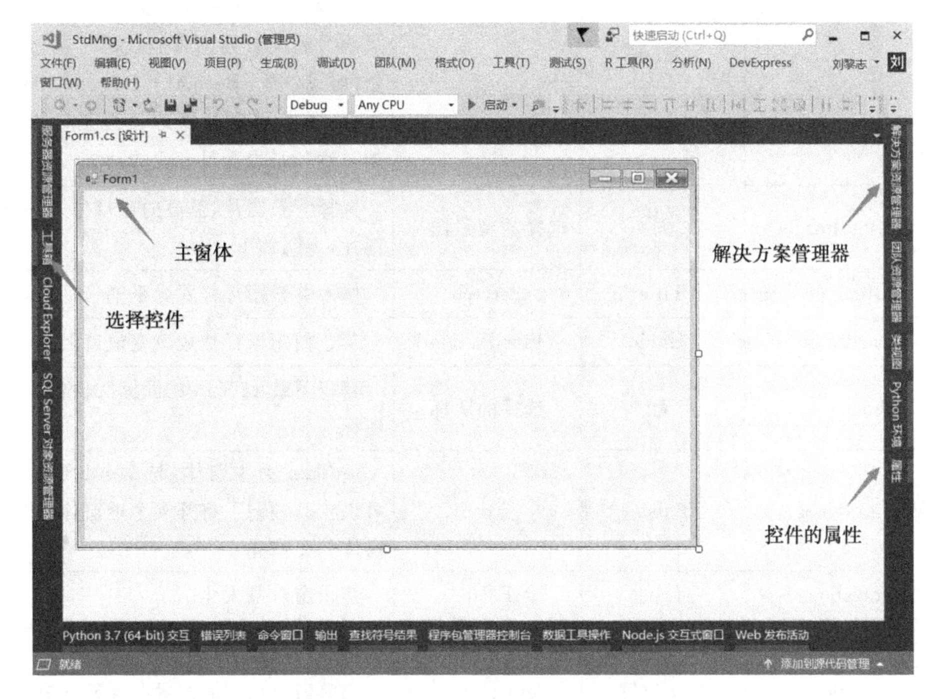

图 2.4　窗体应用程序默认界面

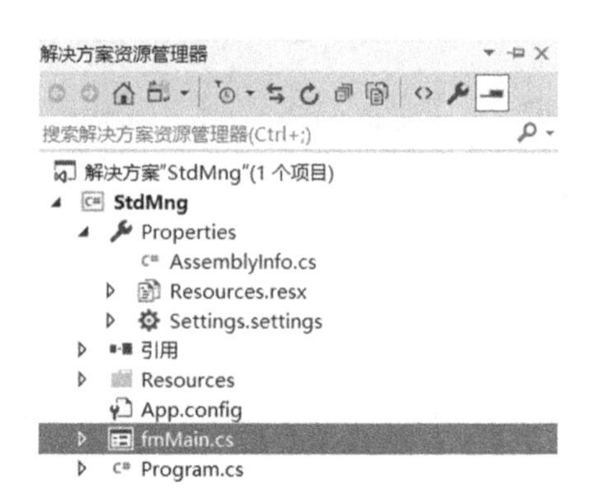

图 2.5　修改窗体名称

表 2.1　主窗体属性的调整

属　　性	原　始　值	调　整　值	说　　明
(Name)	Form1	fmMain	表示窗体控件的类名，Windows Form 默认控件的类名为“控件类型＋数字”。请养成良好的编程习惯，务必在使用控件前将类名进行修改，命名规则本书约定为“控件类型缩写＋控件功能”，如将主窗体的类名修改为 fmMain，fm 为 Form 窗体控件的缩写，Main 表示该窗体为主窗体。以后工作，如果项目经理看到你写的代码中的控件类名全部都是 Button1、Button2、Button3、Button4，会严重怀疑你是否是计算机专业的学生和是否受过专业的训练
BackGroundImage	无	选择的背景图片	选择背景图片，需要向项目导入一些资源图片，说明如下
BackGroundImageLayout	Title	Stretch	修改背景图片样式为平铺
FormBordStyle	Sizable	FixedSingle	禁止使用鼠标拖放改变窗口大小
Icon	无	选择的图标	自行下载 16×16 的图标文件作为窗体的图标
IsMdiContainer	False	True	fmMain 为主窗体，与 Word、Excel 类似，可以在其控制下打开多个子窗体，并作为子窗体的父窗体
MaximizeBox	True	False	禁止窗口最大化
size	默认的设定值	1600、800	调整主窗体的大小到合适的值
StartPosition	默认位置	CenterScreen	调整窗口出现的位置在屏幕正中央
Text	Form1	学籍管理系统	调整主窗体的显示值

在项目中导入资源图片，在“https://pan. baidu. com/s/1m0uyCdgRdg-XspKbR74TOQQ”处下载一些图片文件（提取码为 47bc）到本地磁盘，然后右击项目名“StdMng”，在出现的快捷菜单中选择“属性”，出现如图 2.6 所示的项目属性设置窗口，在设置窗口左侧的列表中选择“资源”，再选择“添加资源”→“添加现有文件”，将本地图片添加为项目的资源。

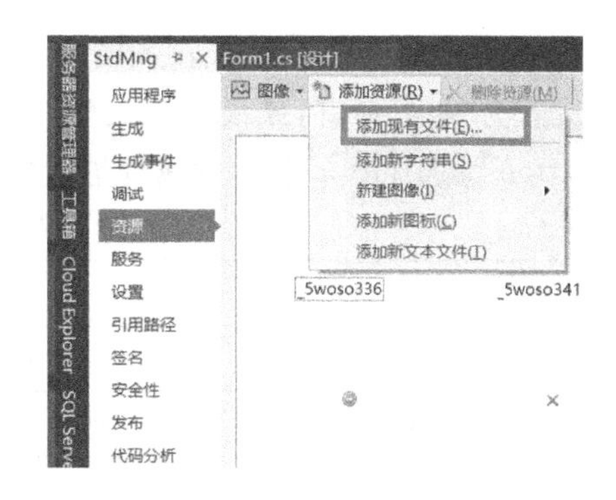

图 2.6　项目属性设置窗口

按“Ctrl+F5”组合键运行程序，得到的应用程序主窗体界面如图 2.7 所示。

图 2.7　应用程序主窗体界面

打开“工具箱”，在“菜单和工具栏”中分别选择“StatusStrip”和“ToolStrip”，并拖动到主窗体，如图 2.8 所示。

图 2.8　“工具箱”界面

在位于界面下方的“StatusStrip-状态栏”中添加一个“StatusLabel”标签，将其“Text”属性设置为“版权所有：武汉工程大学”。在位于界面下方的“ToolStrip-工具栏”中添加一个“Button”，对 Button 控件的属性进行修改，如表 2.2 所示。

表 2.2　Button 控件属性的修改

属　　性	原 始 值	调 整 值
Name	toolStripButton1	tsbtnStdAdo
DisplayStyle	Image	ImageAndText
Image	无	在导入的资源文件中选择图片
ImageScaling	SizeToFilt	None
Text	toolStripButton1	学生管理
TextImageRelation	ImageBeforeText	ImageAboveText

再次运行程序，注意主界面的变化，如图 2.9 所示。

图 2.9　调整后的主界面

2.3.2　学生表的 CRUD

1. 学生管理界面设计

本节演示如何对 t_Student 表进行插入、修改、删除的操作。修改 StdMng2020 数据库中的 t_Student 表，增加两个列属性，如表 2.3 所示。

表 2.3　增加 t_Student 表的列属性

列　　名	数 据 类 型	允许 Null 值	说　　明
SIDNum	varchar(50)	√	用户的身份证号码
SEmail	varchar(150)	√	用户的电子邮件地址

在“解决方案管理器”中，选中“StdMng2020”项目，右击，在出现的快捷菜单中选择“添加”→“新建文件夹”，将新建的文件夹命名为“StdMng”。选中新建的文件夹“StdMng”，右击，在出现的快捷菜单中选择“添加”→“新建项”，出现如图 2.10 所示的界面。

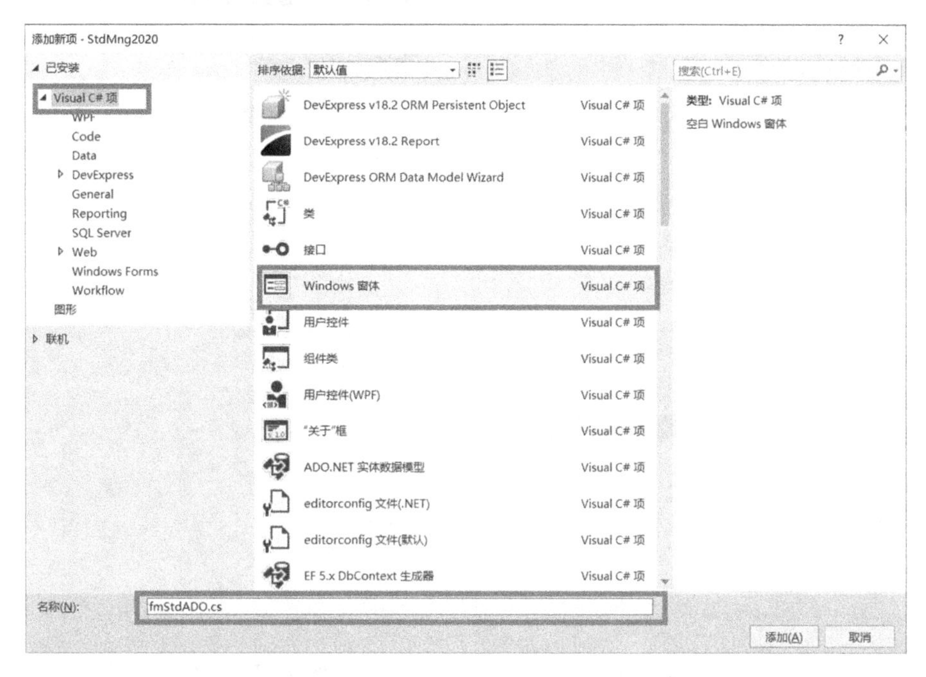

图 2.10　新建学生管理窗体

选择“Visual C＃项”下的“Windows 窗体”，将新窗体的名称修改为 fmStdADO. cs 后，点击“添加”按钮。对新添加的学生管理窗体属性进行调整，如表 2.4 所示。

表 2.4　学生管理窗体属性的调整

属　性	原 始 值	调 整 值	说　明
FormBordStyle	Sizable	FixedSingle	禁止使用鼠标拖放改变窗口大小
Location	0,0	5,5	窗体距离主窗体的边距
Icon	无	选择的图标	自行下载 16×16 的图标文件作为窗体的图标
MaximizeBox	True	False	禁止窗口最大化
Size	默认的设定值	566,708	调整主窗体的大小到合适的值
StartPosition	默认位置	Manual	调整窗体在主窗体中出现的位置
Text	Form1	学生管理	调整主窗体的显示值

打开“工具箱”，在“容器”中选择“GroupBox”，拖动控件到学生管理窗体，如图 2.11 所示。

将 GroupBox 控件的大小调整到和学生管理窗体大小基本一致，然后将其“Text”属性设置为“学生信息”。

打开“工具箱”，在“公共控件”中选择“Button”、“ComboBox”、“DateTimePicker”、

"Label"、"PictureBox"、"TextBox"控件，拖动控件到学生信息"GroupBox"中，控件如图2.12所示。

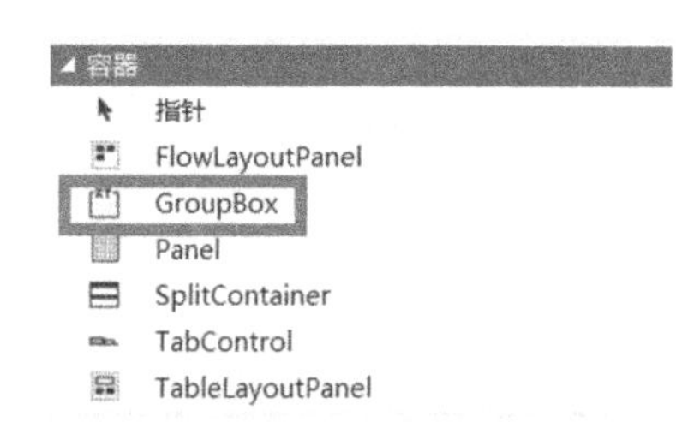

图 2.11　容器控件

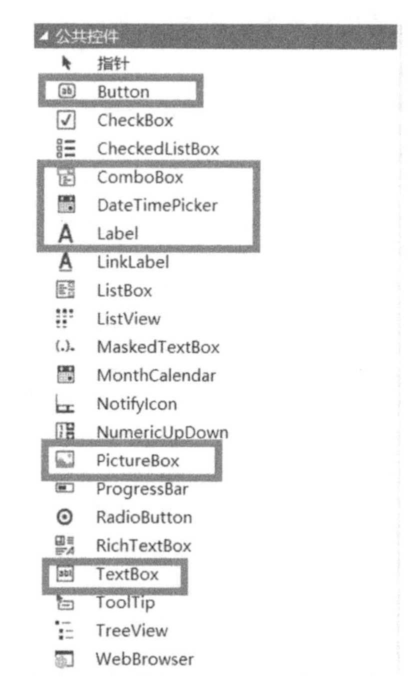

图 2.12　公共控件

学生信息"GroupBox"中的控件属性调整如表 2.5 所示。

表 2.5　学生信息"GroupBox"中的控件属性调整

Name	Text	Image	TextImageRelation	说　明
label1	学号	—	—	学号 Label
txtID	—	—	—	学号输入 TextBox
btnQuery	查询(&Q)		ImageBeforeText	按学号查询 Button
label2	身份证号	—	—	身份证号码 Label
txtIDCardNums	—	—	—	身份证号码 TextBox
label3	姓名	—	—	姓名 Label
txtName	—	—	—	姓名 TextBox
label4	性别	—	—	性别 Label
cbGender	—	—	—	性别选择 ComboBox
label5	出生日期	—	—	出生日期 Label
dpBirth	—	—	—	出生日期选择 DateTimePicker
label6	所在系	—	—	所在系 Label

续表

Name	Text	Image	TextImageRelation	说　　明
cbDept	—	—	—	系别选择 ComboBox
label7	Email	—	—	电子邮件 Label
txtEmail	—	—	—	电子邮件输入 TextBox
label8	照片	—	—	照片 Label
pbImage	—	—	—	照片 PictureBox
btnBrowse	浏览(&B)		ImageBeforeText	照片浏览 Button

按钮控件 Text 属性后的(& 字母)表示使用键盘点击的快捷键，如(&Q)，点击“查询”按钮的快捷键方式为“Alt+Q”。打开“工具箱”，在“公共控件”中选择“Button”，拖动到学生管理窗体界面中。学生管理窗体中控件属性的调整如表 2.6 所示。

表 2.6　学生管理窗体中控件属性的调整

Name	Text	Image	TextImageRelation	说　　明
btnInsert	插入(&I)		ImageBeforeText	插入学生按钮
btnDelete	删除(&D)		ImageBeforeText	删除学生按钮
btnUpdate	修改(&U)		ImageBeforeText	修改学生按钮

再次强调控件的命名规范，除 Label 控件仅在界面上起说明作用、不需要重新命名外，其他控件均会在后台的程序代码中使用，所以都需要进行规范化命名。打开“fmMain”主窗体设计界面，鼠标双击“学生管理”图标，在出现的事件处理程序中输入以下代码：

```
private void tsbtnStdAdo_Click(object sender, EventArgs e)
{
    fmStdADO fmado=new fmStdADO();
    fmado.MdiParent=this;
    fmado.Show();
}
```

代码首先生成一个“学生管理-fmStdADO”窗体的实例，然后指定该实例的 MdiParent 为 this(表示 fmMain 窗体实例)，最后调用 Show()方法，将学生管理窗体显示到主窗体中。按“Ctrl+F5”组合键运行程序，在程序主界面的工具栏中点击“学生管理”按钮，出现“学生管理”界面，如图 2.13 所示。

2. 学生信息维护

本节介绍如何使用 ADO.NET 实现对学生表的增、删、改、查的功能。

图 2.13 “学生管理”界面

1) 定义数据库连接字符串

右击“StdMng2020”项目，在出现的快捷菜单中选择“属性”，在出现的项目属性设置界面中找到“设置”，添加数据库连接字符串。数据库连接字符串的设置如表 2.7 所示。

表 2.7 数据库连接字符串的设置

名称	StdMngConStr
类型	连接字符串
范围	应用程序
值	Server=LLZLAPTOP\SQLEXPRESS;DataBase=StdMng2020;Integrated Security=True

数据库连接字符串的名称为 StdMngConStr，打开项目根目录下的“app. config”文件，在“connectionStrings”节中可以看到 StdMngConStr 的定义。

用户在编程时，可以采用“Properties. Settings. Default. StdMngConStr”的方式访问 StdMngConStr 的值。将数据库连接字符串配置在 app. config 文件中是为了避免硬编码，因为数据库服务器的位置、验证方式在开发环境和应用环境中会有所不同，修改“app. config”文件中的 StdMngConStr 的值，就可以灵活地适应不同的环境。硬编码就是将数据库连接字符串直接写到代码中，这样，一旦要修改，就要修改程序中所有使用连接字符串的地方，这样非常麻烦且容易出错。因此在编程中，切记不要硬编码，编程过程中，养成编写配置文件的习惯，将所有可能发生变动的变量都作为随时修改的配置项，从而避免硬编码。

数据库连接字符串是一个全局的配置，因此，一般设置其影响范围为“应用程序”而不是“用户”。

数据库连接字符串值中的各项的解释如下。

- Server：表示数据库服务器的地址。由于演示的是单机版本的学籍管理系统的开发，数据库服务器也安装在本地，所以 LLZLAPTOP \ SQLEXPRESS 表示本地计算机 LLZLAPTOP 上的 SQLEXPRESS 数据库实例。如果将数据库部署到网络环境中，则需要用 IP 地址取代 LLZLAPTOP。
- DataBase：表示数据库名称，使用的就是第 1 章定义的 StdMng2020 数据库。
- Integrated Security：表示数据库的用户验证方式，由于是本地开发，所以使用基于 Windows 的用户验证。如果访问部署在网络中的数据库服务器，则需要提供有权限访问数据库的“UID＝用户名”及“PWD＝密码”的配置项。

2）插入学生信息

（1）性别下拉框数据绑定。

打开“StdMng”目录下的“学生管理”窗体，在该窗体选中“cbGender”下拉框控件，点击 ◂ 图标，在出现的“ComboBox 任务”中选择“编辑项…”，在出现的“字符串集合编辑器”中输入“男”、“女”，如图 2.14 所示。

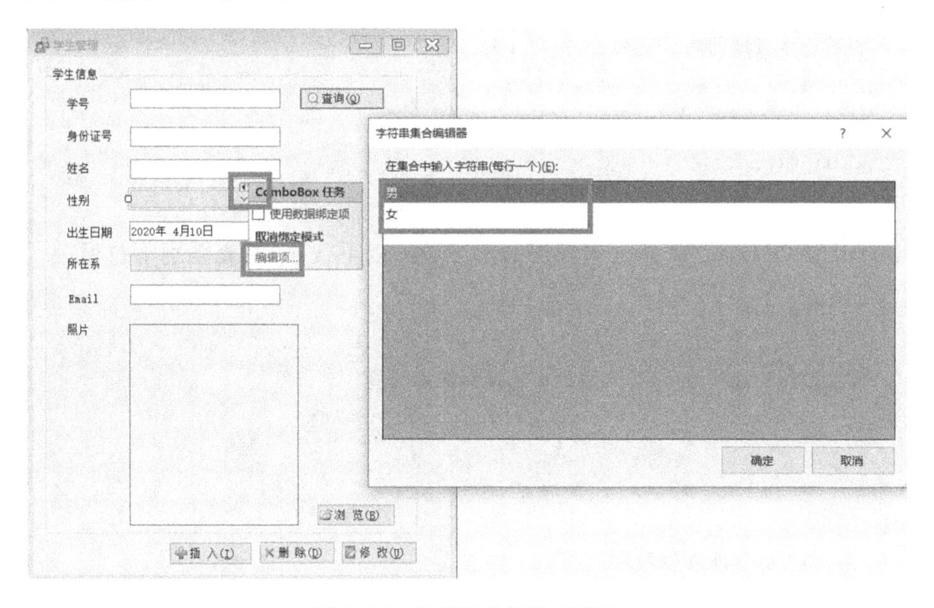

图 2.14　性别下拉框数据绑定

由于性别只有“男”和“女”，是不会有什么变化的，所以这里“硬编码”也无妨。

（2）系别下拉框数据绑定。

在“学生管理”窗体的任何空白区域点击右键，在出现的快捷菜单中选择“查看代码”，进入“学生管理”窗体的后台代码编辑。

在“namespace StdMng2016. StdMng”上面引入命名空间，代码如下：

```
using System.Data.SqlClient;
using System.Text.RegularExpressions;
using System.IO;
```

在“fmStdADO”类定义的下面定义两个属性，代码如下：

```
public partial class fmStdADO : Form
{
    //存储学生登记照的二进制字节数组
    Byte[] imgBytes;
    //取配置文件中的连接字符串值
    String conStr=Properties.Settings.Default.StdMngConStr;
    ……
}
```

回到“学生管理”窗体，双击窗体标题栏的空白区域，进入“fmStdADO_Load”事件处理，输入以下代码：

```
private void fmStdADO_Load(object sender, EventArgs e)
{
    //设置性别下拉框的默认值为“男”
    cbGender.SelectedIndex=0;
    //设置出生日期的默认值为1990年1月1日
    dpBirth.Value=new DateTime(1990, 1, 1);
    //填充系别下拉框
    FillDept();
}
```

在“fmStdADO_Load”事件处理程序的上方输入以下代码，填充系别下拉框。

```
void FillDept()
{
    //定义数据库连接对象，传入数据库连接字符串的值
        SqlConnection con=new SqlConnection(conStr);

    try
    {
        //打开数据库连接对象
        con.Open();
        //定义数据库命令对象
        SqlCommand cmd=new SqlCommand();
        //设置数据库命令对象的连接对象为con
        cmd.Connection=con;
        //定义数据库命令对象的SQL语句
        cmd.CommandText="select SdeptID,SdeptName from t_Sdept";
        //定义数据适配器对象，传入cmd命令
        SqlDataAdapter sda=new SqlDataAdapter(cmd);
        //生成DataSet实例对象
        DataSet ds=new DataSet();
        //填充数据集，将t_Sdept表读入数据集
```

```
        sda.Fill(ds,"t_Sdept");
        //指定系别下拉框的数据源为数据集 ds 中的数据表 t_Sdept
        cbDept.DataSource=ds.Tables["t_Sdept"];
        //设置系别下拉框值对象
        cbDept.ValueMember="SdeptID";
        //设置系别下拉框显示对象
        cbDept.DisplayMember="SdeptName";
    }
    catch (Exception ex)
    {
        //捕获异常后,使用消息对话框作为提示
        MessageBox.Show(ex.Message);
    }
    finally
    {
        //不论程序是否执行完成,数据库连接对象 con 必须使用代码关闭
        if (con ! = null && con.State== ConnectionState.Open)
        {
            con.Close();
        }
    }
}
```

代码中需注意的要点包含以下几方面。

● try-catch-finally 语句块是进行 ADO. NET 组件开发时常用的代码编程结构，将进行增、删、改、查的代码放在 try 中，catch 捕获异常并处理，finally 用于关闭数据库连接对象 con。数据库连接对象在 C# 语言中属于非受控类型变量，. NET Framework 运行时，不会主动垃圾回收 con 对象，con 对象必须执行 close()方法释放其保持的资源，这里为数据库服务器的连接资源。如果不执行 close()方法，则连接资源不会主动释放，数据库服务器的连接池就会溢出，从而造成数据库服务器的故障。

● 数据集对象 ds 的填充。由于 t_Sdept 数据表中的数据量不多，基本上是静态的，故可以使用 SQL 语句将表中的所有行全部读取到客户端内存中的 ds 对象。特别注意，如果某个数据表中的数据行非常多，则使用 DataSet 时需要考虑客户端是否会内存溢出。

● 系别下拉框的数据绑定。将 t_Sdept 表读取到数据集中后，指定其为系别下拉框 cbDept 的数据源，指明显示的字段为"SdeptName"，而保存到数据库中的字段为"SdeptID"，这是因为用户在"学生管理"界面看到的是系别的名称"数学系"，而实际存储到数据表 t_Student 中的 Sdept 字段是"MA"。

运行程序，检查性别及系别下拉框的数据绑定是否正常，如图 2.15 所示。

(3) 代码的调试。

代码调试(Debug)是在程序开发中必须掌握的技能，这里简单介绍怎么进行代码调试。打开"学生管理"窗体的代码编辑界面，将输入光标停留在"fmStdADO_Load"事件处理程序的第一行处，鼠标双击编辑器最左侧的空白，或者按"F9"键，设置断点，如图 2.16 所示。

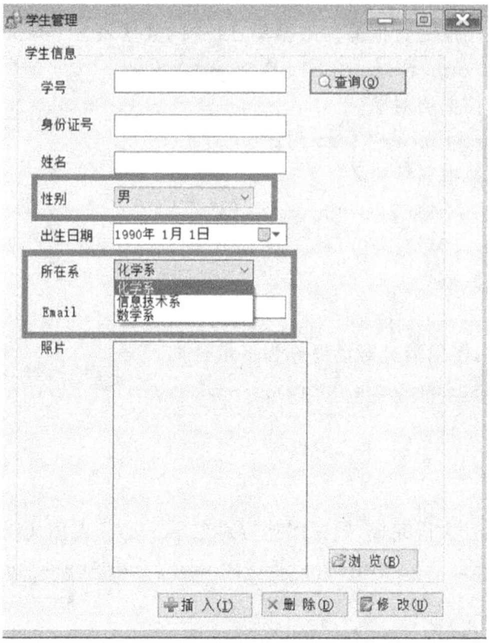

图 2.15　下拉框的数据绑定

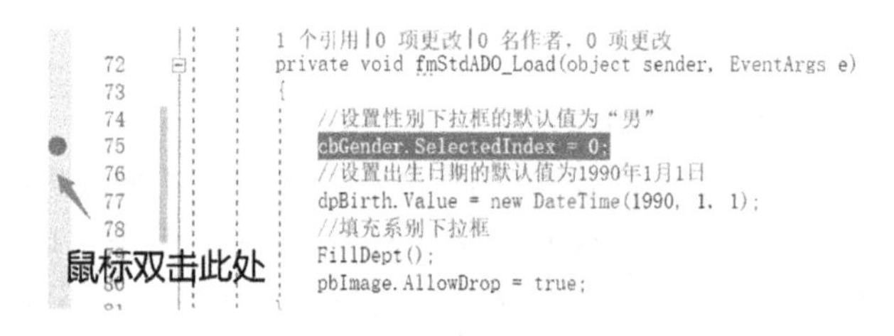

图 2.16　设置断点

按“F5”键运行程序，在主界面的工具栏中点击“学生管理”，由于在“fmStdADO_Load”事件处理程序的第一行处设置了断点，所以此时程序在此中断，代码处于“调试-Debug”状态，如图 2.17 所示。

记住几个调试的快捷键：按“F10”键表示逐过程执行（遇到方法，直接执行方法，得到返回的结果），按“F11”键表示逐语句执行（遇到方法，则进入方法定义体），按“Shift+F11”组合键表示跳出逐语句执行，回到调用前的语句行。变量的运行值可以在“局部变量”窗口查看，也可以将鼠标移动到变量上，此时变量的值会自动显示出来。例如，当程序执行到“FillDept()”处时，按“F11”键进入 FillDept()方法，当程序执行到“cbDept. DataSource=ds. Tables["t_Sdept"];”处时，将鼠标悬停在变量“ds”处，会出现查看变量的提示，点击“🔍”图标，会出现 ds 中的 t_Sdept 表的填充结果，如图 2.18 所示。

通过调试，程序员可以全面地了解整个功能代码执行的所有流程细节，并可以实时查看所有变量在运行时的值，从而捕获程序运行中可能出现的错误。总之，程序运行出错，或者运行的结果和预期不一致，就调试程序，看看究竟程序在什么地方出了问题。

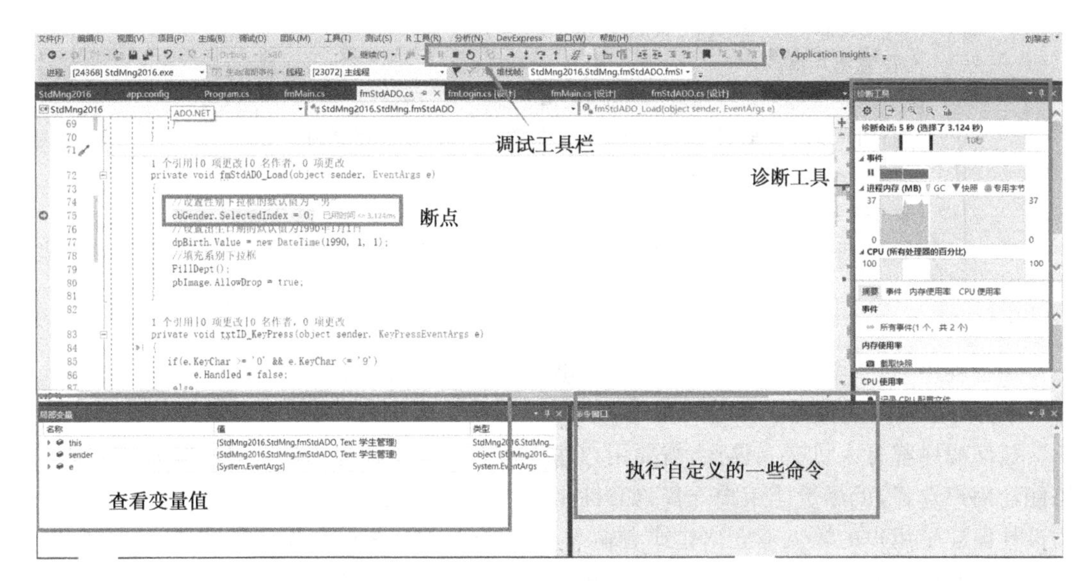

图 2.17　程序调试状态

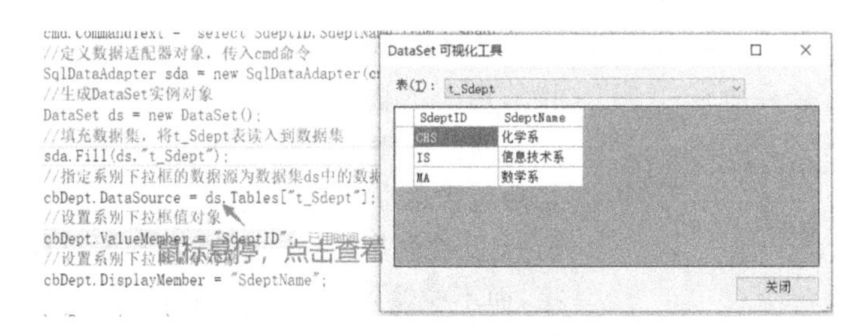

图 2.18　查看变量运行时的值

(4) 学生登记照。

打开“StdMng”目录下的“fmStdADO-学生管理”窗体，在设计界面选中“pbImage”，设置图片框控件的“SizeMode”属性为“StretchImage”。打开“工具箱”对话框，拖动“OpenFileDialog”控件到设计界面，将控件的默认“(Name)”修改为“ofdStd”，“Filter”设置为“图片文件(*.BMP;*.JPG;*.png)|*.BMP;*.JPG;*.PNG|所有文件(*.*)|*.*”，表示该对话框打开的文件类型为图片文件。双击键盘上的“浏览”按钮，进入事件处理程序，输入以下代码：

```
private void btnBrowse_Click(object sender, EventArgs e)
{
    //定义流对象
    Stream myStream;

    //用户在打开文件的模态框中点击“确定”按钮
    if (ofdStd.ShowDialog()== DialogResult.OK)
    {
        //打开文件
```

```
            myStream=ofdStd.OpenFile();
            //设置图片框图片
            pbImage.Image=Bitmap.FromStream(myStream);
            //将图片文件读取到 imgBytes 二进制数组,方便后续存储到数据库
            imgBytes=new byte[myStream.Length];
            myStream.Seek(0, SeekOrigin.Begin);
            myStream.Read(imgBytes, 0, (int)myStream.Length);
        }
    }
```

运行程序,检查学生登记照图片是否能够正常加载到图片框“pbImage”。

(5) 用户输入的控制。

任何程序都有人机交互界面,需要用户输入信息给程序处理。针对用户输入的信息,如果能让用户选择,就尽量让用户选择,如“性别”、“系别”下拉框,“出生日期”选择控件,这样的设计保证了用户的输入不会出错或者输入一些错误信息,影响数据的完整性。例如,假设“系别”需要用户输入,用户可能根本就不知道需要输入“MA”才表示学生所在的系别是“数学系”。但有些信息必须由用户通过文本框主动输入,如“学号”、“身份证号”、“姓名”和“Email”,对于用户主动输入的信息,程序员要牢牢记住“Never Trust User Input(永远不要相信用户的输入)”这句话,对用户输入文本框中的内容必须验证输入是否正确、是否符合信息的预期模型、是否包含恶意的攻击代码。

图 2.19　KeyPress 事件处理

① 控制用户在“学号”文本框只能输入 0～9 的数字,而不能输入任何其他字符。

打开“StdMng”目录下的“fmStdADO-学生管理”窗体,在设计界面选中“txtID”,打开控件的“属性”界面,选择“⚡”图标,找到“KeyPress”事件,在空白处双击,进入“txtID”文本框的“KeyPress”事件处理程序,如图 2.19 所示。

在“txtID”文本框的“KeyPress”事件处理程序中输入以下代码:

```
private void txtID_KeyPress(object sender, KeyPressEventArgs e)
{
    if(e.KeyChar>='0' && e.KeyChar<='9')
        e.Handled=false;
    else
      e.Handled=true;
}
```

运行程序,测试“学号”文本输入框是否只能输入“0～9”。

② 使用正则验证用户输入的身份证号和 Email 地址的模式。

身份证号和 Email 必须满足自身的模式规则,才认为用户的输入是有效的,才能保证数据的完整性,虽然这个工作可以放在数据库的层面来做,但在用户的 UI 交互层完成更有效

率。在“工具箱”中选择“组件”，拖动“ErrorProvider”组件到设计界面，将控件重新命名为“epStd”，在“Icon”属性处设置一个有警告意味的图标。使用 ErrorProvider 组件是为了当用户输入错误时提示用户。

用户输入的字符模式使用正则表达式进行验证，关于正则表达式的具体规则，在此不做详细讨论，有兴趣的同学可以参考 https://www.runoob.com/regexp/regexp-tutorial.html 等 SDK 文档，获取更多的信息和帮助。首先在后台代码中引入用于正则验证的命名空间，代码如下：

```
using System.Text.RegularExpressions;
```

分别在“txtIDCardNums”和“txtEmail”文本框的“Leave”事件处理程序中输入以下代码：

```
private void txtIDCardNums_Leave(object sender, EventArgs e)
{
    //定义身份证号的正则表达式
    string idCardRegStr=@"^\d{17}[\d|X]$|^\d{15}$";
    Regex r=new Regex(idCardRegStr);
    //验证用户输入的身份证号是否符合定义的模式
    if (!r.IsMatch(txtIDCardNums.Text))
    {
        //如果验证错误，则使用 ErrorProvider 提示，并保存文本框的输入焦点状态
        //直到用户输入正确
        epStd.SetError(txtIDCardNums, "身份证号错误!");
        txtIDCardNums.Focus();
    }
    else
    {
        epStd.SetError(txtIDCardNums,"");
    }
}

private void txtEmail_Leave(object sender, EventArgs e)
{
    //定义电子邮件的正则表达式
    string emailRegStr=@"\w+([-+.']\w+)*@\w+([-.]\w+)*\.\w+([-.]\w+)*";
    Regex r=new Regex(emailRegStr);
    //验证用户输入的电子邮件是否符合定义的模式
    if (!r.IsMatch(txtEmail.Text))
    {
        //如果验证错误，则使用 ErrorProvider 提示，并保存文本框的输入焦点状态
        //直到用户输入正确
        epStd.SetError(txtEmail, "电子邮件输入错误!");
        txtEmail.Focus();
```

```
        }
        else
        {
            epStd.SetError(txtEmail, "");
        }
    }
```

运行程序，测试身份证号和 Email 正则验证的有效性。

(6) 插入学生记录。

上述准备工作完成后，打开“StdMng”目录下的“fmStdADO-学生管理”窗体，在设计界面选中“btnInsert”按钮控件，双击，执行事件处理程序后，输入以下代码：

```
private void btnInsert_Click(object sender,EventArgs e)
{
    SqlConnection con=new SqlConnection(conStr);

    try
    {
        con.Open();
        SqlCommand cmd=new SqlCommand();
        cmd.Connection=con;
        //插入学生信息的 SQL 语句
        cmd.CommandText="insert t_student(sno,sname,sgender,sbirth,"+
                      " sdept,simage,sIDNum,sEmail)"+
                      "values" +
                      "(@sno,@sname,@sgender,@sbirth,"+
                      "@sdept,@simage,@sIDNum,@sEmail)";

        //得到学生的性别
        String sGender=cbGender.SelectedIndex== 0?"男":"女";

        //添加命令的参数
        cmd.Parameters.AddRange
         (new SqlParameter[] {
               new SqlParameter("@sno",txtID.Text),
               new SqlParameter("@sname",txtName.Text),
               new SqlParameter("@sgender",sGender),
               new SqlParameter("@sbirth",dpBirth.Value),
               new SqlParameter("@sdept",cbDept.SelectedValue),
               new SqlParameter("@simage",imgBytes),
               new SqlParameter("@sIDNum",txtIDCardNums.Text),
               new SqlParameter("@sEmail",txtEmail.Text)
        });
        //执行插入语句
        cmd.ExecuteNonQuery();
```

```
            //如果成功,则提示插入成功的信息
            MessageBox.Show("插入学生信息成功!", "提示信息",
                            MessageBoxButtons.OK, MessageBoxIcon.Information);
        }
        catch (Exception ex)
        {
            MessageBox.Show(ex.Message);
        }
        finally
        {
            if (con!=null && con.State==ConnectionState.Open)
            {
                con.Close();
            }
        }
    }
```

代码中需注意的要点包含以下几方面。

● 插入学生的 SQL 语句切记不要使用类似于：

```
"insert t_student values ("+txtID.txt+","+txtName.txt+","+…+")"
```

的拼接字符串形式，这种写 SQL 语句的格式，有被黑客进行“注入式”攻击的危险。使用@参数的形式，将整个 insert 语句完整地写在一个字符串内，然后在 cmd 对象中完成@参数的赋值。insert 语句在此分成几段来书写，完全是因为排版的原因，大家在实际编码时，可以将语句合并为一个字符串。

● 注意参数的赋值哪些是使用控件的 Text 属性，哪些是使用 Value 属性等，与 insert 语句的参数次序保持一致。

● cmd. ExecuteNonQuery()表示执行 SQL 语句，不需要返回值。

运行程序，在“学生管理”界面输入如图 2.20 所示的信息，然后点击“插入”按钮。

检查用户信息是否成功插入数据表 t_Student 中。注意，提示插入成功后，界面仍然停留在用户输入的状态，好的用户体验的做法是有一个展示学生列表的界面，插入学生信息成功后，返回学生列表界面，让用户可以看到学生信息已经成功插入。

3) 修改学生信息

修改学生信息的代码和插入学生信息的代码基本类似，如下：

```
private void btnUpdate_Click(object sender, EventArgs e)
{
    SqlConnection con=new SqlConnection(conStr);

    try
    {
        con.Open();
        SqlCommand cmd=new SqlCommand();
```

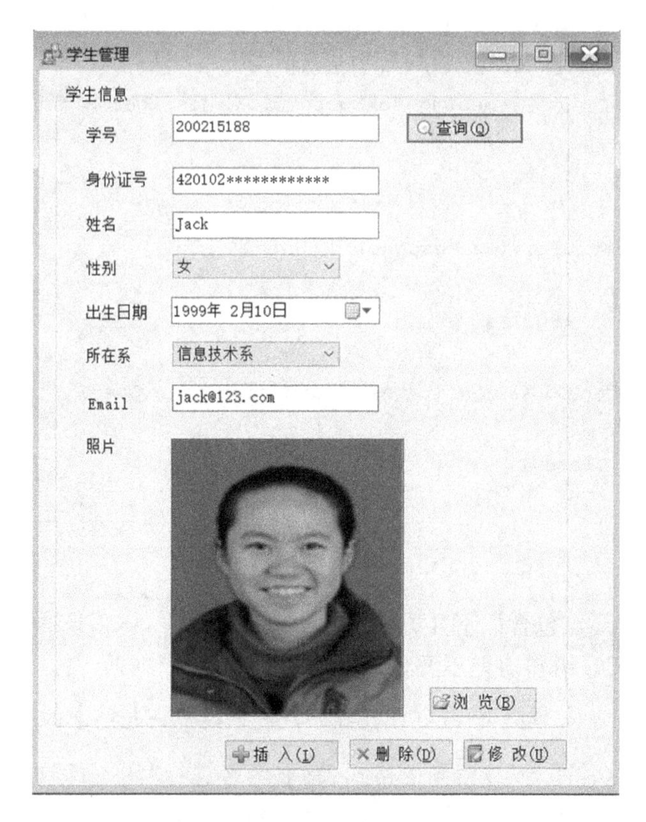

图 2.20　插入学生信息

```
cmd.Connection=con;
cmd.CommandText="update t_student set sname=@sname,sgender=@sgender,"
        +"sbirth=@sbirth,sdept=@sdept,simage=@simage,sIDNum=@sIDNum"
        +",sEmail=@sEmail where sno=@sno";

String sGender=cbGender.SelectedIndex==0?"男" : "女";

cmd.Parameters.AddRange(new SqlParameter[] {
                    new SqlParameter("@sno",txtID.Text),
                    new SqlParameter("@sname",txtName.Text),
                    new SqlParameter("@sgender",sGender),
                    new SqlParameter("@sbirth",dpBirth.Value),
                    new SqlParameter("@sdept",cbDept.SelectedValue),
                    new SqlParameter("@simage",imgBytes),
                    new SqlParameter("@sIDNum",txtIDCardNums.Text),
                    new SqlParameter("@sEmail",txtEmail.Text)
                });

cmd.ExecuteNonQuery();
MessageBox.Show("更新学生信息成功!", "提示信息",
```

```
                    MessageBoxButtons.OK, MessageBoxIcon.Information);
    }
    catch (Exception ex)
    {
        MessageBox.Show(ex.Message);
    }
    finally
    {
        if (con !=null && con.State==ConnectionState.Open)
        {
            con.Close();
        }
    }
}
```

4）删除学生信息

删除学生信息的代码如下所示：

```
private void btnDelete_Click(object sender, EventArgs e)
{
    SqlConnection con=new SqlConnection(conStr);
    //定义事务对象

    SqlTransaction trans=null;
    try
    {
        con.Open();
        //开启事务
        trans=con.BeginTransaction();
        SqlCommand cmd=new SqlCommand();
        cmd.Connection=con;
        //指定命令对象的事务实例
        cmd.Transaction=trans;
        cmd.CommandText="delete t_sc where sno=@sno;" +
                        "delete t_student where sno=@sno";
        cmd.Parameters.AddWithValue("@sno",txtID.Text);
        cmd.ExecuteNonQuery();
        //提交事务
        trans.Commit();
        MessageBox.Show("删除学生信息成功!", "提示信息",
                MessageBoxButtons.OK, MessageBoxIcon.Information);
    }
    catch (Exception ex)
    {
        MessageBox.Show(ex.Message);
```

```
            //如果有异常,则事务回滚
            if (trans !=null)
                trans.Rollback();

        }
        finally
        {
            if (con !=null && con.State==ConnectionState.Open)
            {
                con.Close();
            }
        }
    }
```

删除操作假设没有在数据库层面设置学生选课表“t_SC”和学生表“t_Student”之间的级联更新及删除,因此删除学生信息必须先删除“t_SC”表中的学生选课记录,再删除学生信息,否则就会出现外键引用错误的提示。由于同时执行了两个 delete 语句,故需要将语句包含在事务中执行,以保证操作的原则性及一致性。

5) 通过学号查询学生信息

打开“StdMng”目录下的“fmStdADO-学生管理”窗体,在设计界面选中“btnQuery”按钮控件,双击,执行事件处理程序后,输入以下代码:

```
private void QueryStd(String sno)
{
    SqlConnection con=new SqlConnection(conStr);

    try
    {
        con.Open();
        SqlCommand cmd=new SqlCommand();
        cmd.Connection=con;
        cmd.CommandText="select sno,sname,sgender,sbirth,sdept,simage," +
                        "sIDNum,sEmail from t_student where sno=@sno";
        cmd.Parameters.AddWithValue("@sno", sno);
        #region DataRead
        //使用 DataReader 读取学生信息
        using (SqlDataReader rd=cmd.ExecuteReader())
        {
            if (rd.HasRows)
            {
                while (rd.Read())
                {
                    txtName.Text=rd["sname"].ToString();
```

```
                //读取学生性别
                cbGender.SelectedIndex=rd["sgender"].ToString()
                                        =="男" ? 0 : 1;
                dpBirth.Value=Convert.ToDateTime(rd["sbirth"]);
                cbDept.SelectedValue=rd["sdept"].ToString();
                //读取学生的登记照片
                if (rd["SImage"] !=DBNull.Value)
                    pbImage.Image=Bitmap.FromStream(new MemoryStream
                                              ((Byte[])rd["SImage"]));

                txtIDCardNums.Text=rd["sIDNum"].ToString();
                txtEmail.Text=rd["sEmail"].ToString();
            }
        }
        else
        {
            MessageBox.Show ("查无此人!", "提示信息",
                            MessageBoxButtons.OK, MessageBoxIcon.Warning);
        }
    }
    #endregion

    #region DataSet 方式
    //SqlDataAdapter da=new SqlDataAdapter(cmd);
    //DataSet ds=new DataSet();
    //da.Fill(ds);

    //if (ds.Tables[0].Rows.Count>0)
    //{
    //txtName.Text=ds.Tables[0].Rows[0]["SName"].ToString();
    //txtIDCardNums.Text=ds.Tables[0].Rows[0]["sIDNum"].ToString();
    //cbGender.SelectedItem=ds.Tables[0].Rows[0]["SGender"];
    //dpBirth.Value=Convert.ToDateTime(ds.Tables[0].Rows[0]["SBirth"]);
    //cbDept.SelectedValue=ds.Tables[0].Rows[0]["SDept"];
    //txtEmail.Text=ds.Tables[0].Rows[0]["sEmail"].ToString();
    //pbImage.Image=Bitmap.FromStream(new MemoryStream
    //                  ((byte[])ds.Tables[0].Rows[0]["SImage"]));
    //}
    //else
    //{
    //MessageBox.Show ("查无此人!", "提示信息",
    //                 MessageBoxButtons.OK, MessageBoxIcon.Warning);
    //}
    #endregion
```

```
        }
        catch (Exception ex)
        {
            MessageBox.Show(ex.Message);
        }
        finally
        {
            if (con != null && con.State==ConnectionState.Open)
            {
                con.Close();
            }
        }
    }

    private void btnQuery_Click(object sender, EventArgs e)
    {
        QueryStd(txtID.Text);
    }
```

考虑到按学号查询学生信息可能会被其他方法调用，故将按学号查询学生信息写成一个单独的方法。QueryStd 提供了 DataReader 和 DataSet 两种方式读取学生信息，由于读取学生信息就是一个“只进只读”的过程，故先应该是 DataReader 方式，DataSet 方式在此仅仅是为了演示其如何使用(代码已经注释)。在“txtID”文本框中输入学号，确认查询功能是否正常。

运行程序，测试对学生进行增、删、改、查的操作是否正常，操作结果的确认可能需要反复查询数据表 t_Student，这点用户体验的不友好性，希望读者可以自行完善修改。

2.3.3 用户注册登录

1. 用户注册

本节演示如何实现用户的注册功能，在 StdMng2020 数据库中添加 t_User 表，结构如表 2.8 所示。

表 2.8 用户登录 t_User 表

列 名	数据类型	允许 Null 值	说 明
UserID	varchar(50)	—	用户的登录 ID
UserPwd	varchar(50)	—	用户的密码
UserDesc	varchar(MAX)	√	用户描述

打开“解决方案管理器”，选中“StdMng”项目，右击，在出现的快捷菜单中选择“添加”→“新建项”，出现如图 2.21 所示的界面。

选择“Visual C#项”下的“Windows 窗体”，将新窗体的名称修改为“fmRegister.cs”后，点击“添加”按钮。对新添加的用户注册窗体的属性进行调整，如表 2.9 所示。

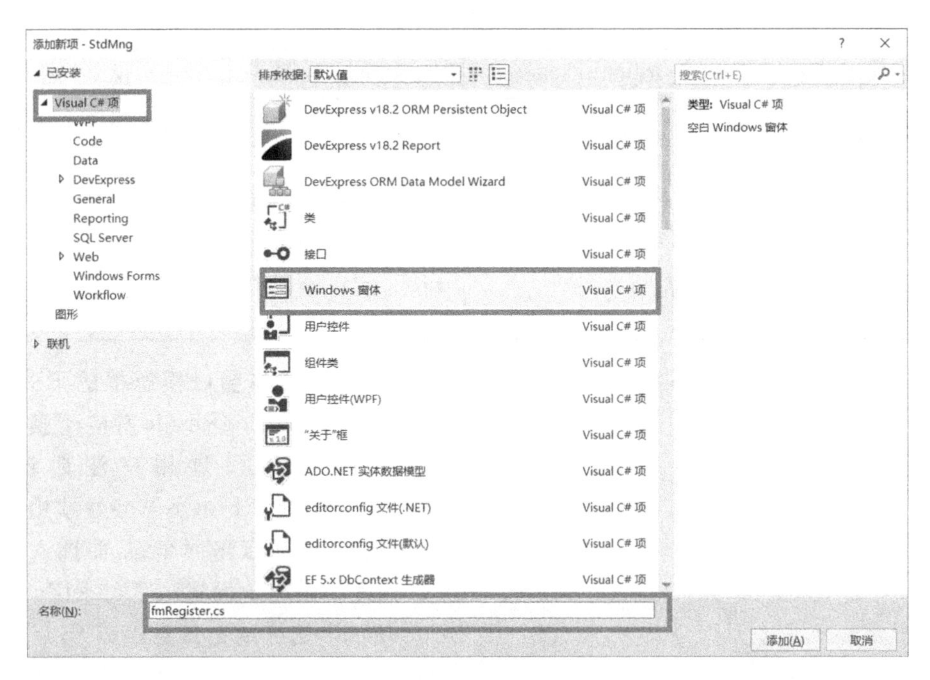

图 2.21　添加新窗体

表 2.9　对新添加的用户注册窗体的属性进行调整

属　性	原 始 值	调 整 值	说　明
CancelButton	无	btnCancel	按 Esc 键，触发取消按钮的点击，关闭窗口
FormBordStyle	Sizable	FixedSingle	禁止使用鼠标拖放改变窗口大小
Icon	无	选择的图标	请自行下载一些 16×16 的图标文件作为窗体的图标
MaximizeBox	True	False	禁止窗口最大化
Size	默认的设定值	430,310	调整主窗体的大小到合适的值
StartPosition	默认位置	CenterScreen	调整窗口出现的位置在屏幕正中央
Text	Form1	用户注册	调整主窗体的显示值

打开"工具箱"，在"公共控件"中选择"Label"、"TextBox"、"Button"控件，拖动控件到用户注册窗体，对控件属性进行调整，如表 2.10 所示。

表 2.10　用户注册界面控件属性调整

Name	Text	DialogResult	Image	TextImageRelation	说　明
label1	用户名	—	—	—	名称 Label
txtUserName	—	—	—	—	名称输入 TextBox
label2	密码	—	—	—	密码 Label
txtUserPwd	—	—	—	—	密码输入 TextBox
label3	用户描述	—	—	—	用户描述 Label

续表

Name	Text	DialogResult	Image	TextImageRelation	说　　明
txtUserDesc	—	—	—	—	用户描述 TextBox
btnOK	确定	OK	✔	ImageBeforeText	确定操作按钮
btnCancel	取消	Cancel	✕	ImageBeforeText	取消操作按钮

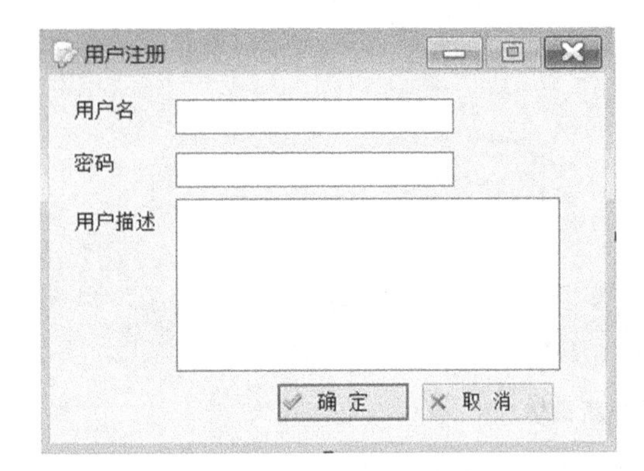

图 2.22　用户注册界面

用户注册窗体会以模态框的形式出现，Button 按钮的 DialogResult 对应于模态框的返回值，也可以设置用户注册窗体的“AcceptButton”为“btnOK”(会导致用户不输入任何内容，直接点击回车键，而插入一条空记录，因此不做这个设置)、“CancelButton”为“btnCancel”，这样敲击键盘上的“Enter”键表示确定，而“Esc”键表示取消。用户注册界面如图 2.22 所示。

在 https://pan. baidu. com/s/1m0uyCdg-RdgXspKbR74TOQQ 处下载 DbaseCS. cs 文件(提取码为 47bc)，文件对使用 ADO. NET 组件进行数据库的操作进行了封装，以方便使用。选中“StdMng2020”项目，右击，在出现的快捷菜单中选择“添加”→“新建文件夹”，将文件夹重新命名为“Utility”。选中“Utility”，右击，在出现的快捷菜单中选择“添加”→“现有项”，在出现的文件选择对话框中选择下载的 DbaseCS. cs 文件，将文件导入项目中。

在用户注册窗体的后台代码中，添加用户加密的命名空间，代码如下：

```
using System.Security.Cryptography;
```

在设计界面双击“确定”按钮，在事件处理程序中输入以下代码：

```
private void btnOk_Click(object sender, EventArgs e)
{
    String userId=txtUserName.Text;
    String pwd=txtPwd.Text;
    String userDesc=txtUserDesc.Text;

    //对用户的密码进行 hash 加密
    MD5 md5=new MD5CryptoServiceProvider();
    byte[] result=md5.ComputeHash(System.Text.Encoding.Default.GetBytes(pwd));
    String pwdMd5=Convert.ToBase64String(result);

    try
    {
```

```
            //调用 DbaseCS 类中的静态方法，在 t_User 表中插入用户
            DbaseCS.ExecuteNonQuery ("insert t_User values(
                                    @UserID,@UserPwd,@UserDesc)",
                                    new SqlParameter[]{
                                    new SqlParameter("@ UserID",userId),
                                    new SqlParameter("@ UserPwd",pwdMd5),
                                    new SqlParameter("@ UserDesc",userDesc)},
                                    CmdType.CmdTxt);

            if(MessageBox.Show("用户注册成功!", "提示信息",
            MessageBoxButtons.OK, MessageBoxIcon.Information)== DialogResult.OK)
            {
                this.Close();
            }
        }
        catch (Exception ex)
        {
            MessageBox.Show(ex.Message);
        }
    }
```

在设计界面双击“取消”按钮，在事件处理程序中输入以下代码：

```
private void btnCancel_Click(object sender, EventArgs e)
{
    this.Close();
}
```

暂时不要测试用户的注册功能，该功能将在用户登录界面进行演示。

2. 用户登录

在项目根目录下添加名为“fmLogin”的窗体，对用户登录窗体的属性进行调整，如表 2.11所示。

表 2.11　用户登录窗体属性的调整

属　性	原　始　值	调　整　值	说　明
AcceptButton	无	btnOK	点击 Enter 键，触发“确认”按钮的点击
CancelButton	无	btnCancel	点击 Esc 键，触发“取消”按钮的点击，表示关闭窗口
FormBordStyle	Sizable	FixedSingle	禁止使用鼠标拖放改变窗口大小
Icon	无	选择的图标	请自行下载一些 16×16 的图标文件作为窗体的图标
MaximizeBox	True	False	禁止窗口最大化
Size	默认的设定值	459,203	调整主窗体的大小到合适的值
StartPosition	默认位置	CenterScreen	调整窗口出现的位置在屏幕正中央
Text	Form1	用户登录	调整主窗体的显示值

打开“工具箱”，在“公共控件”中选择“Label”、“TextBox”、“Button”控件，拖动控件到用户注册窗体，用户登录界面控件属性的调整如表 2.12 所示。

表 2.12 用户登录界面控件属性的调整

Name	Text	DialogResult	Image	TextImageRelation	说　明
label1	用户名	—	—	—	名称 Label
txtUserName	—	—	—	—	名称输入 TextBox
label2	密码	—	—	—	密码 Label
txtPwd	—	—	—	—	密码输入 TextBox
btnOK	确定	—		ImageBeforeText	确定操作按钮
btnCancel	取消	Cancel		ImageBeforeText	取消操作按钮
btnRegister	注册	—		ImageBeforeText	注册用户按钮

在项目根目录找到“Program. cs”文件，鼠标双击打开，将 Main 函数中的

```
Application.Run(new fmMain());
```

进行注释，然后输入以下代码：

```
fmLogin fmlogin=new fmLogin();

if (fmlogin.ShowDialog()==DialogResult.OK)
{
    fmlogin.Close();
    Application.Run(new fmMain());
}
```

上述代码表示，当程序开始运行时，首先以模态框的形式出现用户登录界面，如果用户登录成功，则将登录界面关闭后运行程序的主界面。

在用户登录窗体的设计界面双击“注册”按钮，在出现的事件处理程序中输入以下代码：

```
private void btnRegister_Click(object sender, EventArgs e)
{
    fmRegister fr=new fmRegister();
    fr.ShowDialog();
}
```

在用户登录窗体的设计界面双击“确定”按钮，在出现的事件处理程序中输入以下代码：

```
bool IsValiadUses(String userName,String pwd)
{
```

```
        //将用户输入的密码字符转换为 MD5 的 hash 值
        MD5 md5=new MD5CryptoServiceProvider();
        byte[] result=md5.ComputeHash(System.Text.Encoding.Default.GetBytes(pwd));
        String pwdMd5=Convert.ToBase64String(result);

        //验证用户名和密码是否正确
        object userId=DbaseCS.ExecuteScalar("select UserID from t_User where " +
                                   "UserID= @ UserID and UserPwd= @ UserPwd",
                    new SqlParameter[]{new SqlParameter("@ UserID",userName),
                                  new SqlParameter("@ UserPwd",pwdMd5)
                              },CmdType.CmdTxt);
        if (userId != null)
            return true;
        else
            return false;
    }

    private void btnOK_Click(object sender, EventArgs e)
    {

        if (IsValiadUses(txtUserName.Text, txtPwd.Text))
        {
            this.DialogResult=DialogResult.OK;
        }
        else
        {
            MessageBox.Show("用户名密码错误!");
        }
    }
```

注意，ExecuteScalar 方法返回的是一个标量值，而不是一个数据记录。在用户登录窗体的设计界面双击“取消”按钮，在出现的事件处理程序中输入以下代码：

```
    private void btnCancel_Click(object sender, EventArgs e)
    {
        this.Close();
    }
```

运行程序，在出现的用户登录界面中先点击“注册”按钮，注册一个新用户，查看数据库中的 t_User 表，确认用户已经成功插入。注意检查用户密码加密的情况。使用新注册的用户登录，确认登录成功，出现系统的主界面。

第3章　Entity Framework 基础

本章介绍基于 ORM(Object-Relational Mapping,对象关系映射)的 Entity Framework 技术,讲解如何使用 Entity Framework 技术对学生表进行增、删、改操作,以及用 LINQ 语句进行一些基本的查询。

3.1　Entity Framework 简介

数据库是应用程序开发的基础,程序员必须学习如何使用 SQL 语句操作和查询数据库,才能进行程序的开发工作,而在众多设计工具中,数据表(实体)以对象的形式体现出来。在业界中,有很多人都在研究如何将对象模型和数据库集成在一起,因此对象关系映射的技术由此产生,如 Hibernate、MyBatis 等 ORM 框架工具。

ORM 的实质就是将关系数据库中的业务数据表采用对象的形式表示出来,并通过面向对象(Object-Oriented)的方式将这些对象组织起来,实现系统业务逻辑的过程。ORM 是随着面向对象的软件开发方法的发展而产生的。面向对象的开发方法是当今企业级应用开发环境中的主流开发方法,关系数据库是企业级应用环境中永久存放数据的主流数据存储系统。对象和关系数据是业务实体的两种表现形式,业务实体在内存中表现为对象,在数据库中表现为关系数据。内存中的对象之间存在关联和继承关系,而在数据库中,关系数据无法直接表达多对多关联和继承关系。因此,ORM 系统一般以中间件的形式存在,主要实现从程序对象到关系数据的映射。面向对象是从软件工程基本原则(如耦合、聚合、封装)的基础上发展起来的,而关系数据库则是从数学理论发展而来的,两套理论存在明显的区别。为了解决这个不匹配的现象,ORM 技术应运而生。

让我们从 O/R 开始。字母 O 起源于"对象"(Object),而 R 则来自"关系"(Relational)。几乎所有的程序里都存在对象和关系数据库。在业务逻辑层和用户界面层中,O/R 是面向对象的。当对象信息发生变化的时候,我们需要把对象的信息保存在关系数据库中。当开发一个应用程序的时候(不使用 O/R Mapping),可能会写不少数据访问层的代码,用来从数据库保存、删除、读取对象信息等。在 DAL(Data Access Layer,数据访问层)中写了很多方法来读取对象数据、改变状态对象等任务。而这些代码写起来总是重复的。

在 DAL 代码中有很多近似的通用模式。以保存对象的方法为例,传入一个对象,为 SqlCommand 对象添加 SqlParameter,将所有属性和对象对应,设置 SqlCommand 的 CommandText 属性为对应的 SQL 语句,然后运行 SqlCommand。对于每个对象,都要重复地写这些代码。除此之外,还有更好的办法吗?有,引入一个 O/R Mapping。实质上,一个 O/R Mapping 会为你生成 DAL。与其自己写 DAL 代码,不如用 O/R Mapping。程序员用 O/R Mapping 保存、删除、读取对象,O/R Mapping 负责生成 SQL,程序员只需要关心对象就好。这就是ORM技术的基本思想。

微软公司虽然有了ADO.NET这个数据访问的利器，但却没有像Hibernate这样的对象映射工具，因此微软公司在.NET Framework 2.0中提出了ObjectSpace的概念，ObjectSpace可以让应用程序使用完全对象化的方法访问数据库，其技术概念与Hibernate的类似。然而，ObjectSpace工程相当大，在.NET Framework 2.0完成时仍无法全部完成，因此微软公司将ObjectSpace纳入下一版本的.NET Framework中，并且加上一个设计(Designer)的工具，构成现在的ADO.NET Entity Framework。

Entity Framework利用抽象化数据结构的方式将每个数据表都转换成应用程序对象(entity)，数据字段都转换为属性(property)，关系则转换为连接(association)属性，让数据库的E/R模型完全地转换成对象模型，如此让程序设计师能用最熟悉的编程语言来调用数据访问。而在抽象化的结构之下，则是高度集成与对应结构的概念层、对应层和储存层，以及支持Entity Framework的数据提供者(provider)，让数据访问的工作得以顺利和完整进行。

3.1.1　为概念模型赋予生命

数据建模是一种由来已久且常见的设计模式，基本思想是将数据模型分为三个部分，即概念模型、逻辑模型和物理模型。概念模型用来定义系统中的实体和关系，关系数据库的逻辑模型通过外键约束将实体和关系规范化到表中，物理模型通过指定分区和索引等详细信息来实现特定数据引擎的功能。

物理模型由数据库管理员进行优化，以改善性能。程序员的工作限制为通过编写SQL查询和调用存储过程来处理逻辑模型。概念模型通常用于捕获和传达应用程序要求的工具，常以静态关系图(E-R图)的形式供项目早期阶段查看和讨论，随后被弃用。许多开发团队会跳过概念模型的创建，直接从关系数据库中的表、列和主键就开始工作。

Entity Framework可让开发人员查询概念模型中的实体和关系，同时将这些操作转换为特定于数据源的命令，从而为概念模型赋予生命。这使应用程序不再对特定的数据源具有硬编码的依赖性。概念模型、存储模型及其模型之间的映射以外部规范(称为实体数据模型(EDM))表示。可以根据需要对存储模型(又称逻辑模型)及其映射进行更改，而不需要对概念模型、数据类或应用程序代码进行更改。存储模型是特定于程序的，因此可以在各种数据源之间使用一致的概念模型。

EDM由以下三种模型和具有相应文件扩展名的映射文件进行定义。

- 概念架构定义语言文件(.csdl)——定义概念模型。
- 存储架构定义语言文件(.ssdl)——定义存储模型。
- 映射规范语言文件(.msl)——定义存储模型与概念模型之间的映射。

Entity Framework使用这些基于XML的模型和映射文件将概念模型中的实体和关系的创建、读取、更新和删除操作转换为数据源中的等效操作。EDM甚至支持将概念模型中的实体映射到数据源中的存储过程。

3.1.2 将对象映射到数据

面向对象编程对如何与存储系统进行交互提出了一个难题。虽然类的组织通常比较近似地反映出关系数据库表的组织，但是拟合程度并不完美。多个规范化表通常对应于单个类，类之间的关系并未按照表之间的关系一样表示。例如，若要表示某个销售订单的客户，Order 类可使用包含对 Customer 类实例引用的属性，但是数据库中的 Order 表行包含的外键列（或列集）对应于 Customer 表中主键的值。Customer 类可以具有名为 Orders 的属性，该属性包含 Order 类的实例的集合，但是数据库中的 Customer 表不包含相应的列。

现有解决方案只能通过将面向对象的类和属性映射到关系表和列来尝试弥补这种通常称为"阻抗不匹配"的差异。Entity Framework 没有采用这种传统方法，而是将逻辑模型中的关系表、列和外键约束映射到概念模型中的实体和关系。这在定义对象和优化逻辑模型方面都增加了灵活性。实体数据模型工具基于概念模型生成可扩展数据类。这些类是分部类，可以通过开发人员添加的其他成员进行扩展。为特定概念模型生成的类派生自基类，这些基类提供对象服务以将实体具体化为对象，并跟踪和保存其更改。开发人员可以使用这些生成的类，并采用由导航属性关联起来的对象的形式来处理实体和关系。

3.1.3 访问和更改实体数据

实体框架不仅是另一种对象关系映射解决方案，还从根本上让应用程序访问和更改表示为概念模型中的实体和关系的数据。对象服务使用 EDM 将概念模型中所表示的实体类型的对象查询转换为特定于数据源的查询。查询结果具体化为对象服务管理的对象。实体框架提供以下方式查询 EDM 并返回对象。

- LINQ to Entities：语言集成查询（LINQ）支持查询在概念模型中定义的实体类型。
- Entity SQL：与存储无关的 SQL 方言，直接使用概念模型中的实体并支持诸如继承和关系等 EDM 功能。Entity SQL 可用于对象查询和由 EntityClient 提供程序执行的查询。
- 查询生成器方法：可以使用 LINQ 风格的查询方法构造 Entity SQL 查询。

Entity Framework 中包含 EntityClient 数据提供程序。此提供程序将实体查询转换为特定于数据源的查询，并返回一个由对象服务用来将实体数据具体化为对象的数据读取器。当不需要对象具体化时，通过让应用程序执行 Entity SQL 查询并使用返回的只读数据读取器，还可以像标准 ADO.NET 数据提供程序一样使用 EntityClient 提供程序。

图 3.1 所示的为 Entity Framework 的使用过程。

Entity Framework 生成一个从 DbContext 派生的类，该类表示概念模型中的实体容器。此对象上下文提供跟踪更改、管理标识、并发和关系的功能。该类还公开将插入、更新和删除操作写入数据源的 SaveChanges 方法。与查询类似，这些更改是由系统自动生成的命令或由开发人员指定的存储过程执行的。在对数据库的操作中，查询操作是最常用且重要的操作。下面介绍 Entity Framework 的 LINQ 查询。

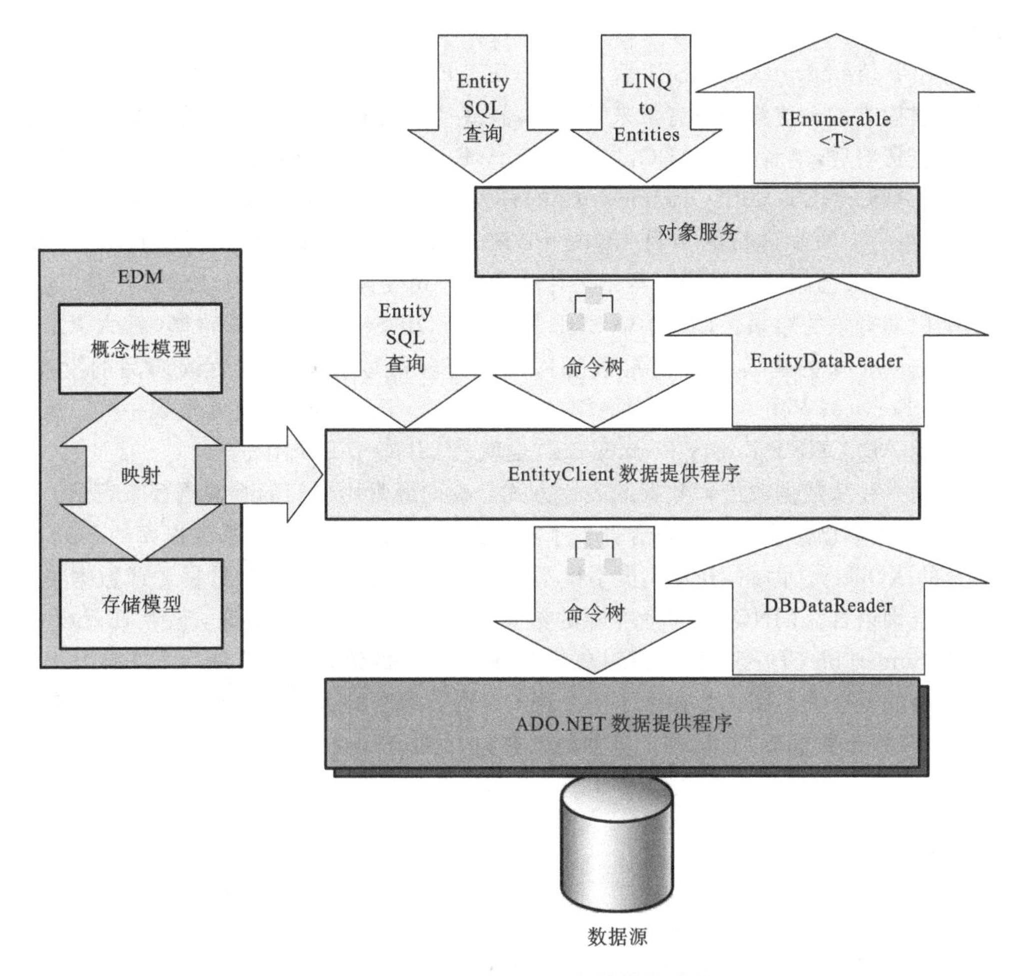

图 3.1　Entity Framework **的使用过程**

3.2　LINQ 查询

语言集成查询(LINQ)是一项突破性的创新,它在对象领域和数据领域之间架起了一座桥梁。将关系数据库中实体及实体间的关系映射成对象及对象间的关系,这样将对关系数据库的维护(Insert、Update、Delete)及查询(Select)都转换成对对象的维护及查询。

针对对象关系映射,微软公司最初推出的是 LINQ to SQL,提供用于将关系数据作为对象管理运行时的基础结构。在 LINQ to SQL 中,关系数据库的数据模型映射到开发人员所用的编程语言表示的对象模型。当应用程序运行时,LINQ to SQL 会将对象模型中的语言集成查询转换为 SQL,然后将它们发送到数据库并执行。当数据库返回结果时,LINQ to SQL 会将它们转换回可以用你自己的编程语言处理的对象。LINQ to SQL 提供了一个 O/R设计器用于维护关系表与对象的映射关系,然后用 LINQ 对数据库进行查询,以及进行更新、插入、删除数据的操作。LINQ to SQL 完全支持事务、视图和存储过程。LINQ to SQL 还提供了一种把数据验证和业务逻辑规则结合进数据模型的便利方式。LINQ to

SQL 更倾向于针对现有 Microsoft SQL Server 架构快速开发应用程序。

在. NET Framework 3.5 SP1 后，ADO. NET Entity Framework 成为另外一种可以选择的数据建模方式。这给开发者带来了困惑，到底使用哪种数据建模方式。看过微软公司发布的一些资料后，笔者感觉 ADO. NET Entity Framework 应该是微软公司主推的 ORM 技术，由于 ADO. NET Entity Framework 的开发工作过于庞大，在推出. NET Framework 3.5 后，另外一个同步进行的项目 LINQ to SQL 已经完成，所以我们先看到了 LINQ to SQL，并且很多人已经开始使用。至于为什么微软公司要同时开发两个 ORM 产品，这估计是公司部门间竞争的结果。LINQ to SQL 只针对 SQL Server 数据库建模，而 ADO. NET Entity Framework 的建模是可以跨数据库的。随着微软公司一些后续产品的发布，如 WCF Data Service、Web API 似乎对 ADO. NET Entity Framework 更为重视一些。所以我们重点介绍 ADO. NET Entity Framework，也就是 LINQ to Entities。

查询是一种从数据源检索数据的表达方式。查询通常用专门的查询语言来表示。随着时间的推移，人们已经为各种数据源开发了不同的语言，例如，用于关系数据库的 SQL 和用于 XML 的 XQuery。因此，开发人员不得不针对他们必须支持的每种数据源或数据格式而学习新的查询语言。LINQ 查询将不同的数据源查询的模式统一起来，支持 IEnumerable 或泛型 IEnumerable(T)接口的任意对象集合，使用统一的语言关键字和运算符针对强类型化对象集合编写查询。图 3.2 显示了一个用 C# 语言编写的、不完整的 LINQ 查询，该查询针对 SQL Server 数据库，并具有完全类型检查和 IntelliSense 支持。

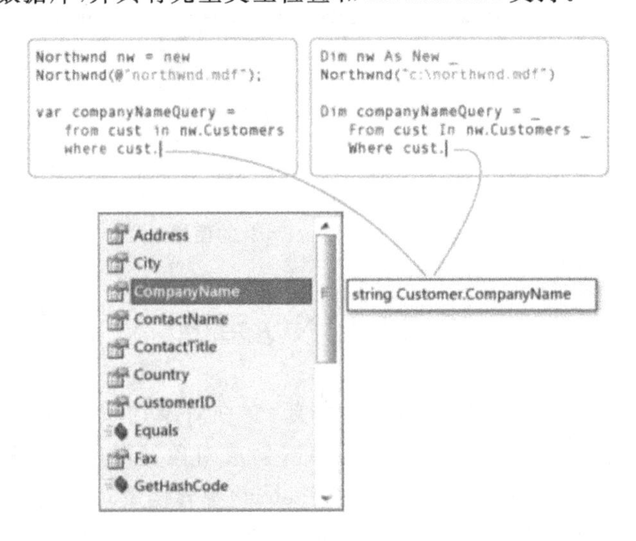

图 3.2 LINQ 查询

3.2.1 LINQ 查询的基本过程

所有 LINQ 查询都由三个不同的操作组成：获取数据源、创建查询、查询执行。下面的示例演示查询操作的三个部分，为方便起见，此示例将一个整数数组用作数据源，但其中涉及的概念同样适用于其他数据源。首先新建一个基于控制台的应用程序，如图 3.3 所示。

在 Program. cs 中输入以下代码：

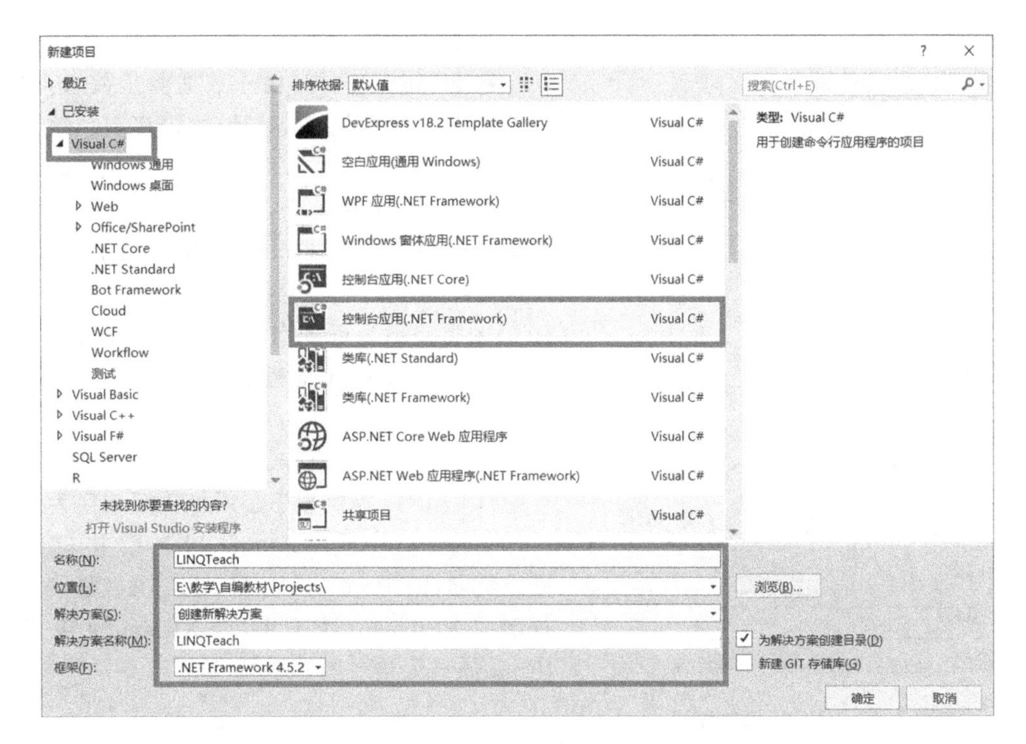

图 3.3　新建控制台应用程序

```
class Program
{
    static void Main(string[] args)
    {
        //LINQ 查询的三个操作
        //1.获取数据源
        int[] numbers=new int[7] {0, 1, 2, 3, 4, 5, 6};
        //2.创建查询
        //numQuery is an IEnumerable< int>
        var numQuery=from num in numbers where (num % 2)== 0 select num;

        //3.查询执行
        foreach (int num in numQuery)
        {
            Console.Write("{0,1} ", num);
        }
    }
}
```

程序执行的结果是输出数组中的所有偶数。图 3.4 显示了完整的查询操作，在 LINQ 中，查询的执行与查询本身截然不同。换句话说，如果只是创建查询变量 numQuery，则不会检索任何数据，检索数据的操作是在查询执行中完成的。

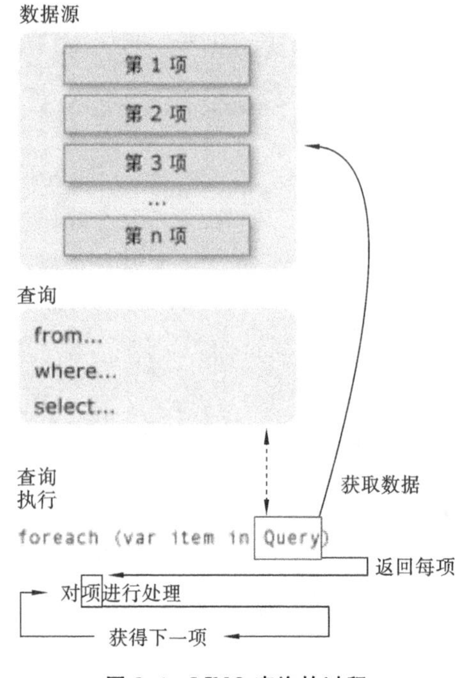

图 3.4 LINQ查询的过程

1. 获取数据源

在上一个示例中,由于数据源是数组,因此它隐式支持泛型 IEnumerable〈T〉接口。这意味着该数据源可以用 LINQ 进行查询,因为在 foreach 语句中执行的查询要求数据源支持 IEnumerable 或 IEnumerable〈T〉。支持 IEnumerable〈T〉或派生接口(如泛型 IQueryable〈T〉)的类型称为可查询类型。可查询类型不需要进行修改或特殊处理就可以用作 LINQ 数据源。

如果数据还没有作为可查询类型出现在内存中,则 LINQ 提供程序必须将数据转换为继承自 IEnumerable 或 IEnumerable〈T〉接口的类型。例如,LINQ to XML 将 XML 文档加载到可查询的 XElement 类型中,而 XElement 继承自 IEnumerable 接口的类型。

```
XElement contacts=XElement.Load(@"c:\myContactList.xml");
```

2. 创建查询

查询可以指定从数据源中检索的信息,查询还可以指定在返回这些信息之前如何对其进行排序、分组和结构化。查询存储在查询变量中,并用查询表达式进行初始化。为使编写查询的工作变得更容易,C#语言引入了新的查询语法。

上一个示例中的查询从整数数组中返回所有偶数。该查询表达式包含 from、where 和 select 三个子句(如果熟悉 SQL,会注意到这些子句的顺序与 SQL 中的顺序相反)。from 子句用于指定数据源,where 子句应用于筛选器,select 子句用于指定返回元素的类型。在 LINQ 中,查询变量本身不执行任何操作并且不返回任何数据。查询只是在某个时刻执行查询时为生成结果而必需的信息。

3. 查询执行

1) 延迟执行

如前所述,查询变量本身只是存储查询命令。实际的查询执行会延迟到在 foreach 语句中循环访问查询变量时发生。此概念称为"延迟执行",下面的代码对此进行了演示:

```
foreach (int num in numQuery)
{
    Console.Write("{0,1} ", num);
}
```

foreach 语句也是检索查询结果的地方。例如,在上一个查询中,迭代变量 num 保存了返回序列中的每个值(一次保存一个值)。

由于查询变量本身从不保存查询结果，因此可以根据需要随意执行查询。例如，可以通过一个单独的应用程序持续更新数据库。在应用程序中，可以创建一个检索最新数据的查询，并可以按某一时间间隔反复执行该查询，以便每次检索到不同的结果。

2）强制立即执行

对数据集合执行聚合函数的查询必须先循环访问集合中的所有数据项才能得到结果，如 Count、Max、Average 和 First 就属于此类查询。这类查询在执行时不显式使用 foreach 语句，而是立即执行。另外还要注意，这些类型的查询返回单个值，而不是 IEnumerable 集合。下面的查询返回源数组中偶数的计数。

```
var evenNumQuery=from num in numbers where (num % 2)==0 select num;
int evenNumCount=evenNumQuery.Count();
```

若要强制立即执行任意查询并缓存其结果，则可调用 ToList〈TSource〉或 ToArray〈TSource〉方法。

```
List<int>numQuery2=(from num in numbers where (num % 2)==0 select num).ToList();
var numQuery3=(from num in numbers where (num % 2)==0 select num).ToArray();
```

3.2.2　C# 语言对 LINQ 查询的支持

为了支持 LINQ 对各自不同数据源的查询及对查询结果的表示，C# 语言针对 LINQ 查询给出了一些特定的支持。

1. 查询表达式

查询表达式使用类似于 SQL 或 XQuery 的声明性语法来查询 IEnumerable 集合。编译时，查询语法转换为对 LINQ 提供程序的标准查询运算符扩展所实现的方法调用（见 System. Linq 的 Enumerable 及 Queryable 类，请特别注意扩展方法的概念）。应用程序通过使用 using 指令指定适当的命名空间来控制范围内的标准查询运算符。下面的查询表达式用来获取一个字符串数组，按字符串中的第一个字符对字符串进行分组，然后对各组进行排序。

```
var query=from str in stringArray
          group str by str[0] into stringGroup orderby stringGroup.Key
          select stringGroup;
```

对于编写查询代码的开发人员来说，LINQ 最明显的“语言集成”部分就是查询表达式。查询表达式是使用 C# 3.0 中引入的声明性查询语法编写的。通过使用查询语法，可以使用最少的代码对数据源执行复杂的筛选、排序和分组操作。使用相同的基本查询表达式模式来查询和转换 SQL 数据库、ADO. NET 数据集、XML 文档、流及. NET 集合中的数据。

查询表达式必须以 from 子句开头，并且必须以 select 或 group 子句结尾。在第一个 from 子句和最后一个 select 或 group 子句之间，查询表达式可以包含一个或多个下列可选子句，即 where、orderby、join、let 甚至附加的 from 子句，还可以使用 into 关键字让 join 或 group 子句的结果充当同一查询表达式中附加查询子句的源。查询的基本操作包括筛选、排序、分组、聚合、连接、选择（投影）等操作，这些操作我们在学习完 Entity Framework 后再进行讲解。在学习如何进行查询前，先探讨如何利用 DbContext 类实例对实体集合中的对象进行添加、修改、删除及并发的管理，再通过 ORM 的映射直接实现对数据库中数据的维护。

这里要特别强调什么是标准查询运算符。标准查询运算符是组成语言集成查询(LINQ)模式的方法。这些方法大多数都在序列上运行，其中序列是一个对象，其类型实现了 IEnumerable〈T〉接口或 IQueryable〈T〉接口。标准查询运算符提供了包括筛选、投影、聚合、排序等在内的查询功能。

共有两组 LINQ 标准查询运算符，一组在类型为 IEnumerable〈T〉的对象上运行，另一组在类型为 IQueryable〈T〉的对象上运行。构成每组运算符的方法分别是 Enumerable 和 Queryable 类的静态成员。这些方法被定义作为方法运行目标类型的“扩展方法”。这意味着可以使用静态方法语法或实例方法语法来调用它们。

有些读者可能会问，这样解释是不是意味着利用查询表达式和标准查询运算符方法都可以对数据对象进行查询，确实如此。编写 LINQ 查询时，可以使用以下三种方式。

- 使用查询语法。
- 使用方法语法。
- 组合使用查询语法及方法语法。

下面的代码演示了简单的查询表达式，编写为基于方法语义上等效的查询：

```
static void TwoComMethod()
{
    int[]numbers={5, 10, 8, 3, 6, 12};
    //查询语法
    IEnumerable<int>numQuery1=from num in numbers where
                                    num % 2== 0 orderby num select num;
    //方法语法
    IEnumerable<int>numQuery2=numbers.Where(num=>num % 2==0)
                                        .OrderBy(n=>n);

    foreach (int i in numQuery1)
    {
        Console.Write(i+" ");
    }
    Console.WriteLine(System.Environment.NewLine);

    foreach (int i in numQuery2)
    {
        Console.Write(i+" ");
    }
    //退出程序
    Console.WriteLine(System.Environment.NewLine);
    Console.WriteLine("Press any key to exit");
    Console.ReadKey();
```

```
}
```

1）查询语法

使用 LINQ 进行查询的推荐方式是使用查询语法来创建查询表达式。下面的代码演示了三个查询表达式。第一个查询表达式演示如何用 where 子句应用条件来筛选或限制结果，它返回源序列中值大于 7 或小于 3 的所有元素。第二个查询表达式演示如何对返回的结果进行排序。第三个查询表达式演示如何按照键对结果进行分组，此查询可根据单词的第一个字母返回两个组。

```
static void ThreeQueries()
{
    //查询 1
    List<int>numbers=new List<int>() {5, 4, 1, 3, 9, 8, 6, 7, 2, 0};
    //查询变量也可以使用 var 匿名类型
    IEnumerable<int>filteringQuery=
                         from num in numbers
                         where num <3||num>7
                         select num;

    foreach (int item in filteringQuery)
    {
        Console.Write(item+",");
    }
    Console.WriteLine();
    //查询 2
    IEnumerable<int>orderingQuery=
                    from num in numbers
                    where num <3||num>7
                    orderby num ascending
                    select num;

    foreach (int item in orderingQuery)
    {
        Console.Write(item+",");
    }
    Console.WriteLine();
    //查询 3
    string[] groupingQuery={"carrots", "cabbage", "broccoli", "beans", "barley"};
    IEnumerable<IGrouping<char, string>>queryFoodGroups=
                                          from item in groupingQuery
                                          group item by item[0];

    foreach (IGrouping<char, string>item in queryFoodGroups)
    {
```

```
            Console.WriteLine("The key of Group is:{0}", item.Key);
            Console.WriteLine("The Values belong to the Key is:");

            foreach (string v in item)
            {
                Console.Write(v+",");
            }
            Console.WriteLine();
        }
    }
```

请注意，这些查询变量的类型是 IEnumerable〈T〉，所有这些查询变量都可以使用 var（匿名类型），如下代码所示：

```
var query=from num in numbers...
```

在上述每段代码中，直到在 foreach 语句中循环访问查询变量时，查询才会实际执行。查询语法包括的查询子句如表 3.1 所示。

表 3.1　查询子句

子　　句	说　　明
from	指定数据源和范围变量(类似于迭代变量)
where	根据一个或多个由逻辑“与”和逻辑“或”运算符(&& 或 ‖)分隔的布尔表达式筛选源元素
select	指定当执行查询时，返回序列中的元素将具有的类型和形式
group	按照指定的键值对查询结果进行分组
into	提供一个标识符，它可以充当对 join、group 或 select 子句结果的引用
orderby	基于元素类型的默认比较器按升序或降序对查询结果进行排序
join	基于两个指定匹配条件之间的相等比较来连接两个数据源
let	引入一个用于存储查询表达式中的子表达式结果的范围变量
in	join 子句中的上下文关键字
on	join 子句中的上下文关键字
equals	join 子句中的上下文关键字
by	group 子句中的上下文关键字
ascending	orderby 子句中的上下文关键字
descending	orderby 子句中的上下文关键字

表 3.1 中所示的各子句的具体用法本章不再展开讲解，请查阅相关文档获得进一步的帮助。

2) *方法语法*

某些查询操作必须表示为方法调用。这些方法最常见的是那些返回单一数值的方法，如 Sum、Max、Min、Average 等。这些方法在任何查询中都必须总在最后调用，因为它们仅表示单个值，不能充当其他查询操作的数据源。下面的代码演示查询表达式中的方法调用：

```
//查询 4,求数组的平均值
double average=numbers1.Average();
Console.WriteLine("The average of numbers1 is {0}", average);
//查询 5,连接两个数组
IEnumerable<int>concatenationQuery=numbers1.Concat(numbers2);

Console.WriteLine("The result of concatenation numbers1 and numbers2 is:");
foreach (var item in concatenationQuery)
{
    Console.Write(item+",");
}
```

如果该方法有参数，则这些参数以 lambda 表达式的形式提供，如下面的代码所示：

```
IEnumerable<int>largeNumbersQuery=numbers2.Where(c=>c>15);
Console.WriteLine("The result of where>15 is:");
foreach (var item in largeNumbersQuery)
{
    Console.Write(item+",");
}
```

在上述查询中，只有查询 4 立即执行。这是因为它返回单个值，而不是一个泛型 IEnumerable〈T〉集合。方法本身也必须使用 foreach 才能计算它的值。

3）*查询方法和方法语法相结合*

查询子句的结果一般使用方法语法。只需将查询表达式括在括号内，然后应用点运算符并调用此方法。在下面的代码中，查询返回其值在 3 和 7 之间的数字个数。通常更好的做法是使用另一个变量来存储方法调用的结果，这样就不太容易将查询本身与查询结果相混淆。

```
//查询语法和方法语法相结合
int numCount1=
    (from num in numbers1
     where num <3||num>7
      select num).Count();
//更好的做法是将查询变量存储后,再使用方法语法
IEnumerable<int>numbersQuery=
    from num in numbers1
    where num <3||num>7
    select num;
int numCount2=numbersQuery.Count();
Console.WriteLine("The Count is :{0}", numCount2);
```

由于查询返回单个值而不是一个集合，因此该查询立即执行。使用查询语法和方法语

法都可以完成 LINQ 查询，笔者建议使用查询语法完成大多数查询（如筛选、排序、分组、连接、选择（投影）），方法语法最好在返回单个值时使用（如 Max、Min、Average 等聚合操作）。通常我们建议使用查询语法，因为它通常更简单、更易读；但是方法语法和查询语法之间并无语义上的区别。此外，一些查询（如检索匹配指定条件的元素数的那些查询或检索源序列中最大值的元素的查询）只能表示为方法调用（MSDN 上的原文）。

2. 匿名类型

匿名类型提供了一种便利的方法，将一组只读属性封装到单个对象中，而无需先显式定义一个类型。类型名由编译器生成，并且不能在源代码级使用。这些属性的类型由编译器推断。下面演示一个分别用名为 Amount 和 Message 的属性初始化的匿名类型。

```
var v=new {Amount=108, Message="Hello"};
```

匿名类型通常用在查询表达式的 select 子句中，以便返回源序列中指定对象的属性子集，也就是说，可以从各个对象（数据表经过 ORM 映射后成为对象）提取有用的属性组成一个新对象，但这个对象事先没有定义（当然也可以事先定义），所以是匿名的。个人认为类似数据库中视图的使用。

匿名类型是使用 new 运算符和对象初始值设定项创建的。匿名类型是由一个或多个公共只读属性组成的类类型，不允许包含其他种类的类成员（如方法或事件）。在将匿名类型分配给变量时，必须使用 var 构造初始化该变量。这是因为只有编译器才能够访问匿名类型的基础名称。可以赋予局部变量推断类型 var 而不是显式类型。var 关键字指示编译器根据初始化语句右侧的表达式推断变量的类型。推断类型可以是内置类型、匿名类型、用户定义类型或.NET Framework 类库中定义的任何类型，代码如下：

```
//i is compiled as an int
var i=5;
//s is compiled as a string
var s="Hello";
//a is compiled as int[]
var a=new[] {0, 1, 2};
//expr is compiled as IEnumerable<Customer>
//or perhaps IQueryable<Customer>
var expr=from c in customers where c.City=="London" select c;
//anon is compiled as an anonymous type
var anon=new {Name="Terry", Age=34};
//list is compiled as List<int>
var list=new List<int> ();
```

需要了解的一点是，var 关键字并不表示为“变体”，也不表示为松散类型化变量或后期绑定变量（注意和 JavaScript 及 VB 中的 var 的区别）。它只是表示由编译器确定和分配最适当的类型。

大多数情况下，var 是可选的，它只是提供了语法上的便利。但是，在使用匿名类型初始化变量时，如果需要以后访问对象的属性，则必须将该变量声明为 var。这在 LINQ 查询表达式中很常见。从源代码的角度来说，匿名类型没有名称。因此，如果已使用 var 初始化查询变量，则只有一种方法可以访问返回的对象序列中的属性，那就是使用 var 作为 foreach 语句中的迭代变量的类型，代码如下：

```
static void AnonymousTest()
{
    string[] words={"aPPLE", "BlUeBeRrY", "cHeRry"};

    //如果查询变量定义为 var 类型，则执行查询，也只能使用 var 类型进行遍历
    var upperLowerWords=
        from w in words
        select new { Upper=w.ToUpper(), Lower=w.ToLower() };

    //执行查询
    foreach (var ul in upperLowerWords)
    {
        Console.WriteLine("Uppercase: {0}, Lowercase: {1}", ul.Upper, ul.Lower);
    }
}
```

在查询表达式中，当难以确定查询变量的确切构造类型时，则只能使用 var 来指定类型，这种情况可能发生在分组和排序操作中。

当在键盘上键入变量的具体类型单调乏味时，或者当该类型显而易见或对提高代码可读性没有作用时，var 关键字也可能有用。var 以这种方式发挥作用的一个示例是嵌套的泛型类型，例如在分组操作中使用的那些类型。在下面的查询中，查询变量的类型如下：

```
IEnumerable<IGrouping<string,Student>>
```

只要团队成员都了解到这一点，就可以毫无疑问地使用匿名类型，以达到方便和简洁的效果。

```
IEnumerable<IGrouping<string,Student>> studentQuery3=from student in students
group student by student.Last;
//使用 var 匿名类型简化变量类型的定义
var studentQuery3=from student in students group student by student.Last;
```

不过，使用 var 确实可能使其他开发人员更加难以理解代码。因此，C# 通常仅在需要时才使用 var。

3. 自动实现属性

当属性访问器中不需要其他逻辑时，自动实现的属性可使属性声明变得更加简洁，代码如下：

```
class LightweightCustomer
{
    public double TotalPurchases {get; set;}
    public string Name {get; private set;}
```

```
  private int CustomerID {get; private set;} // read-only
}
```

自动实现的属性必须同时声明 get 和 set 访问器。若要创建 read-only 来自动实现属性，请给予它 private set 访问器。

属性是类的成员，在 C# 3.0 以前，与属性对应的往往有一个访问限制为 private 的字段(field)，通常的形式如下。

```
class Test
{
    int _id;
    string _name;
    decimal _score;

    public int ID
    {
        get {return _id;}
        set {_id=value;}
    }
    public string Name
    {
        get {return _name;}
        set {_name=value;}
    }
    public decimal Score
    {
        get {return _score;}
        set {_score=value;}
    }
}
```

有人马上会提出，这样不是把简单的问题复杂化了吗？直接将三个字段设置为 public 访问控制不就可以了吗？确实是，但这样破坏了封装的原则。使用访问器(get、set)的好处是，可以在访问器中写逻辑。例如：如果分数_score 低于 50 分，则一律按 50 分返回。这一点是 field 所不能实现的，代码如下：

```
public decimal Score
{
    get {return _score>=50? _score:50;}
    set {_score=value;}
}
```

自动属性的出现，解决了访问器中没有控制逻辑时属性(property)写法冗长的问题，使得属性的声明简洁、明了。

4. 对象和集合初始值设定项

使用对象初始值设定项创建对象时，可以向对象的任何可访问的字段或属性分配值，而无需显式调用构造函数。下面的示例演示了如何将对象初始值设定项用于命名类型。请注意，在 Cat 类中使用了自动实现的属性（自动实现的属性和对象初始值设定项可让类的数据快速而简洁地初始化）。

```
private class Cat
{
    //自动实现属性
    public int Age {get;set;}
    public string Name {get;set;}
}

static void MethodA()
{
    //对象初始值设定项
    Cat cat=new Cat {Age=10, Name="Sylvester"};
}
```

尽管对象初始值设定项可以用在任何上下文中，但它们在 LINQ 查询表达式中尤其有用。查询表达式经常使用匿名类型，而这些类型只能使用对象初始值设定项进行初始化。在 select 子句中，查询表达式可以将原始序列的对象转换为可能具有不同的值和形式的对象。如果只想存储某个序列中每个对象的部分信息，这会非常有用。假定某个产品对象(P)包含很多字段，只想选择包含产品名称和单价的对象序列，则可以进行如下的查询。

```
var productInfos=from p in products select new {p.ProductName,p.UnitPrice};
```

新的匿名类型中的每个对象都具有两个公共属性，这两个公共属性具有与原始对象中的属性或字段相同的名称，还可以在创建匿名类型时重命名字段。下面的示例将 UnitPrice 字段重命名为 Price。

```
select new {p.ProductName,Price=p.UnitPrice};
```

使用集合初始值设定项可以在初始化实现 IEnumerable 的集合类时指定一个或多个元素初始值设定项。元素初始值设定项可以是简单的值，也可以是表达式或对象初始值设定项。通过使用集合初始值设定项，无需在源代码中指定多个对该集合类的 Add 方法的调用，编译器会添加这些调用。

下面的集合初始值设定项使用对象初始值设定项来初始化前面示例中定义的 Cat 类的对象。请注意，各个对象初始值设定项分别括在大括号中，并且用逗号分隔，代码如下：

```
List<Cat>cats=new List<Cat>
{
    new Cat(){Name="Sylvester", Age=8},
    new Cat(){Name="Whiskers", Age=2},
    new Cat(){Name="Sasha", Age=14}
};
```

5. 扩展方法

扩展方法能够向现有类型“添加”方法，而无需创建新的派生类型，无需重新编译或以其他方式修改原始类型。扩展方法是一种特殊的静态方法，但可以像扩展类型上的实例方法一样进行调用。对于使用C#编写的客户端代码，调用扩展方法与调用在类型中实际定义的方法之间没有明显的差异。最常见的扩展方法是LINQ标准查询运算符，回忆前面提到的LINQ查询方法。

扩展方法被定义为静态方法，但它们是通过实例方法语法进行调用的。它们的第一个参数指定该方法作用于哪个类型，并且该参数以this修饰符为前缀。仅当使用using指令将命名空间显式导入源代码中之后，扩展方法才能使用。下面的示例为System.String类定义的一个扩展方法：

```
namespace ExtensionMethods
{
    public static class MyExtensions
    {
        public static int WordCount(this String str)
        {
            return str.Split(new char[] {' ', '.', '? '},
            StringSplitOptions.RemoveEmptyEntries).Length;
        }
    }
}
```

可以使用以下using指令将WordCount扩展方法放入范围中：

```
using ExtensionMethods;
```

可以在应用程序中使用以下语法对该扩展方法进行调用：

```
string s="Hello Extension Methods";
Console.WriteLine("The word count of string is {0}",s.WordCount());
```

在代码中使用方法语法调用该扩展方法。但是，编译器生成的中间语言(IL)会将代码转换为对静态方法的调用。因此，并未真正违反封装原则。实际上，扩展方法无法访问它们所扩展类型中的私有变量。

6. Lambda表达式

Lambda表达式是一种内联函数，该函数使用=>运算符将输入参数与函数体分离，并且可以在编译时转换为委托或表达式树。在LINQ编程中，对标准查询运算符进行直接方法调用时，会遇到Lambda表达式。

所有Lambda表达式都使用=>运算符，该运算符读为“goes to”。该Lambda运算符的左边是输入参数(如果有)，右边包含表达式或语句块。Lambda表达式x=>x * x读作“x goes to x times x”。下面演示两个使用方法查询时Lambda表达式的使用：

```
static void LambdaTest()
```

```
{
    List<string>fruits=
            new List<string>{"apple", "passionfruit", "banana", "mango",
            "orange", "blueberry", "grape", "strawberry"};

    IEnumerable<string>query=fruits.Where(fruit=>fruit.Length<6);

    foreach (string fruit in query)
    {
        Console.WriteLine(fruit);
    }

    int[]numbers={0, 30, 20, 15, 90, 85, 40, 75};

    //注意第二个参数表示数组元素的索引号
    IEnumerable<int>query1=
        numbers.Where((number, index)=>number <=index*10);

    foreach (int number in query1)
    {
        Console.WriteLine(number);
    }
}
```

3.3　使用 Entity Framework 进行学生表操作

本节使用 Entity Framework 完成第 2 章中使用 ADO. NET 组件完成的学生表的增、删、改、查功能。

1. 添加实体数据模型 StdModel

打开 StdMng2020 项目，右击项目，选择“添加”→“新建项”，选择新建“ADO. NET 实体数据模型”，并命名为“StdModel”，如图 3.5 所示。

点击“添加”按钮，在出现的“实体数据模型向导”对话框中(见图 3.6)选择“来自数据库的 EF 设计器”，再点击“下一步”按钮。

在数据设置中，选择默认的“StdMngConStr(Settings)”作为数据库，将实体数据模型的数据库字符串的名称修改为“StdMng2020Entities”，如图 3.7 所示。

在“选择您的数据库对象和设置”中选择“表”对象，将“t_Student”、“t_Sdept”、“t_Course”及“t_SC”这四个表选中，将“模型命名空间”修改为“StdMngModel”后，点击“完成”按钮，如图 3.8 所示。

Visual Studio 2017 会根据 StdMng2020 数据库中的表及表之间的关系，自动建立 ADO. NET 实体数据模型，在“解决方案资源管理器”中打开“StdModel. edmx”，出现的实体数据模型的结构如图 3.9 所示。

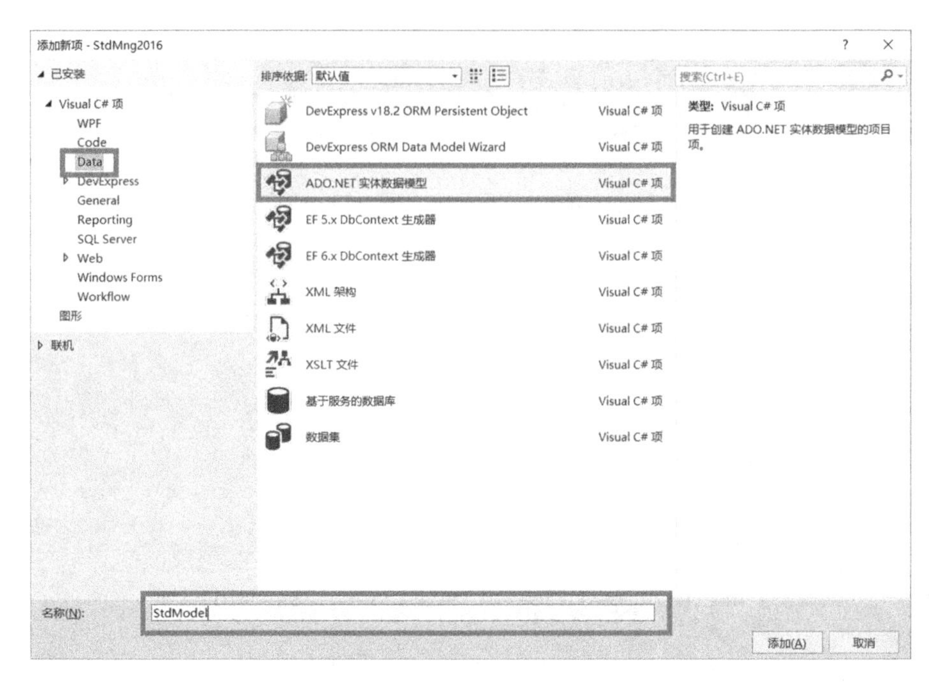

图 3.5　新建实体数据模型

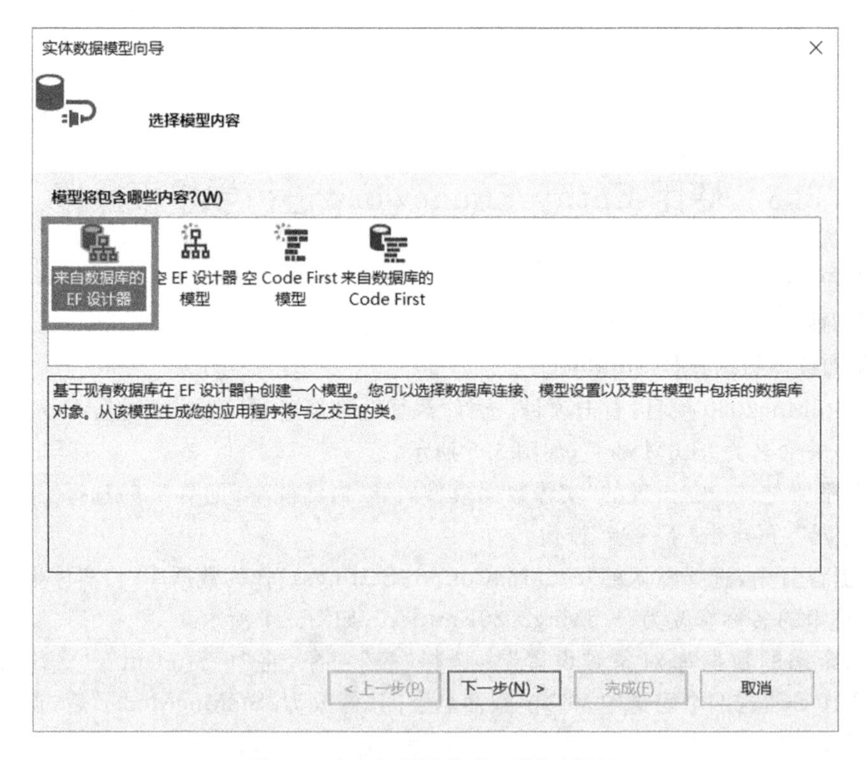

图 3.6　"实体数据模型向导"对话框

可以发现,使用 EF 的 DataBase First 方式建立的学生数据库实体关系结构图与前面使用 SQL Server 建立的数据库关系图相似。特别注意模型中的实体之间由于存在主外键关

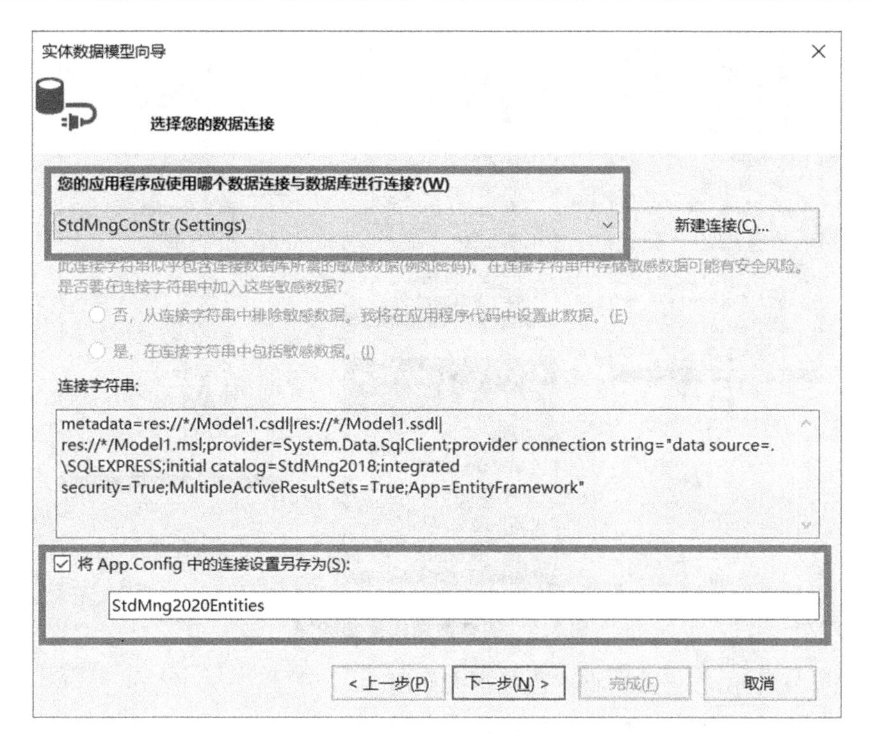

图 3.7　数据设置

图 3.8　选择数据库对象和设置

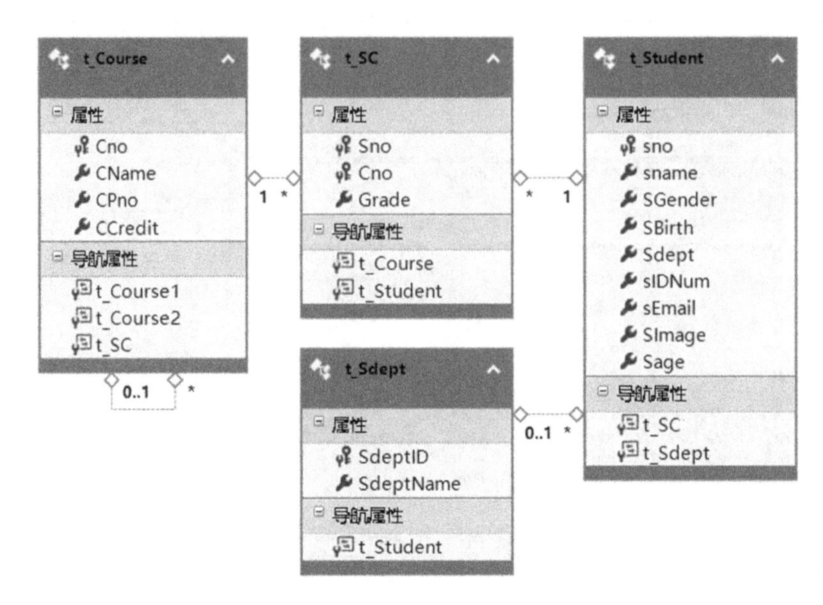

图 3.9 实体数据模型结构图

系而形成的导航属性，在连接查询中会起很大作用。

2. 添加使用 EF 进行学生操作的界面

在“解决方案资源管理器”中找到“StdMng”目录，添加一个 Form，命名为“fmEDM”，fmEDM 的设计与第 2 章的学生操作界面完全一样，界面布局和控件都可以直接复制过来，如图 3.10 所示。

在主界面的工具栏上添加一个按钮，如图 3.11 所示。

按钮的名称为“tsbtnStdEF”，其他设置请参考第 2 章的“学生管理”按钮的设置。在设计界面双击“tsbtnStdEF”按钮，在出现的事件处理程序中输入以下代码，在主程序窗口中打开学生信息维护的界面。

```
private void tsbtnStdEF_Click(object sender, EventArgs e)
{
    fmEDM fedm=new fmEDM();
    fedm.MdiParent=this;
    fedm.Show();
}
```

3. 学生信息的增、删、改、查

本节的代码仅演示如何使用 EF 方式进行学生信息的增、删、改、查，用户输入的完整性验证可以参考第 2 章的内容。

1）系别下拉框的数据绑定

在设计界面双击“fmEDM”标题栏的空白处，在出现的 fmEDM_Load 事件处理程序中输入以下代码：

```
private void fmEDM_Load(object sender, EventArgs e)
```

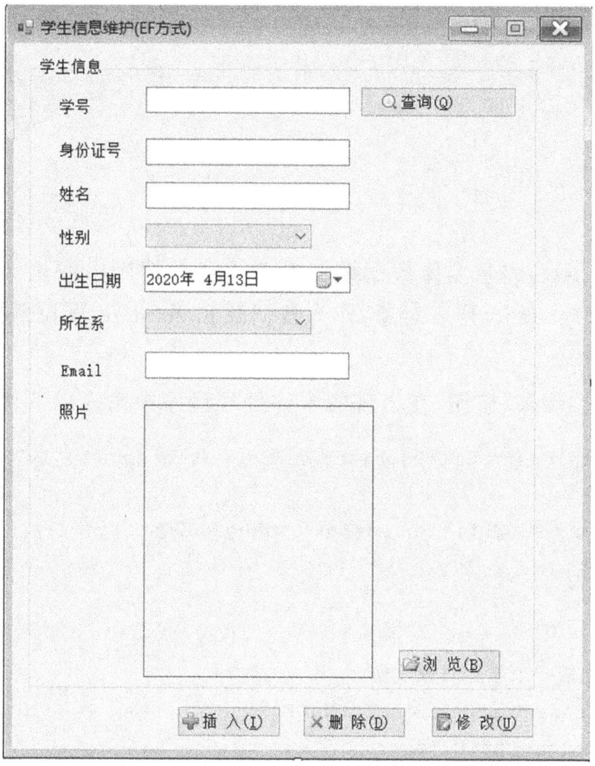

图 3.10　使用 EF 方式进行学生操作的界面

图 3.11　在主界面的工具栏上添加一个按钮 1

```
{
    cbGender.SelectedIndex=0;
    //实例化数据模型
    using (StdMng2020Entities se=new StdMng2020Entities())
    {
        //取出系别表作为 dDept 的数据源
        cbDept.DataSource=se.t_Sdept.ToList();
        cbDept.DisplayMember="SdeptName";
        cbDept.ValueMember="SdeptID";
    }
}
```

注意 using (StdMng2020Entities se＝new StdMng2020Entities())语法，using 在程序中的使用不是为了引入命名空间，其语法效果等同于：

```
try
{
```

```
        StdMng2020Entities se=new StdMng2020Entities();
        ……
    }
    finally
    {
        se.close();
    }
```

se. t_Sdept. ToList()表示实体数据模型上下文从数据库中取出 t_Sdept 表，然后强制执行，再转换为 List〈t_Sdept〉列表对象，作为数据源和 cbSdept 下拉框控件的数据源。

2）插入学生信息

在设计界面双击“插入”按钮，在出现的事件处理程序中输入以下代码：

```
private void btnInsert_Click(object sender, EventArgs e)
{
    using (StdMng2020Entities se=new StdMng2020Entities())
    {
        try
        {
            //生成一个学生对象实例
            t_Student std=new t_Student();
            std.sno=txtID.Text;
            std.sname=txtName.Text;
            std.SGender=cbGender.SelectedItem.ToString();
            std.Sdept=cbDept.SelectedValue.ToString();
            std.sIDNum=txtIDCardNums.Text;
            std.SBirth=dpBirth.Value;
            std.sEmail=txtEmail.Text;
            std.SImage=imgBytes;
            //se.AddTot_Student(std);
            //添加学生对象到数据库上下文
            se.t_Student.Add(std);
            //保存学生对象
            se.SaveChanges();
            MessageBox .Show("保存学生信息成功!", "提示信息",
                     MessageBoxButtons.OK, MessageBoxIcon.Information);
        }
        catch(Exception ex)
        {
            MessageBox.Show(ex.Message);
        }
    }
}
```

从以上代码中可以发现，使用 EF 方式进行学生的插入操作，已经看不到 SQL 语句，界面中的输入赋值不再针对参数,而是直接赋值给学生实例对象的属性。对于 EF 实体数据模型,添加一个学生就是在学生列表集合中添加一个列表记录,然后保存。对数据库操作的 SQL 语句会由框架自动生成并执行。还有一点需要注意的是关于事务的管理,实体数据模型不支持显式的事务定义,数据库上下文对象在调用 saveChanges()方式时,会自动启动事务机制,如果所涉及的数据库操作有一个位置出错,则整个事务会自动回滚。

3) 修改学生信息

在设计界面双击“修改”按钮,在出现的事件处理程序中输入以下代码:

```
private void btnUpdate_Click(object sender, EventArgs e)
{
    using (StdMng2020Entities se=new StdMng2020Entities())
    {
        try
        {
            //取出需要修改的学生实例对象
            t_Student std=se.t_Student.
                        Where(s=>s.sno==txtID.Text).FirstOrDefault();

            if (std!=null)
            {
                std.sname=txtName.Text;
                std.SGender=cbGender.SelectedItem.ToString();
                std.Sdept=cbDept.SelectedValue.ToString();
                std.sIDNum=txtIDCardNums.Text;
                std.SBirth=dpBirth.Value;
                std.sEmail=txtEmail.Text;
                std.SImage=imgBytes;
                se.SaveChanges();
                MessageBox.Show("修改学生信息成功!", "提示信息",
                    MessageBoxButtons.OK, MessageBoxIcon.Information);
            }
            else
            {
                MessageBox.Show("查无此人!");
            }

        }
        catch (Exception ex)
        {
            MessageBox.Show(ex.Message);
        }
    }
}
```

修改学生信息的代码与添加学生信息的代码基本类似，由于是修改已经存在的学生信息，所以先取出需要修改的学生实例：

```
t_Student std=se.t_Student.
              Where(s=>s.sno==txtID.Text).FirstOrDefault();
```

然后将 std 的各属性值根据界面上各控件的值重新赋值，最后调用 se.SaveChanges()并保存所做的修改。

4）删除学生信息

在设计界面双击“删除”按钮，在出现的事件处理程序中输入以下代码：

```
private void btnDelete_Click(object sender, EventArgs e)
{
    using (StdMng2020Entities se=new StdMng2020Entities())
    {
        t_Student std=(from s in se.t_Student
                       where s.sno==txtID.Text
                       select s).FirstOrDefault();

        if (std!=null)
        {
            try
            {
                IEnumerable<t_SC>stdSC=
                  from sc in se.t_SC where sc.Sno==std.sno
                  select sc;

                foreach (t_SC tsc in stdSC)
                {
                    se.t_SC.Remove(tsc);
                }

                se.t_Student.Remove(std);
                se.SaveChanges();
            }
            catch (Exception ex)
            {
                MessageBox.Show(ex.Message);
            }
        }
    }
}
```

删除学生的逻辑仍然是先删除学生的选课记录，然后删除学生实体本身。前面已经解释过，实体数据模型的事务机制是自动启动的，不需要显式定义事务。删除操作演示了使用

查询语法进行学生的实体查询，

```
t_Student std= (from s in se.t_Student
                where s.sno==txtID.Text
                select s).FirstOrDefault();
```

以及学生选课记录的查询：

```
IEnumerable<t_SC>stdSC =from sc in se.t_SC where sc.Sno==std.sno
                        Select sc;
```

查询学生选课记录的一个简单方法是使用学生实例 std 的导航属性 t_SC，也就是 std.t_SC表示该学生的选课记录，与上面的查询语法的功能是一样的。

5）查询学生信息

在设计界面双击“查询”按钮，在出现的事件处理程序中输入以下代码：

```
private void btnQuery_Click(object sender, EventArgs e)
{
    using (StdMng2020Entities se=new StdMng2020Entities())
    {
        t_Student std1=
            (from st in se.t_Student
             where st.sno==txtID.Text
             select st).FirstOrDefault();

        t_Student std=se.t_Student.
             Where(t=>t.sno==txtID.Text)
             .FirstOrDefault();

        if (std !=null)
        {
            txtName.Text=std.sname;
            cbGender.SelectedItem=std.SGender;
            cbDept.SelectedValue=std.Sdept;
            txtIDCardNums.Text=std.sIDNum;
            dpBirth.Value=std.SBirth;
            txtEmail.Text=std.sEmail;

            if (std.SImage !=null)
            {
                pbImage.Image=Bitmap.FromStream(new MemoryStream(std.SImage));
            }
        }
        else
        {
            MessageBox.Show("查无此人！");
```

```
            }
        }
    }
```

以上代码是使用查询语法和方法语法查询指定学号的学生信息的方式。

3.4 LINQ 查询示例

3.4.1 基本 LINQ 查询

本节演示如何使用 LINQ 对数据进行选择、投影、筛选、排序、连接、分组查询。在“解决方案资源管理器”中找到“StdMng”目录，添加一个 Form，命名为“fmLINQ”，fmLINQ 的布局和设计不再详细说明，直接给出的界面如图 3.12 所示。需要注意的是，界面采用 TableLayoutPanel 容器控件布局，以及使用 GridView 表格控件来显示 LINQ 查询的结果。

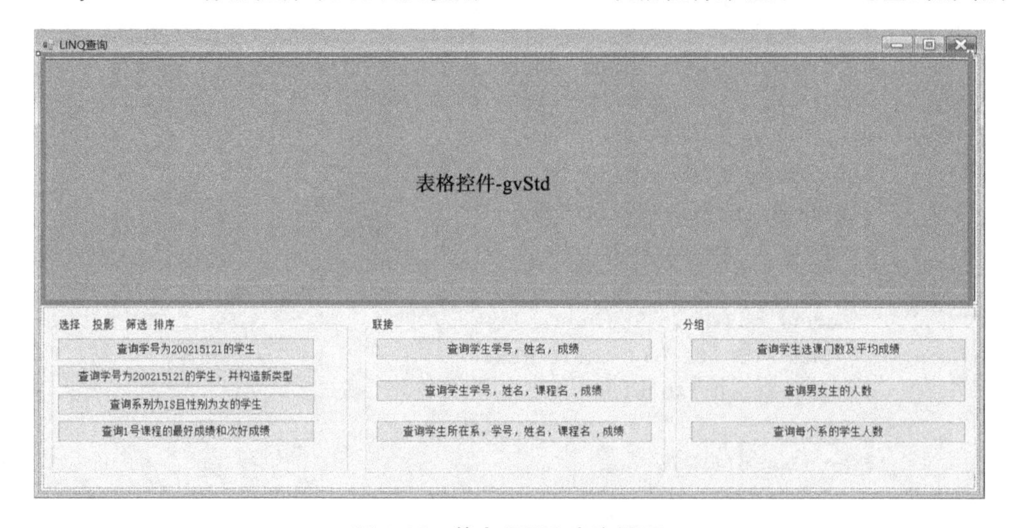

图 3.12 基本 LINQ 查询界面

在主界面的工具栏上添加一个按钮，如图 3.13 所示。

图 3.13 在主界面的工具栏上添加一个按钮 2

按钮的名称为“tsbtnLINQ”，其他设置请参考第 2 章的“学生管理”按钮的设置。在设计界面双击“tsbtnLINQ”按钮，在出现的事件处理程序中输入以下代码，在主程序窗口中打开 LINQ 查询的界面。

```
private void tsbtnLINQ_Click(object sender, EventArgs e)
{
    fmLINQ fl=new fmLINQ();
```

```
        f1.MdiParent=this;
        f1.Show();
    }
```

1. 选择、投影、筛选、排序

双击“查询学号为 200215121 的学生”按钮，在出现的事件处理程序中输入以下代码：

```
private void btnSPExm1_Click(object sender, EventArgs e)
{
    //选择查询,方法语法
    IEnumerable<t_Student>result=se.t_Student.
                              Where(s=>s.sno=="200215121");
    //选择查询,查询语法
    IEnumerable<t_Student>result1=from s in se.t_Student
                                  where s.sno=="200215121"
                                  select s;
    gvStd.DataSource=result.ToList();
}
```

以上代码同时演示了使用查询语法和方法语法查询学号为“200215121”学生的过程，查询结果通过强制执行.ToList()，将返回的数据列表与 gvStd 控件进行绑定。如果希望返回的结果仅是学生实例的部分属性，也就是 SQL 语句中的投影问题，代码如下：

```
private void btnSelExm2_Click(object sender, EventArgs e)
{
    //投影,自定义类型,返回学生集合
        var result=se.t_Student.Where(s=>s.sno=="200215121")
                    .Select(s=>new {学号=s.sno,姓名=s.sname,
                    性别=s.SGender,出身日期=s.SBirth });

    var result1=from s in se.t_Student where s.sno=="200215121"
                    select
                    new {学号=s.sno,姓名=s.sname,
                        性别=s.SGender, 出身日期=s.SBirth};

    gvStd.DataSource=result.ToList(); ;
}
```

数据的投影是通过构造匿名类型实现的。LINQ 查询的 where 子句(方法)中为关系表达式和逻辑表达式，下面的代码演示查询系别为 IS 且性别为女的学生。

```
private void btnSelExm3_Click(object sender, EventArgs e)
{
    //where 后的关系表达式与逻辑表达式(与(&&)或(||)非(!))
    //between 转化为>=&<=
    var result=se.t_Student.Where (s=>s.Sdept=="IS" && s.SGender=="女").
```

```
                                    Select(s=>new{学号=s.sno,姓名=s.sname,
                                    性别=s.SGender,出身日期=s.SBirth });

    var result1=from s in se.t_Student
                where s.Sdept== "IS" && s.SGender== "女"
                select new
                {学号=s.sno,姓名=s.sname,性别=s.SGender,
                出身日期=s.SBirth };

    gvStd.DataSource=result1.ToList(); ;
}
```

LINQ 查询的排序子句结合 Take 和 Skip 子句，可以很方便地查询如取最好成绩和次好成绩，这个查询使用 SQL 语句的 Top 也可以实现，但若取第二好和第三好的成绩，则使用 SQL 语句实现就比较困难，而 LINQ 查询可以轻松实现。下面的代码演示了如何取第二好和第三好的成绩。

```
private void btnSelExm4_Click(object sender, EventArgs e)
{
    //取第二好和第三好的成绩
    var result=(from t in se.t_SC
                where t.Cno=="1"
                orderby t.Grade descending
                select new {学号=t.Sno,课程号=t.Cno,
                成绩=t.Grade }).Skip(1).Take(2);

    var result1=se.t_SC.Where(t=>t.Cno== "1").
                OrderByDescending(t=>t.Grade).
                Select(t=>new{学号=t.Sno,课程号=t.Cno,
                成绩=t.Grade}).Skip(1).Take(2);

    gvStd.DataSource=result1.ToList(); ;
}
```

如果要取最好成绩和次好成绩，则去掉 Skip(1)就可。

2. 连接

连接操作用于实现 SQL 语句中的 join 子句。使用 join 子句可以将来自不同源序列并且在对象模型中没有直接关系的元素相关联。唯一的要求是，每个源序列中的元素需要共享某个可以进行比较以判断是否相等的值。例如，食品经销商可能有某种产品的供应商列表以及买主列表，可以使用 join 子句创建该产品同一指定地区供应商和买主的列表。

join 子句接受两个源序列作为输入。一个源序列中的元素都必须是与另一个源序列中的相应属性进行比较的属性，或者包含一个这样的属性。join 子句使用特殊的 equals 关键字比较指定的键是否相等。join 子句执行的所有连接都是同等连接。join 子句的输出形式取决于所执行连接的具体类型。以下是三种最常见的连接类型。

- 内部连接。
- 分组连接。
- 外部连接。

下面的示例演示了如何使用 join、导航属性和方法语法实现系别、学生、课程、学生选课这四个实体的内部连接操作。

```
private void btnJoin1_Click(object sender, EventArgs e)
{
    //简单连接
    var result=from std in se.t_Student
              join ssc in se.t_SC
              on std.sno equals ssc.Sno
              join c in se.t_Course
              on ssc.Cno equals c.Cno
              join dept in se.t_Sdept
              on std.Sdept equals dept.SdeptID
              orderby std.sno
              select
              new
              {
                所在系=dept.SdeptName,
                学号=std.sno,
                学生姓名=std.sname,
                课程=c.CName,
                成绩=ssc.Grade
              };

    //利用 EDM 的导航关系实现简单连接
    var result1=from std in se.t_Student
               from ssc in std.t_SC
               orderby std.sno
               select new
               {
                所在系=std.t_Sdept.SdeptName,
                学号=std.sno,
                学生姓名=std.sname,
                课程=ssc.t_Course.CName,
                成绩=ssc.Grade
              };

    //方法语法
    var result2=se.t_Student.
                OrderBy(s=>s.sno).
```

```
                Join(se.t_SC, s=>s.sno, sc=>sc.Sno,
                (s, sc)=>new {所在系=s.t_Sdept.SdeptName,
                学号=s.sno, 学生姓名=s.sname,
                课程=sc.t_Course.CName, 成绩=sc.Grade });

    gvStd.DataSource=result1.ToList(); ;
}
```

使用查询语法的 join 子句连接四个实体的过程与 SQL 的 join 基本类似。实现实体间内部连接的一个好的方法是使用实体间的导航属性，相比查询语法的 join 子句，其书写比较简洁、清晰。注意，“所在系＝std. t_Sdept. SdeptName”则是在获取学生所在系别时，再次用到了导航属性。关于分组连接和外部连接，在此不做详细讨论，有兴趣的读者可以自行查找相关文档获取进一步的帮助。

3. 分组

group 子句返回一个 IGrouping〈Key，TElement〉对象序列，这些对象包含零个或更多个与该组的键值匹配的项。例如，可以按照每个字符串中的第一个字母对字符串序列进行分组。这种情况下，第一个字母是键且具有 char 类型，并且存储在每个 IGrouping〈TKey，TElement)〉对象的 Key 属性中。编译器可推断该键的类型。

由于 group 查询产生的 IGrouping〈TKey，TElement〉对象实质上是列表的列表，因此必须使用嵌套的 foreach 循环来访问每一组中的各个项。外部循环用于循环访问组键，内部循环用于循环访问组本身中的每个项。组可能有键，但没有元素。

如果想要对每个组执行附加查询操作，则可以使用 into 上下文关键字指定一个临时标识符。使用 into 时，必须继续编写该查询代码，并最终使用一条 select 语句或另一个 group 子句结束该查询。

下面的代码演示了使用分组来实现查询学生的选课门数及平均成绩：

```
private void btnGrp1_Click(object sender,EventArgs e)
{
    //查询语法
    var result=from sc in se.t_SC
               group sc by sc.Sno
               into ssc
               select new
               {
                   学号=ssc.Key,
                   学生姓名=ssc.FirstOrDefault().t_Student.sname,
                   选课门数=ssc.Count(),
                   平均成绩=ssc.Average(s=>s.Grade)
               };

    //方法语法
    var result1=se.t_SC.GroupBy(sc=>sc.Sno)
```

```
                .Select(ssc=>new{
                学号=ssc.Key ,
                学生姓名=ssc.FirstOrDefault().t_Student.sname,
                选课门数=ssc.Count(),
                平均成绩=ssc.Average(s=>s.Grade)});

    //另一种方法是利用导航属性,不分组也可以,与上面两种方法的区别在哪里
    var result2=from s in se.t_Student
            select new
            {
                学号=s.sno,
                姓名=s.sname,
                选课门数=s.t_SC.Count,
                平均成绩=s.t_SC.Average(s1=>s1.Grade)==null
                        ? 0 : s.t_SC.Average(s1=>s1.Grade)
            };

    gvStd.DataSource=result.ToList(); ;
}
```

代码中除了使用查询语法和方法语法来实现分组之外,还演示了使用导航属性实现统计学生选课门数及平均成绩的功能。下面的代码演示了如何统计男生和女生的人数。

```
private void btnGrp2_Click(object sender, EventArgs e)
{
    //方法语法
    var result=se.t_Student.GroupBy(s=>s.SGender)
            .Select(sg=>new{性别=sg.Key,人数=sg.Count()});

    //查询表达式语法 into sg 表示对分组结果的引用
    var result1=  from s
                    in se.t_Student
                    group s by s.SGender
                    into sg
                    select new {性别=sg.Key, 人数=sg.Count()};

    gvStd.DataSource=result1.ToList(); ;
}
```

下面的代码演示如何统计每个系别的学生人数:

```
private void btnGrp3_Click(object sender, EventArgs e)
{
    //方法语法
    var result=se.t_Student.GroupBy(s=>s.Sdept)
        .Select(sg=>new{
```

```
        系别=se.t_Sdept.Where(d=>d.SdeptID==sg.Key).
            FirstOrDefault().SdeptName,
        人数=sg.Count()});

    //查询表达式语法
    var result1=from s in se.t_Student
                group s by s.Sdept
                into sg
                select new {系别=
                //(from d in se.t_Sdept where d.SdeptID==sg.Key select d).
                // FirstOrDefault().SdeptName,
                sg.FirstOrDefault().t_Sdept.SdeptName,
                人数=sg.Count()};

    //换一个角度,从利用导航属性系别表出发进行统计
    var result2=se.t_Sdept.Select(d=>new
                 {系别=d.SdeptName, 人数=d.t_Student.Count()});

    var result3=from d in se.t_Sdept
                 select new {
                          系别=d.SdeptName,
                          人数=d.t_Student.Count()
                         };

    gvStd.DataSource=result3.ToList(); ;
}
```

前面两个查询从学生表的角度出发,根据每个学生的 sdept 属性进行分组统计,并在构造输出的匿名类型时,使用导航属性取出系别的名称。后面两个查询从系别表的角度出发,使用导航属性及聚集函数实现类似的功能,但语法要简洁很多。LINQ 查询的功能非常强大,语法的书写也非常简洁、优雅。在学习和工作中,要善于思考,从多个不同的角度出发,往往可以写出更加简洁且能实现复杂查询功能的 LINQ 语句。

3.4.2 使用 LINQ 进行数据分页

本节演示如何使用 LINQ 进行数据的分页操作。数据分页操作是在前端页面演示大批量数据的一种常用方式。在目前的云、大、物、智时代,数据的爆炸增长是很平常的事情,数据表中的数据往往超过数百万行甚至更多。使用 DataSet 技术进行数据的客户端缓存显然是不现实的,明智的做法就是对数据进行分页,每次只从数据库中取出当前需要展示的那一页的数据,这样虽然在用户进行数据浏览时增加了客户端与数据库之间的网络通信负担,但当数据表中的数据量过大时,这种做法也是唯一可行的做法。

使用传统的 SQL 语句进行数据分页的逻辑实现较为复杂,在此不详细讨论。使用 LINQ 却能非常轻松地实现。首先生成一个包含 10000 条数据的表 t_MassData,打开 SQL

Server 的查询分析器输入以下语句，在 StdMng2020 数据库中创建一个表 t_MassData，并循环插入 10000 条记录：

```
--使用 StdMng2020 数据库
use StdMng2020
--创建 t_MassData 数据表
create table t_MassData(
    [ID][bigint] primary key,
    [Num][bigint] NOT NULL,
    [Content][varchar](8000) NOT NULL,
    [ModifyDate][datetime] NOT NULL,
)
--循环插入 10000 条记录
declare @i int
set @i=1
while @i<20000
begin
    insert t_MassData1 values(@i,10000+@i,
        'information-'+Convert(varchar,@i),getdate())
    set @i=@i+2
end
```

在“解决方案资源管理器”中找到“StdModel. edmx”，双击打开实体数据模型，在模型设计界面点击右键，在出现的快捷菜单中选择“从数据库更新模型”，在出现的对话框中选择“添加”→“表”，选择“t_MassData”后，点击“完成”按钮，将 t_MassData 表添加到实体数据模型。更新实体数据模型的过程如图 3.14 所示。

在“解决方案资源管理器”中选择“StdMng2020”项目，右击，选择“属性”，在出现的设置界面中选择“设置”，设置配置项“PageSize”的值为“20”，如图 3.15 所示。

在“解决方案资源管理器”中找到“StdMng”目录，添加一个 Form，命名为“fmAdTech”，fmAdTech 的布局和设计不再详细说明，直接给出的界面如图 3.16 所示。

在主界面的工具栏上添加一个“数据分页”按钮，如图 3.17 所示。

按钮的名称为“tsBtnAdvTech”，其他设置请参考第 2 章的“学生管理”按钮的设置。在设计界面双击“tsBtnAdvTech”按钮，在出现的事件处理程序中输入以下代码，在主程序窗口中打开分页演示程序的界面。

```
private void tsBtnAdvTech_Click(object sender, EventArgs e)
{
    fmAdTech fa=new fmAdTech();
    fa.MdiParent=this;
    fa.Show();
}
```

进入窗体的代码界面，声明以下类属性：

```
public partial class fmAdTech : Form
```

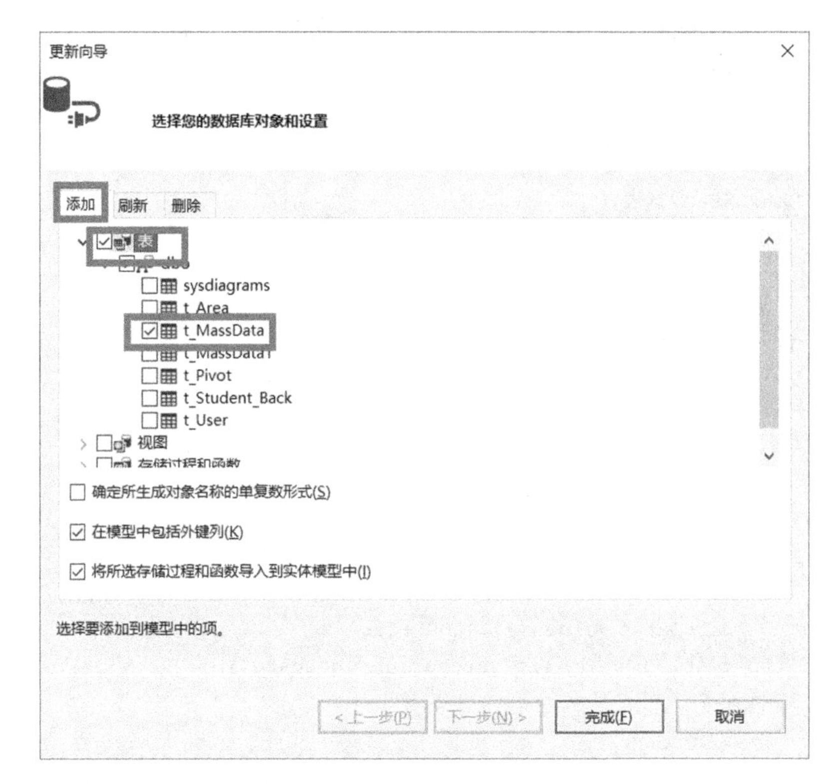

图 3.14　更新实体数据模型的过程

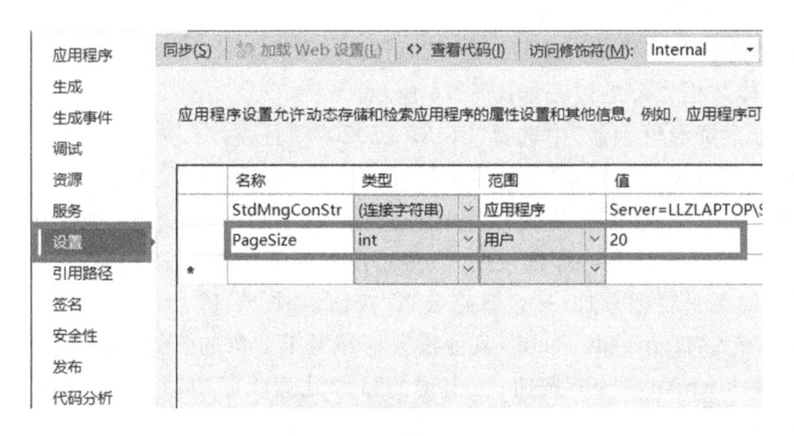

图 3.15　设置 PageSize

```
{
    //实例化实体数据模型上下文对象
StdMng2020Entities se=new StdMng2020Entities();
    //当前页码
    int curLINQPage;
    //数据表的总页数
    int totalLINQPageCount;
    //每页的记录数
```

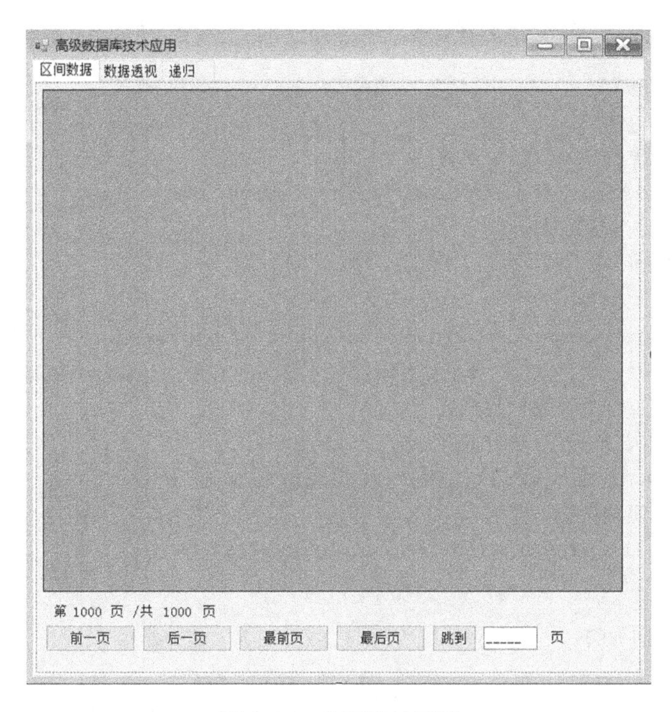

图 3.16　分页演示界面

图 3.17　在主界面的工具栏上添加一个“数据分页”按钮

```
    int pageSize;
    ......
}
```

输入 LINQ 分页的代码，如下所示：

```
private void GetIntervalDataByLINQ(int curPage, int pageSize)
{
    gvLINQ.DataSource=
    se.t_MassData.OrderBy(t=>t.ID).
                      Skip((curPage -1)*pageSize).
                      Take(pageSize).ToList();

    lblLINQPage.Text=curPage.ToString();
}
```

使用 LINQ 查询中的 skip 和 take 方法就可以实现数据分页的功能，每次从数据源取出指定 pageSize 的记录数，然后返回到客户端。回到设计界面，双击窗体标题栏的空白处，在

fmAdTech_Load 事件中输入以下代码：

```
private void fmAdTech_Load(object sender, EventArgs e)
{
    //取出配置文件中每页的记录数
    pageSize=Properties.Settings.Default.PageSize;
    //初始化时,当前页面为 1
    curLINQPage=1;
    //计算中的页面数
    totalLINQPageCount=se.t_MassData.Count()/ pageSize
                    + (se.t_MassData.Count()% pageSize==0? 0:1);
    //给当前页面和总页数标签赋值
    lblLINQPage.Text=curLINQPage.ToString();
    lblLINQTOTAL.Text=totalLINQPageCount.ToString();
    //取出第一页的数据
    GetIntervalDataByLINQ(curLINQPage, pageSize);
}
```

分页导航的代码如下：

```
//前一页
private void btnLINQPre_Click(object sender, EventArgs e)
{
    if (curLINQPage==1)
    {
        return;
    }
    else
    {
        curLINQPage -=1;
        GetIntervalDataByLINQ(curLINQPage, pageSize);
    }
}
//后一页
private void btnLINQNext_Click(object sender, EventArgs e)
{
    if (curLINQPage== totalLINQPageCount)
    {
        return;
    }
    else
    {
        curLINQPage+=1;
        GetIntervalDataByLINQ(curLINQPage, pageSize);
    }
}
```

```
//第一页
private void btnLINQFirst_Click(object sender, EventArgs e)
{
    curLINQPage=1;
    GetIntervalDataByLINQ(curLINQPage, pageSize);
}

//最后一页
private void btnLINQLast_Click(object sender, EventArgs e)
{
    curLINQPage=totalLINQPageCount;
    GetIntervalDataByLINQ(curLINQPage, pageSize);
}

//跳转到指定页面
private void btnLINQGo_Click(object sender, EventArgs e)
{
    int pageInput=curLINQPage;

    if (txtLINQNum.Text.Trim() !="")
        pageInput=Convert.ToInt32(txtLINQNum.Text.Trim());

    if (pageInput <=totalLINQPageCount)
    {
        curLINQPage=pageInput;
        GetIntervalDataByLINQ(curLINQPage, pageSize);
    }
}
```

第 4 章　使用 ASP. NET Core MVC 开发Web应用程序

使用框架技术进行 Web 应用程序开发是目前的主流，微软技术路线的 Web 应用程序的开发大概经历了以下几个阶段。

HTML＋JavaScript：1995 年左右以 Navigator、Internet Explorer 为代表的浏览器开始兴起，人类进入 WWW(World Wide Web)时代。当时浏览器的应用比较简单，基本就是单纯的多媒体信息的浏览和下载，电子邮件在当时也开始兴起。

ASP：2000 年左右，一些商用的 Web 网站(网易、搜狐等)的兴起，需要网站(Web Site)处理一些业务逻辑及存储数据，ASP 技术的前端代码(HTML＋JavaScript)和后端服务器代码写在一个页面，隔离性差，也不好进行模块化开发。以 Yahoo、Google、百度为代表的搜索引擎开始出现，并迅速得到人们的认可，直接挑战人类延续千年的以纸介质为知识传承的模式。人类进入互联网时代，美国纳斯达克开始出现科技股泡沫，一个刚刚上市的公司只要打上一个. com 标签，市值就可以迅速翻倍。

ASP. NET：随着微软公司终于承认 Java 的江湖地位，秉承其一贯的善于学习的作风，微软公司在 2001 年推出其划时代的快速应用开发(Rapid Application Development，RAD)平台 Visual Studio 2001，第一次推出了与 Java 高度类似的 C＃语言及其所支撑的. NET Framework 1. 0 类库。ASP. NET 开始作为微软公司主流的 Web 开发技术，ASP. NET 以 Windows DNA(Distributed Network Architecture)为开发架构，将 Web 页面的前端代码和后端服务器的 C＃代码隔离开来，实现了表示层和业务逻辑层的分离，通过封装 ADO. NET 的数据库访问功能，使得业务逻辑层和数据库存储层分离。从而改变了 Web 应用程序开发的表示层、业务逻辑层、数据库存储的紧耦合关系，使得应用程序的可扩展性和维护性都得到了极大提高。后续由于 XML 成为 ISO 的数据交互工业标准，微软公司退出了 Web Service 的概念，从而彻底摆脱 com＋及 dcom 组件不能通过 80 端口进行访问的弊端，将应用服务的部署真正推向了互联网。以淘宝、京东为代表的电商在中国开始出现，开始了其深刻改变中国人购物和生活的方式，B/S 开发模式开始取代 C/S 开发模式。

ASP. NET MVC：B/S 模式的功能越来越复杂，团队的开发迫切需要一个稳健的模式和框架，因此 MVC(Model-View-Controller)框架成为各大主流 RAD 平台的主要模式。微软在 2010 年左右推出了 ASP. NET MVC 框架，以逐步取代 ASP. NET Web form 的开发方式。2013 年余额宝的出现、智能手机的普及、移动支付开始取代传统的消费方式等，对 Web 应用程序提出了新的挑战，手机 APP 开始逐步取代 Web 应用程序的部分功能。

ASP. NET Core MVC：开源在 2015 前后似乎成了热门的名词，自诞生以来，一直坚持其封闭生态系统的苹果公司也宣称可以和微软公司进行合作，用一套代码编写的应用程序可以在 Mac OS 和 Windows 上同时运行。这时的程序员似乎都不愿意使用鼠标，而更加热衷于使用键盘输入命令，似乎回到了 20 世纪 90 年代。应用程序开发的模式似乎和流行时装有着奇妙的联系，30 年前少女们穿着的流行服饰，与当前的流行服饰类似，很神奇吧，人类的兴趣取向。ASP. NET Core MVC 迎合了当前的趋势，退出了 CLI 命令行开发模式，并加入了开源的元素，使得 ASP. NET Core MVC 开发的 Web 应用程序可以同时运行在 Windows Server、Red Hat、Ubuntu、CentOS 系统上。智能手机得到普及，其性能已经可以媲美传统的笔记本电脑，微信小程序、语言识别、互联网＋、智能家居、无人驾驶，当前已经进入云（计算）、大（数据）、物（物联网）、智（人工智能）的时代，Web 应用程序已开始逐步走向后台，更多地承担系统的业务处理、数据分析、报表制作及导出的工作，前端和客户交互的功能已经被手机 APP 逐步取代。

4.1　ASP. NET Core MVC 简介

模型-视图-控制器（MVC）体系结构模式将应用程序分成三个主要组件：模型、视图和控制器。此模式有助于在开发时实现关注点分离。使用此模式，用户的请求被路由到控制器，控制器基于模型来执行用户操作和检索查询结果，选择要显示给用户的视图，并为其提供所需的任何模型数据。图 4.1 显示了三个主要组件及其相互引用的关系。

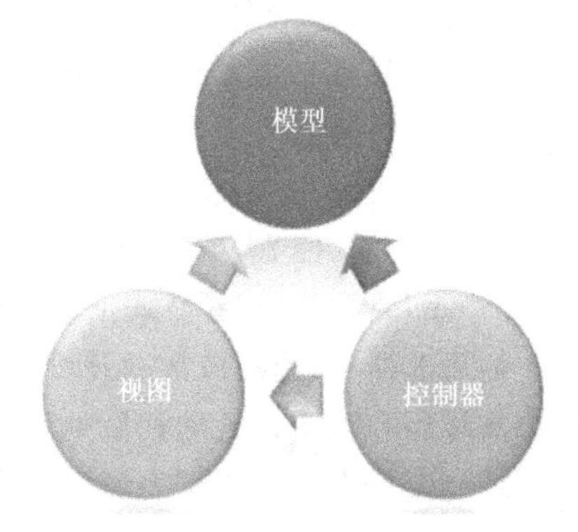

图 4.1　MVC 模式

MVC 的划分有助于实现复杂应用程序的可伸缩性，更易于编码、调试和测试某个具体的组成部分（模型、视图或控制器）。如果代码在这三个领域的两个或多个领域间存在依赖关系，则会增加更新、测试和调试代码的难度。例如，用户界面逻辑的变更频率往往高于业务逻辑的变更频率。如果将代码和业务逻辑组合在单个对象中，则每次更改用户界面时都必须修改包含业务逻辑的对象。这常常会引发错误，并且需要在每次进行细微的用户界面更改后重新测试业务逻辑。

- 模型（M）：表示应用程序和任何应由其执行的业务逻辑或操作的一种状态。业务逻辑应与保持应用程序状态的任何实现逻辑一起封装在模型中。强类型视图通常使用 ViewModel 类型，主要包含该视图上显示的数据。控制器从模型创建并填充 ViewModel 实例。

- 视图（V）：负责通过用户界面展示内容。视图使用 Razor 视图引擎在 HTML 标记中嵌入 C＃代码。视图中应该有最小逻辑，并且其中的任何逻辑都必须与展示内容相关。如果需要在视图文件中执行大量逻辑以显示复杂模型中的数据，请考虑使用 View Component、ViewModel 或视图模板来简化视图。

- 控制器（C）：处理用户交互、使用模型并最终选择要呈现的视图的组件。在 MVC 应用程序中，视图仅显示信息；控制器则用于处理和响应用户输入和交互。在 MVC 模式中，控制器是初始入口点，负责选择要使用的模型类型和要呈现的视图（因此得知控制器控制应用如何响应给定请求）。

ASP. NET Core MVC 是轻量级的、开源的、高度可测试的开发框架，并针对 ASP. NET Core 进行了优化。ASP. NET Core MVC 提供一种基于模式的方式，用于生成可彻底分开管理事务的动态网站。它提供对标记的完全控制，支持 TDD 友好开发并使用最新的 Web 标准。

ASP. NET Core MVC 包括以下功能。

- 路由：ASP. NET Core MVC 建立在 ASP. NET Core 的路由之上，是一个功能强大的 URL 映射组件，可用于生成具有易于理解和搜索 URL 的应用程序。路由可让你定义适用于搜索引擎优化(SEO)和连接生成的应用程序 URL 命名模式，而不考虑如何组织 Web 服务器上的文件。可以使用支持路由值约束、默认值和可选值的路由模板语法来定义路由。通过基于约定的路由，可以全局定义应用程序接受的 URL 格式以及每个格式映射到给定控制器上特定操作方法的方式。接收传入请求时，路由引擎分析 URL 并将其匹配到定义的 URL 格式之一，然后调用关联的控制器操作方法。
- 模型绑定：ASP. NET Core MVC 模型绑定将客户端请求数据(窗体值、路由数据、查询字符串参数、HTTP 头)转换到控制器可以处理的对象中。因此，控制器逻辑不必找出传入的请求数据，它只需具备作为其操作方法的参数的数据。
- 模型验证：ASP. NET Core MVC 通过使用数据注释验证属性修饰模型对象来支持验证。验证属性在值发布到服务器前，要在客户端上进行检查，并在调用控制器操作前，在服务器上进行检查。
- 依赖关系注入：ASP. NET Core 内置有对依赖关系注入(DI)的支持。在 ASP. NET Core MVC 中，控制器可通过其构造函数请求所需服务，使其能够遵循 Explicit Dependencies Principle(显式依赖关系原则)。
- 筛选器：筛选器可帮助开发者封装横切关注点，例如异常处理或授权。筛选器允许操作方法运行自定义预处理和后处理逻辑，并且可以配置为在给定请求的执行管道内的特定点上运行。筛选器可以作为属性应用于控制器(也可以全局运行)。此框架中包括多个筛选器(如 Authorize)。[Authorize]是用于创建 MVC 授权筛选器的属性。
- 区域：区域提供将大型 ASP. NET Core MVC Web 应用区分为较小功能分组的方法。区域是应用程序内的一个 MVC 结构。在 MVC 项目中，模型、控制器和视图等逻辑组件保存在不同的文件夹中，MVC 使用命名约定来处理这些组件之间的关系。对于大型应用，将应用区分为独立的高级功能区域可能更有利。例如，有多个业务单位的电子商务应用程序，如结账、计费和搜索等，其中每个单位都有自己的逻辑组件视图、控制器和模型。
- Web API：除了作为生成网站的强大平台，ASP. NET Core MVC 还对生成 Web API 提供强大的支持。可以生成可连接大量客户端(包括浏览器和移动设备)的服务。
- 可测试性：框架对界面和依赖项注入的使用十分适合单元测试，并且该框架还包含使得集成测试快速轻松的功能(例如 TestHost 和实体框架的 InMemory 提供程序)。
- Razor 视图引擎：ASP. NET Core MVC 视图使用 Razor 视图引擎呈现视图。Razor 是一种紧凑、富有表现力且流畅的模板标记语言，用于使用嵌入式 C# 代码定义视图。Razor 用于在服务器上动态生成 Web 内容。可以完全混合服务器代码与客户端内容和代码。

- 强类型视图:可以基于模型强类型化 MVC 中的 Razor 视图。控制器可以将强类型化的模型传递给视图,让视图具备类型检查和 IntelliSense 支持的功能。
- 标记帮助程序:标记帮助程序可使服务器端代码在 Razor 文件中参与创建和呈现 HTML 元素。可以使用标记帮助程序定义自定义标记(例如〈environment〉),或者修改现有标记的行为(例如〈label〉)。标记帮助程序基于元素名称及其属性绑定到特定的元素。它们提供了服务器端呈现的优势,同时保留了 HTML 编辑体验。
- 视图组件:通过视图组件来包装呈现的逻辑并在整个应用程序中重用它。这些组件类似于分部视图,但具有关联逻辑。

4.2　Web 开发需要掌握的框架和工具

4.2.1　前端框架 Bootstrap

Bootstrap 是全球最受欢迎的前端组件库,用于开发响应式布局、移动设备优先的 Web 项目。Bootstrap 是一个用于 HTML、CSS 和 JS 开发的开源工具包。利用 Bootstrap 提供的 Sass 变量、混合(mixins)式和响应式栅格系统、可扩展的预制组件以及强大的 jQuery 插件,能够让你快速开发出产品原型或构建整个 APP。

所谓响应式布局,简单来说就是页面自适应,在进行页面布局时,一般不指定某个控件的具体尺寸,尺寸都是相对的,这样,当显示器的屏幕大小发生变化时,页面就会自动适应屏幕的大小。理论上,使用 Bootstrap 布局的页面在台式机、笔记本和手机上都能自动缩放展示,而不需要任何额外的样式处理。

Boostrap 的参考网站为 https://www.bootcss.com/,ASP. NET Core MVC 默认使用的是 Bootstrap 4 版本。Bootstrap 特别适合不太希望过多了解 CSS 的程序员使用,通过 Bootstrap,没有美术基础的程序员也可以设计出比较专业且美观的应用程序界面。

4.2.2　客户端 JavaScript 语言框架 jQuery

历史最悠久、影响最大、使用人数最多的是 JavaScript 框架。了解 JavaScript 框架的程序员都知道,写脚本并不是一件轻松的事情,太容易出错,也不好调试,语法太灵活。jQuery 是一个快速、简洁的 JavaScript 框架,是继 Prototype 之后又一个优秀的 JavaScript 代码库(或 JavaScript 框架)。jQuery 设计的宗旨是 Write Less,Do More,即倡导写更少的代码,做更多的事情。jQuery 封装 JavaScript 常用的功能代码,提供一种简便的 JavaScript 设计模式,优化 HTML 文档操作、事件处理、动画设计和 Ajax 交互。jQuery 出现后,程序员没有特殊情况,一般不会再写纯 JavaScript 脚本了,一个鼠标悬停事件的处理,在 jQuery 中一行代码可以处理完,JavaScript 脚本至少写 5 行,讲究效率的程序员自然会作出正确的选择。jQuery 的参考网站为 https://jquery.com/。

4.2.3　code first 与数据迁移

在应用程序开发的过程中,程序员往往不希望太多关注数据库的底层存储结构,况且在程序开发初期，由于需求的不明确和经常变更，数据表结构及其之间的关系会频繁地发生改变。开发过程序的人都知道，数据库存储的底层发生变更，代码的修改量是很大的。程序员希望能在开发过程中快速地知道数据库的变更，就如同通过源代码管理器快速地知道程序代码的更新一样。code first 技术基于 ORM(对象关系映射)满足了程序员这个需求，code first 定义数据表就像定义代码类一样，表之间的关系定义为类之间的关系。团队中任何一个成员修改数据库的结构后，都可以将变更数据迁移到数据库服务器，团队中的其他成员只需要重新从源代码管理器中获取一遍最新的代码，就可以与最近更新的数据库正常交互。code first 与数据迁移机制极大地提高了程序开发的效率，缩短了开发的周期。code first 技术将在后续章节中会详细介绍。

4.2.4 Razor 语法

Razor 是一种标记语法，用于将基于服务器的代码嵌入网页中。Razor 语法由 Razor 标记、C# 和 HTML 组成。包含 Razor 语法的文件通常有.cshtml 文件扩展名。MVC 框架中的前端视图使用 Razor 语法，Razor 语法可以在视图中直接使用.NET Framework 类库，调用后台控制器中的 Action，读取从控制器返回的模型类及 ViewBag，使用 Html 元素展示用户的页面等。参考网址为：

https://docs.microsoft.com/zh-cn/aspnet/core/mvc/views/razor?view=aspnetcore-2.2。

4.3 使用 ASP.NET Core MVC 开发教学管理系统

在进入本章学习之前，建议大家先看看微软官方关于 ASP.NET Core MVC 的入门教程，网址为 https://docs.microsoft.com/zh-cn/aspnet/core/tutorials/first-mvc-app/start-mvc?view=aspnetcore-2.2&tabs=visual-studio。教程可以使用 Visual Studio 2017 完成，ASP.NET Core MVC 的版本为 2.2。

4.3.1 新建 ASP.NET Core MVC 项目

启动 Visual Studio 2017，点击“新建”→“项目”，选择“Visual C#”→“Web”，选择“ASP.NET Core Web 应用程序”。在“位置(L)：”处选择程序所在的目录，本例为“D:\Projects\ASPNETCore\”，在“名称(N)：”处输入“StdMngMvc”作为项目名称，如图 4.2 所示。

点击“确定”按钮后，在随后出现的对话框中选择“.NET Core”→“ASP.NET Core 2.2”→“Web 应用程序(模型视图控制器)”，其他选项保持默认，点击“确定”按钮，如图 4.3 所示。

图 4.4 展示了项目的目录结构。

打开“Views”→“Shared”目录下的_Layout.cshtml 文件。_Layout.cshtml 是整个项目的默认布局文件，View 中的所有文件如果没有特别说明，都将继承_Layout.cshtml 所设定的基本布局样式。_Layout.cshtml 中的代码说明 View 文件的内容在布局文件中存在的位置，注意@RenderBody()：

```
<div class="container">
```

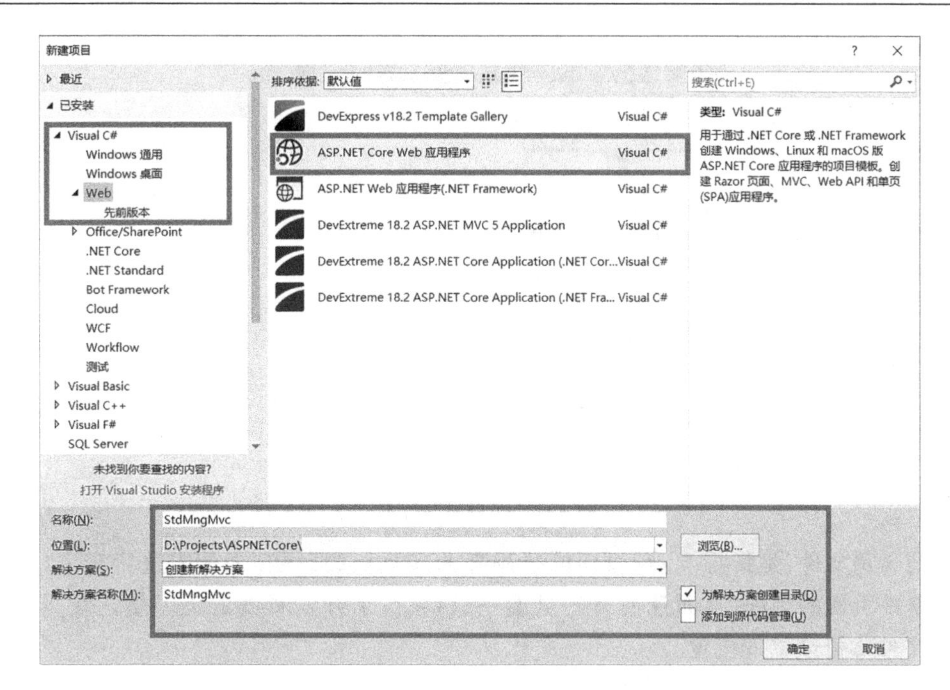

图 4.2　新建项目

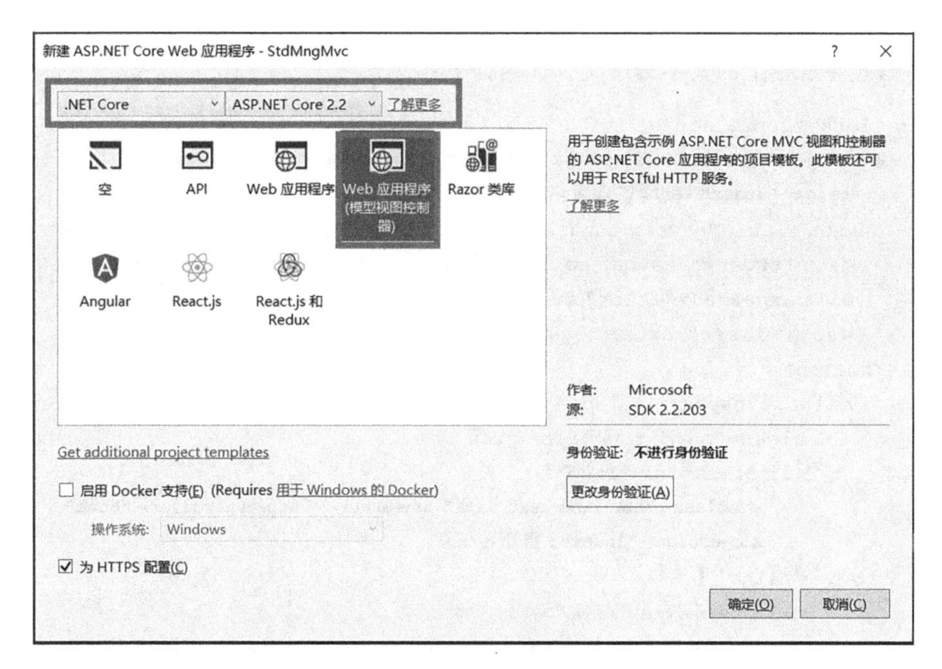

图 4.3　选择对话框

```
    <partial name="_CookieConsentPartial"/>
    <main role="main" class="pb-3">
        @ RenderBody()
    </main>
</div>
```

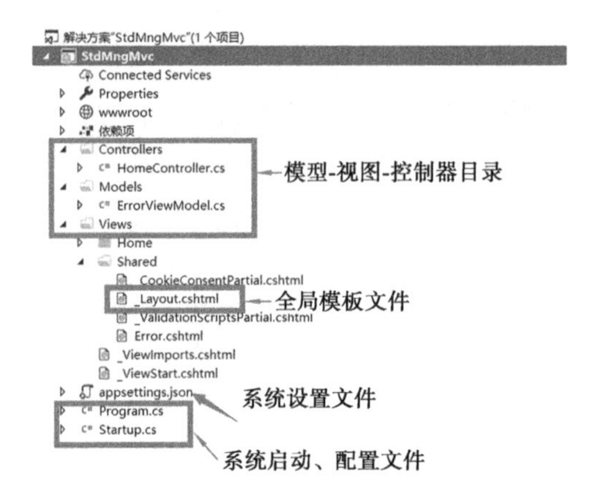

图 4.4　项目目录结构

所谓布局文件，是指将 View 页面的公用部分如页头、页尾在文件中进行定义，其他各页面共享该页面的布局，从而让所有的页面一致，减少了开发页面的工作量。在_Layout.cshtml 文件中修改以下位置。

（1）修改页面在浏览器中显示的标签为“教学管理系统”。代码如下：

```
<title>@ViewData["Title"]-教学管理系统</title>
```

（2）修改导航栏上的文字为中文。代码如下：

```
<div class="container">
    <a class="navbar-brand text-dark" asp-area="" asp-controller="Home"
    asp-action="Index">教学管理系统</a>
    <button class="navbar-toggler" type="button" data-toggle="collapse"
        data-target=".navbar-collapse" aria-controls="navbarSupportedContent"
        aria-expanded="false" aria-label="Toggle navigation">
        <span class="navbar-toggler-icon"></span>
    </button>
    <div class="navbar-collapse collapse d-sm-inline-flex flex-sm-row-reverse">
        <ul class="navbar-nav flex-grow-1">
            <li class="nav-item">
                <a class="nav-link text-dark" asp-area="" asp-controller="Home"
                asp-action="Index">首页</a>
            </li>
            <li class="nav-item">
                <a class="nav-link text-dark" asp-area="" asp-controller="Home"
                asp-action="Privacy">关于</a>
            </li>
        </ul>
    </div>
</div>
```

（3）修改页脚的内容：

```
<footer class="border-top footer text-muted">
    <div class="container">
        &copy; 2020 -版权所有:武汉工程大学计算机科学与工程学院 -
    </div>
</footer>
```

（4）打开“Views”→“Home”下的 Index. cshtml 文件，替换内容如下：

```
@{
    ViewData["Title"]="主页面";
}
<div class="text-center">
    <h4 class="display-4"> 欢迎使用教学管理系统</h4>
</div>
<div id="carouselExampleCaptions" class="carousel slide" data-ride="carousel">
    <ol class="carousel-indicators">
        <li data-target="#carouselExampleCaptions" data-slide-to="0" class="active"></li>
        <li data-target="#carouselExampleCaptions" data-slide-to="1"></li>
        <li data-target="#carouselExampleCaptions" data-slide-to="2"></li>
    </ol>
    <div class="carousel-inner">
        <div class="carousel-item active" data-interval="10000">
            <img src="~ /Images/5.jpg" class="d-block w-100" alt="..."
             style="max-width:1800px;max-height:450px;object-fit:contain;">
            <div class="carousel-caption d-none d-md-block">
                <h5> 校园风光-1</h5>
                <p> 校园风光</p>
            </div>
        </div>
        <div class="carousel-item" data-interval="2000">
            <img src="~ /Images/4.jpg" class="d-block w-100" alt="..."
             style="max-width:1800px;max-height:450px;object-fit:contain;">
            <div class="carousel-caption d-none d-md-block">
                <h5> 校园风光-2</h5>
                <p> 校园风光</p>
            </div>
        </div>
        <div class="carousel-item" data-interval="2000">
            <img src="~/Images/7.jpg" class="d-block w-100" alt="..."
            style="max-width:1800px;max-height:450px;object-fit:contain;">
            <div class="carousel-caption d-none d-md-block">
                <h5> 校园风光-3</h5>
                <p> 校园风光</p>
            </div>
        </div>
    </div>
    <a class="carousel-control-prev" href="#carouselExampleCaptions"
        role="button" data-slide="prev">
```

```
            <span class="carousel-control-prev-icon" aria-hidden="true"></span>
            <span class="sr-only"> Previous</span>
        </a>
        <a class="carousel-control-next" href="#carouselExampleCaptions"
            role="button" data-slide="next">
            <span class="carousel-control-next-icon" aria-hidden="true"></span>
            <span class="sr-only"> Next</span>
        </a>
</div>
```

Home 的 Index. cshtml 文件使用 Bootstrap4 的轮播(carousel)组件,在首页轮流播放 3 张图片。关于 Bootstrap4 的组件、样式如何使用,此处不作为讨论的重点,有兴趣的读者可以参考 https://v4. bootcss. com/docs/layout/overview/获取关于 Bootstrap4 的更多帮助。

(5) 打开 Privacy. cshtml 文件,替换内容如下:

```
@{
    ViewData["Title"]="关于";
}
<h1>@ViewData["Title"]</h1>
<p>描述项目相关的一些信息! </p>
```

按"Ctrl+F5"组合键运行程序,出现如图 4.5 所示的界面。

图 4.5 程序界面

4.3.2 建立数据模型

本节使用 code first 建模技术建立教学管理系统中的 Student(学生)、Course(课程)、Enrollment(学生选课)、Department(系别)、Teacher(教师)、OfficeAssignment(教师办公地

点)六个实体及其之间的关系，如图 4.6 所示。

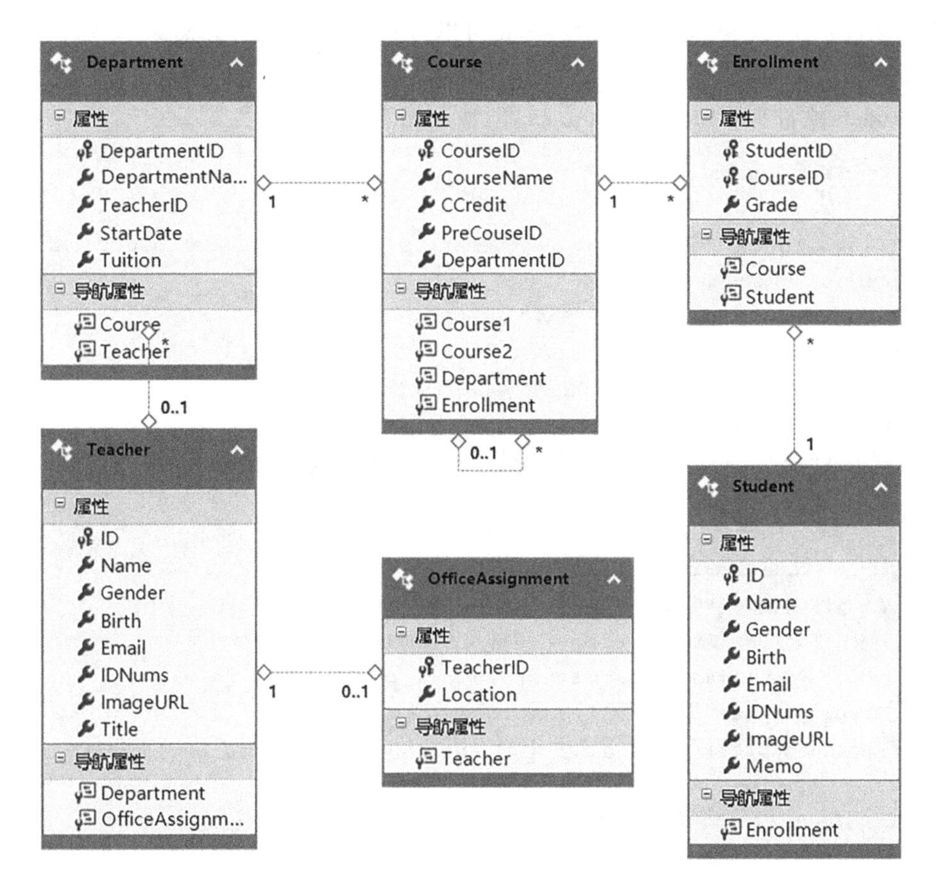

图 4.6　实体及实体之间的关系图

实体及实体之间的关系描述如下。

- Student 和 Course 为多对多关系，表示一个学生可以选择多门课程，一门课程可以由多个学生选择，每个学生选择的课程有考试成绩。Student 和 Course 为多对多关系由 Student 和 Enrollment 之间为一对多关系、Course 和 Enrollment 之间为一对多关系表示。
- Department 和 Course 是一对多关系，表示一个系别可以开设多门课程，一门课程只属于一个系别。
- Teacher 和 Department 为一对一关系，表示一个系别只由一个教师来担任系主任，虽然从模型上来看，一个教师可以担任多个系别的系主任，但实际应用中，一个教师一般只担任一个系别的系主任，故可以理解两者为一对一关系。模型中，Teacher 方的(0..1)表示一个系别可以没有系主任，这在现实中也是存在的，比如，一个刚刚成立的系别，就可以没有系主任。但如果有系主任，则系主任必定是一个已经在数据表 Teacher 表中存在的教师，这是由两者之间的外键关系决定的。
- Teacher 和 OfficeAssignment 之间为一对一关系，表示一个教师只有一个办公地点，一个办公地点只对应一个教师。OfficeAssignment 方的(0..1)同样表示教师可以没有办公地点。

● 课程实体内部的先修课与课程之间的一对多关系，表示某门课程可以是多门其他课程的先修课，但某门课程只有一门先修课，也可以为 Null，表示没有先修课。

1. Student 类

在 Models 文件夹中添加 Student.cs 类，输入如下所示代码：

```
public class Student
{
    [Display(Name="学号"), DatabaseGenerated(DatabaseGeneratedOption.None)]
    public int ID {get; set;}
    [Required, Display(Name="姓名"), StringLength(50)]
    public String Name {get; set;}
    [Required, Display(Name="性别"), StringLength(2)]
    public String Gender {get; set;}
    [Required, Display(Name="出生日期"), DataType(DataType.Date)]
    [DisplayFormat(DataFormatString="{0:yyyy-MM-dd}",
        ApplyFormatInEditMode=true)]
    public DateTime Birth {get; set;}
    [Display(Name="电子邮件"), StringLength(100)]
    [EmailAddress(ErrorMessage="请输入正确的电子邮件地址!")]
    public String Email {get; set;}
    [Display(Name="身份证号"), StringLength(18)]
    [RegularExpression(@"^[1-9]\d{5}(18|19|20)\d{2}((0[1-9])|(1[0-2]))
    (([0-2][1-9])|10|20|30|31)\d{3}[0-9Xx]$ ",
    ErrorMessage="请输入正确的身份证号!")]
    public String IDNums {get; set;}
    [Display(Name="年龄")]
    public int Age
    {
        get
        {
            return (int)DateTime.Now.Subtract(Birth).TotalDays/365;
        }
    }
    [Display(Name="登记照"), DataType(DataType.Upload)]
    public String ImageURL {get; set;}
    [Display(Name="个人简介")]
    public String Memo {get; set;}
    public ICollection<Enrollment>Enrollments {get; set;}
}
```

如果在输入代码的过程中出现一些对象引用的错误，表示没有引入对象的命名空间，解决办法是将鼠标放在出现错误的对象上，然后按“Alt+Enter”组合键，在出现的解决办法中引入合适的命名空间。

下面就 Student 类中每个属性的设置进行详细解释。

1) ID属性

```
[Display(Name="学号"), DatabaseGenerated(DatabaseGeneratedOption.None)]
public int ID {get; set;}
```

表示学生的ID,ASP.NET MVC默认约定,若类中的属性名为ID或者为类名+ID,如StudentID,则该属性为主码(键),教学管理系统所涉及的其他类都遵循这一约定。对于一些特殊的、无法遵循这一约定的类,会做特别说明。

```
[Display(Name="学号"), DatabaseGenerated(DatabaseGeneratedOption.None)]
```

表示属性ID的标记(annotation),ASP.NET MVC和Entity Framework在设计时遵循DRY(Don't Repeat Yourself)原则,即对模型的所有验证和标记只在模型中定义一次,在不同的控制器和视图中同样适用,这样的设计极大地减轻了前端视图中JavaScript脚本的客户端及服务端的验证工作,同时也保证了代码的一致性。

Display(Name="学号")标记表示Student类的ID属性在前端视图中显示中文"学号"。DatabaseGenerated(DatabaseGeneratedOption.None)标记表示学号生成的规则由用户确定,若不加这个标记,由于ID属性的数据类型为int整型,则ID的生成规定就会被设定按1为种子(seed)递增。ID属性表示学生的学号,学号一般都是等长的,故设计为学号由用户自行输入。对于主码字段,由于会被经常作为查询的依据,所以从经验来说,设置为等长的编码较符合实际应用。

2) Name属性

```
[Required, Display(Name="姓名"), StringLength(50)]
public String Name {get; set;}
```

Name表示学生的姓名,前端视图显示中文"姓名"。由于Name为String类型,故StringLength(50)标记表示Name属性(字段)的长度为50(nvarchar(50)),若不设置该标记,则Name属性在表中的字段类型为nvarchar(max)。nvarchar(max)数据类型表示存储字符类的大数据(clob),即超过8000个长度字符的文本,实际在字段中仅存放了指向文本磁盘存储位置的一个指针。若存放的字符个数在8000个以内,良好的习惯就是设置StringLength标记,明确说明数据类型为字符型属性的长度。

Required标记说明Name是必须填写的,即在数据表中该字段不允许为Null(空)值。

3) Gender属性

```
public String Gender {get;set;}
```

Gender表示学生的性别,与Name类似,在此不做进一步说明。

4) Birth属性

```
[Required, Display(Name="出生日期"), DataType(DataType.Date)]
[DisplayFormat(DataFormatString="{0:yyyy-MM-dd}", ApplyFormatInEditMode=true)]
public DateTime Birth {get; set;}
```

Birth表示学生的出生日期,由于其为DateTime类型,故需要做一些特殊的标注。DataType(DataType.Date)表示在前端的视图中使用HTML5对时间日期输入特殊的文本框。

```
DisplayFormat(DataFormatString="{0:yyyy-MM-dd}", ApplyFormatInEditMode=true)
```

标记说明用于输入时间的文本框显示时间的格式为“yyyy-MM-dd”，该格式同样在文本框的编辑模式中适用。

5）Email 属性

```
[Display(Name="电子邮件"), StringLength(100)]
[EmailAddress(ErrorMessage="请输入正确的电子邮件地址!")]
public String Email {get; set;}
```

Email 表示学生的电子邮件地址，EmailAddress(ErrorMessage＝"请输入正确的电子邮件地址!")标记表示在视图中输入电子邮件地址时，需要经过电子邮件地址的正则验证，如果验证错误，则会出现“请输入正确的电子邮件地址!”的错误提示信息。EmailAddress 正则验证是系统内置的正则验证，所以不需要自己写正则表达式。

6）IDNums 属性

```
[Display(Name="身份证号"), StringLength(18)]
[RegularExpression(@"^[1-9]\d{5}(18|19|20)\d{2}((0[1-9])|(1[0-2]))(([0-2][1-9])|
10|20|30|31)\d{3}[0-9Xx]$ ",ErrorMessage="请输入正确的身份证号!")]
public String IDNums {get; set;}
```

IDNums 表示学生的身份证号，由于没有系统内置的对中国公民身份号码的正则验证，所以要自己写验证的正则表达式，身份证号的验证规则及如何写正则表达式的规则请大家自行参考相关文献，在此不做过多说明。

7）Age 属性

```
[Display(Name="年龄")]
public int Age
{
    get
    {
        return (int)DateTime.Now.Subtract(Birth).TotalDays/365;
    }
}
```

Age 表示学生的年龄，学生的年龄是由学生的出生日期计算出来的。该字段在数据表中没有定义，仅存在于数据模型中。

8）ImageURL 属性

```
[Display(Name="登记照"), DataType(DataType.Upload)]
public String ImageURL {get; set;}
```

ImageURL 表示学生的登记照，登记照以文件的方式上传到 Web 服务器，故设置标记 DataType(DataType. Upload)，数据表中的 ImageURL 用于存放登记照文件在服务器的存储路径。由于路径的长度不好确定，故该属性没有设置字符的长度。

9）Memo 属性

```
[Display(Name="个人简介")]
```

```
public String Memo {get; set;}
```

Memo 表示记录学生的个人其他信息，为典型大数据字段的应用，因为个人的说明有很大可能超过 8000 个字符。

10) 和 Enrollment 关系的属性

```
public ICollection<Enrollment>Enrollments {get; set;}
```

以上代码表示 Student 和 Enrollment 是一对多的关系。在一方对象中，多方表示为一个 ICollection〈T〉的列表对象。

2. Course 类

在 Models 文件夹中添加 Course. cs 类，输入如下所示代码：

```
public class Course
{
    [Display(Name="课程号"), DatabaseGenerated(DatabaseGeneratedOption.None)]
    public int CourseID {get; set;}
    [Required,Display(Name="课程名称"),StringLength(50)]
    public string CourseName {get; set;}
    [Required,Display(Name="学分"),Range(1,5,ErrorMessage=
        "学分设置必须在{1}和{2}之间!")]
    public int CCredit {get; set;}
    [Display(Name="先修课")]
    public int? PreCouseID {get; set;}
    [Display(Name="先修课"), ForeignKey("PreCouseID")]
    public Course PreCouse {get; set;}
    public ICollection<Course>FollowCourses {get; set;}
    public ICollection<Enrollment>Enrollments {get; set;}
    [Display(Name="开课系别")]
    public int DepartmentID {get; set;}
    [Display(Name="开课系别"),ForeignKey("DepartmentID")]
    public Department Department {get; set;}
}
```

下面就 Course 类中每个属性的设置进行详细解释。

1) CourseID 属性

Course 类在数据库中对应表的主码，注意 MVC 的默认约定，类名＋ID 默认为主码，标记说明 CourseID 由用户输入完成，不由系统按自增的方式生成。

2) CourseName 属性

CourseName 属性表示课程的名称。

3) CCredit 属性

CCredit 属性表示课程的学分。Range(1,5)标记说明取值范围为 1～5，不在此范围，输入时会出现错误提示，错误提示的自定义信息可以在 ErrorMessage 中。

4) 课程先修课的属性

课程可以有先修课，先修课要么为 Null，要么是一门已经存在的课程，这个关系是同一个实体之间的一对多关系，即一门课程只有一门先修课，但一门课程可以是多门课程的先修课。

```
public int? PreCouseID {get; set;}
[ForeignKey("PreCouseID")]
public Course PreCouse {get; set;}
```

表示关系的一方，为先修课。[ForeignKey("PreCouseID")]标记指明了外键为"PreCouseID"。注意外键一定是可为空的类型，因为一定会存在至少一门课程是没有先修课的，否则就会进入循环引用，建模更新到数据库时会失败。

```
public ICollection<Course>FollowCourses {get; set;}
```

表示关系的多方，即一门课程可能是多门课程的先修课。

5）与 Department 关系的属性

```
public int DepartmentID {get; set;}
[ForeignKey("DepartmentID")]
public Department Department {get; set;}
```

表示系别（学院）和课程的关系是一对多的关系，外码为"DepartmentID"。

3. Enrollment **类**

在 Models 文件夹中添加 Enrollment. cs 类，输入如下所示代码：

```
public class Enrollment
{
    [Display(Name="学号")]
    public int StudentID {get; set;}
    [Display(Name="课程号")]
    public int CourseID {get; set;}
    [Display(Name="成绩"),Column(TypeName="decimal(9,2)")]
    public decimal Grade {get; set;}
    [ForeignKey("CourseID")]
    public Course Course {get; set;}
    [ForeignKey("StudentID")]
    public Student Student {get; set;}
}
```

学生实体和课程实体实际上是多对多的关系，按照建模的要求，多对多的关系需要用中间关系 Enrollment 来表示，表示某个学生选了某门课程，有考试成绩。StudentID 和 CourseID 是 Enrollment 实体的主码，StudentID 和 CourseID 也是外码，且由于 StudentID 和 CourseID 为主码，故不能为 Null。Entity Framework Core 指定多个属性为主码只能以 fluent API 的方式进行，如何指定 StudentID 和 CourseID 是 Enrollment 实体的主码在后续章节中讲解。

注意 Grade（考试成绩）属性的标记 Column（TypeName＝"decimal(9,2)"），如果不加上此标记，则在“code first migration”中会出现警告的提示，原因是数据库中的 decimal 类型必须指明定点小数的长度和小数点的位数，而 C# 语言中的 decimal 类型没有这个功能，故需要添加该标记，明确说明 Grade 字段在数据库中的类型。

4. Department 类

在 Models 文件夹中添加 Department. cs 类，输入如下所示代码：

```
public class Department
{
    [Display(Name="系别号")]
    public int DepartmentID {get; set;}
    [Display(Name="系别名称")]
    public string DepartmentName {get; set;}
    [Required, Display(Name="学费"),Range(1000,10000,ErrorMessage=
        "学费必须在{1}-{2}之间")]
    public int Tuition {get; set;}
    [Required, Display(Name="成立日期"), DataType(DataType.Date)]
    [DisplayFormat(DataFormatString="{0:yyyy-MM-dd}",
        ApplyFormatInEditMode=true)]
    public DateTime StartDate {get; set;}
    [Display(Name="系主任")]
    public int? TeacherID {get; set;}
    [Display(Name="系主任"), ForeignKey("TeacherID")]
    public Teacher Administrator {get; set;}
    public ICollection<Course>Courses {get; set;}
}
```

Department（系别）的主码为 DepartmentID，生成的规则按 1 为种子（Seed）的自增方式。

```
[ForeignKey("TeacherID")]
public Teacher Administrator {get; set;}
```

表示系别和系主任的关系为一对一。

```
public ICollection<Course>Courses {get; set;}
```

表示系别和课程的关系为一对多。

5. Teacher 类

在 Models 文件夹中添加 Teacher. cs 类，输入如下所示代码：

```
public enum Title
{
    教授,副教授,讲师,助教
}

public class Teacher
{
```

```
    [Display(Name="工号"), DatabaseGenerated(DatabaseGeneratedOption.None)]
    public int ID {get; set;}
    [Required, Display(Name="姓名"), StringLength(50)]
    public String Name {get; set;}
    [Required, Display(Name="性别"), StringLength(2)]
    public String Gender {get; set;}
    [Required,Display(Name="出生日期"),DataType(DataType.Date)]
    [DisplayFormat(DataFormatString="{0:yyyy-MM-dd}",
     ApplyFormatInEditMode=true)]
    public DateTime Birth {get; set;}
    [Display(Name="电子邮件"), StringLength(100)]
    [EmailAddress(ErrorMessage="请输入正确的电子邮件地址!")]
    public String Email {get; set;}
    [Display(Name="身份证号"), StringLength(18)]
    [RegularExpression(@"^[1-9]\d{5}(18|19|20)\d{2}((0[1-9])|(1[0-2]))
    (([0-2][1-9])|10|20|30|31)\d{3}[0-9Xx]$ ",
     ErrorMessage="请输入正确的身份证号!")]
    public String IDNums {get; set;}
    [Display(Name="年龄")]
    public int Age
    {
        get
        {
            return (int)DateTime.Now.Subtract(Birth).TotalDays / 365;
        }
    }
    [Display(Name="登记照"), DataType(DataType.Upload)]
    public String ImageURL {get; set;}
    [Display(Name="职称")]
    public Title Title {get; set;}
    public Department Department {get; set;}
    public OfficeAssignment OfficeAssignment {get; set;}
}
```

Teacher(教师)实体的大多数属性与学生的相同,在本节的后续章节将介绍继承技术处理这一问题。

```
public Title Title {get;set;}
```

表示教师的职称,为枚举类型[教授,副教授,讲师,助教],枚举类型在数据库中实际存储为整型。

```
public Department Department {get;set;}
```

表示系主任和系别之间的关系为一对一。

```
public OfficeAssignment OfficeAssignment {get;set;}
```

表示教师和办公地点的关系为一对一。

6. OfficeAssignment 类

在 Models 文件夹中添加 OfficeAssignment. cs 类，输入如下所示代码：

```
public class OfficeAssignment
{
    [Key]
    public int TeacherID {get;set;}
    [Display(Name="办公室"), StringLength(50)]
    public string Location {get;set;}
    [ForeignKey("TeacherID")]
    public Teacher Teacher {get;set;}
}
```

TeacherID 既是 OfficeAssignment 实体的主码，又是外码。由于已经违反了 MVC 的命名约定，故必须使用[Key]标记说明 TeacherID 为主码。

```
[ForeignKey("TeacherID")]
public Teacher Teacher {get;set;}
```

表示办公地点和教师的关系为一对一。

7. 创建数据库上下文

创建 Data 目录，并在 Data 目录中添加 SchoolContext. cs 文件，输入以下代码：

```
public class SchoolContext : DbContext
{
    public SchoolContext(DbContextOptions<SchoolContext>options) : base(options)
    {
    }
    public DbSet<Department>Departments {get; set;}
    public DbSet<Student>Students {get; set;}
    public DbSet<Course>Courses {get; set;}
    public DbSet<Enrollment>Enrollments {get; set;}
    public DbSet<Teacher>Teachers {get; set;}
    public DbSet<OfficeAssignment>OfficeAssignments {get; set;}

    protected override void OnModelCreating(ModelBuilder modelBuilder)
    {
        modelBuilder.Entity<Department>().ToTable("Department");
        modelBuilder.Entity<Student>().ToTable("Student");
        modelBuilder.Entity<Course>().ToTable("Course");
        modelBuilder.Entity<Enrollment>().ToTable("Enrollment");
        modelBuilder.Entity<Teacher>().ToTable("Teacher");
        modelBuilder.Entity<OfficeAssignment>().ToTable("OfficeAssignment");
        //设置 Enrollment 表的主键
```

```
        modelBuilder.Entity<Enrollment>()
            .HasKey(c=>new {c.StudentID, c.CourseID});
    }
}
```

其中：

```
public DbSet<Department>Departments {get; set;}
public DbSet<Student>Students {get; set;}
public DbSet<Course>Courses {get; set;}
public DbSet<Enrollment>Enrollments {get; set;}
public DbSet<Teacher>Teachers {get; set;}
public DbSet<OfficeAssignment>OfficeAssignments {get; set;}
```

表示实体类，必须在数据库上下文中声明实体类，“code first migration”才会在数据迁移时添加数据库中对应的数据表，代码如下：

```
modelBuilder.Entity<Department>().ToTable("Department");
modelBuilder.Entity<Student>().ToTable("Student");
modelBuilder.Entity<Course>().ToTable("Course");
modelBuilder.Entity<Enrollment>().ToTable("Enrollment");
modelBuilder.Entity<Teacher>().ToTable("Teacher");
modelBuilder.Entity<OfficeAssignment>().ToTable("OfficeAssignment");
```

修改实体类在数据库中对应的表名，否则每个表名后都会与实体类一样有一个“s”，代码如下：

```
modelBuilder.Entity<Enrollment>().HasKey(c=>new{c.StudentID, c.CourseID});
```

以 fluent API 的方式定义 Enrollment 实体中的主码为 StudentID 和 CourseID。从创建数据库上下文步骤开始，可能会由于环境配置的问题出现一些引用的错误。大家可以在 VS2017 开发平台的菜单中选择“工具”→“NuGet 包管理器”→“管理解决方案的 NuGet 程序包”项，安装缺失的程序包，从而解决引用的错误问题。

8. 定义数据库连接字符串

打开 appsettings. json 文件，添加数据库连接字符串，代码如下：

```
"ConnectionStrings": {
"DefaultConnection": "Server=LLZLAPTOP\\SQLEXPRESS;Database=StdMngMvc2020;uid
=sa;pwd=123456;Multi pleActiveResultSets=true"
},
```

数据库连接字符串的定义与前面开发的桌面应用程序类似。

9. 注册 SchoolContext 数据库上下文

ASP. NET Core MVC 框架以依赖注入（dependency injection）的方式注册 SchoolContext 数据库上下文。打开 Startup. cs 文件，在 ConfigureServices 方法中输入以下加粗部分的代码：

```
public void ConfigureServices(IServiceCollection services)
{
    services.Configure<CookiePolicyOptions>(options=>
    {
        options.CheckConsentNeeded=context=>true;
        options.MinimumSameSitePolicy=SameSiteMode.None;
    });

    services.AddDbContext<SchoolContext>(options=>
        options.UseSqlServer(Configuration.GetConnectionString
        ("DefaultConnection")));

    services.AddMvc().SetCompatibilityVersion(CompatibilityVersion.Version_2_2);
}
```

以上代码表示 SchoolContext 数据库上下文以“DefaultConnection”连接 SQL Server 数据库。

10. 输入测试数据

在 Data 文件夹中添加 DbInitializer. cs 文件，输入各个实体类的测试数据。DbInitializer. cs 类的结构如下：

```
public static class DbInitializer
{
    public static void Initialize(SchoolContext context)
    {
        context.Database.EnsureCreated();
        //查找有无学生记录
        if (context.Students.Any())
        {
            return;
        }
        var students=new Student[]
        {
            ……
        };
        foreach (Student s in students)
        {
            context.Students.Add(s);
        }
        context.SaveChanges();
            ……
    }
}
```

由于测试数据的代码太多，这里不一一展示出来，需要的读者可以下载源代码。

11. 重新定义 Main 函数

打开 Program. cs 文件，在 Main 函数中输入以下代码：

```
public static void Main(string[] args)
{
    var host=CreateWebHostBuilder(args).Build();

    using (var scope=host.Services.CreateScope())
    {
        var services=scope.ServiceProvider;
        try
        {
            var context=services.GetRequiredService<SchoolContext> ();
            DbInitializer.Initialize(context);
        }
        catch (Exception ex)
        {
            var logger=services.GetRequiredService<ILogger<Program>> ();
            logger.LogError(ex, "An error occurred while seeding the database.");
        }
      }
      host.Run();
}
```

程序启动时，将运行 DbInitializer 类中的 Initialize 静态方法，初始化数据库中的数据。

12. 启动数据迁移

选择“工具”→“NuGet 包管理器”→“程序包管理器控制台”，如图 4.7 所示。

在 IDE 底部出现“程序包管理器控制台”界面，如图 4.8 所示。

在 PM>命令提示符后输入以下代码：

```
add-migration InitDB
```

进行数据迁移，命令执行完成后，会自动出现数据迁移的程序文件 XXXXXX_InitDB. cs，文件中的 Up 方法对数据库执行正向操作（执行修改），Down 方法对数据库执行反向操作（撤销修改）。文件中的代码一般不需要修改，但在特定的情况下也可以进行修改，以保证数据迁移的成功。观察项目的目录结构，会自动添加一个“Migrations”目录，里面包含数据迁移的所有历史记录。

继续在 PM>提示符后输入以下代码：

```
Update-database
```

执行数据迁移，如果迁移成功，则在数据库中可以看到新建的表和表中插入的测试数据，检查 SQL Server 数据库中的表及其之间的关系，如图 4.9 所示。

检查各个数据表中插入的测试数据是否正确。code first migration 在编码阶段可以让整个团队对数据库进行快速建模且迭代修改，这个特性在项目的开发阶段很重要也很方便，避免了程序员在编码和数据库设计两个界面来回切换工作，并且对数据库的修改可以通过

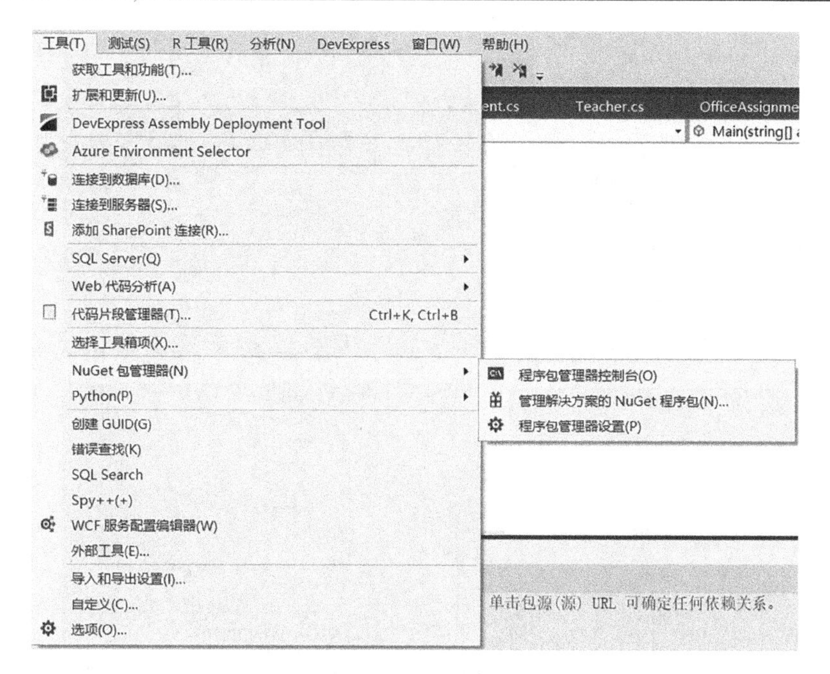

图 4.7　启动程序包管理器控制台

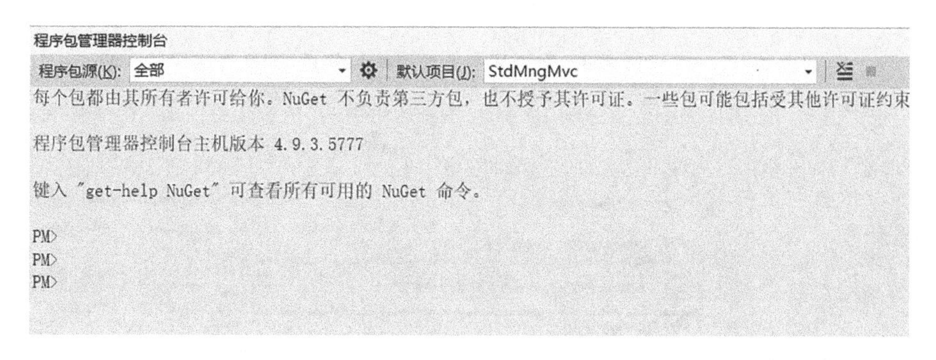

图 4.8　"程序包管理器控制台"界面

源代码管理(Git 或者 TFS)迅速地反馈到开发团队中去，从而极大地提高了工作效率。

数据迁移工作基本上是正向(执行修改)的，也就是说，如果要修改数据库，再次 add-migration，然后 update-database，当然也支持反向(撤销修改)操作，但用得很少。关于数据迁移的诸多问题，请自行查阅微软的官方文档，在此不再详细展开说明。

4.3.3　实现基本的 CRUD 功能

ASP. NET Core MVC 已经定义了基本的实现框架，一般只需要对框架实现的结果进行必要的修改即可。下面先为 Student、Teacher、Department、Course 这四个实体类建立 MVC 框架。点击项目中的"Controllers"文件夹，选择"添加"→"控制器"，出现如图 4.10 所示的界面。

选择"视图使用 Entity Framework 的 MVC 控制器"后，点击"添加"按钮，出现如图 4.11 所示的界面。

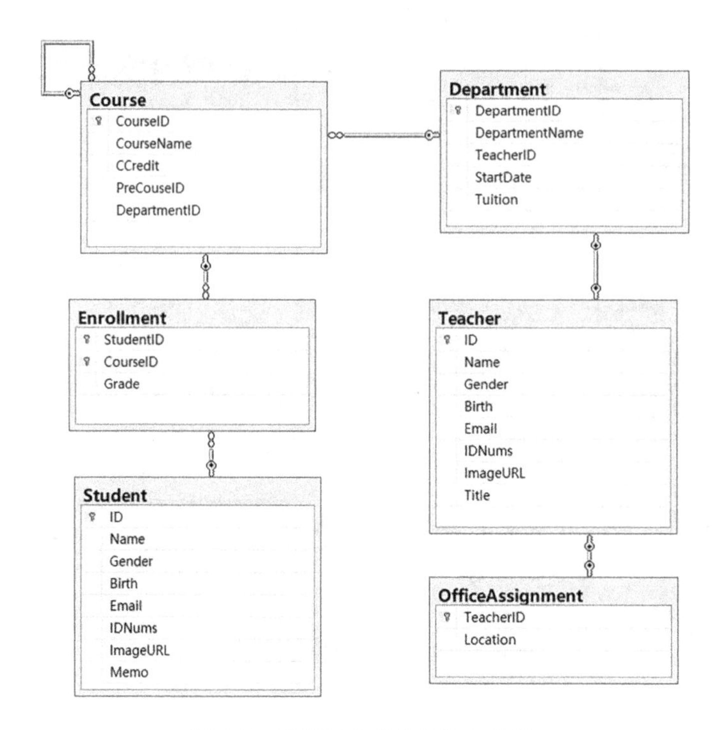

图 4.9　数据库中的表结构和关系

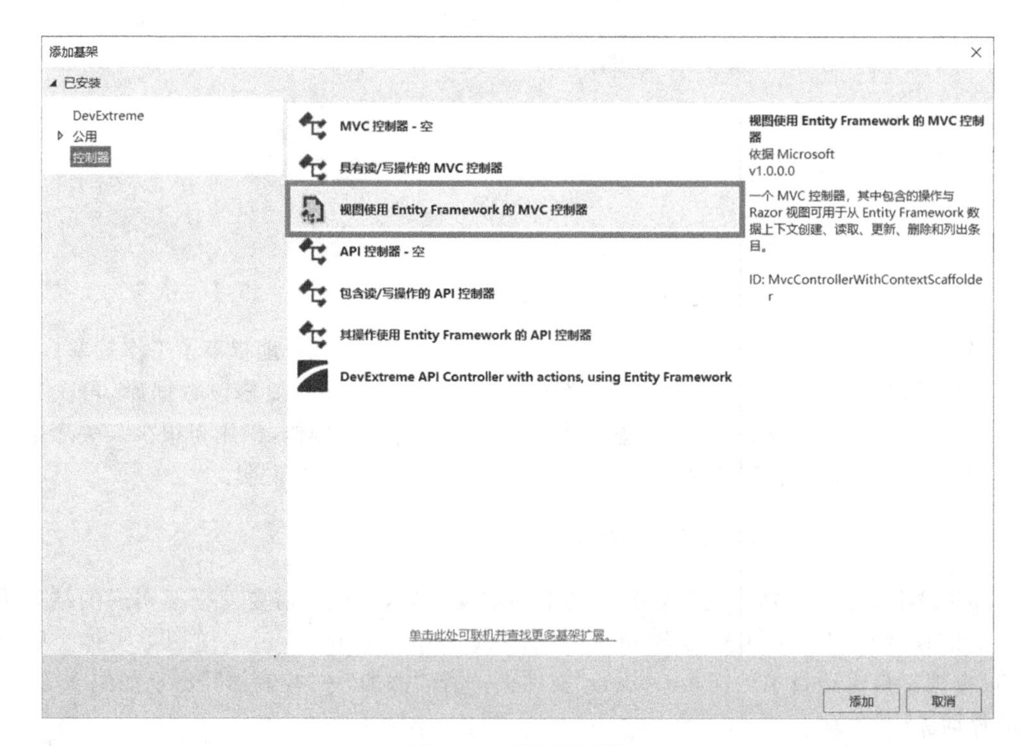

图 4.10　添加控制器

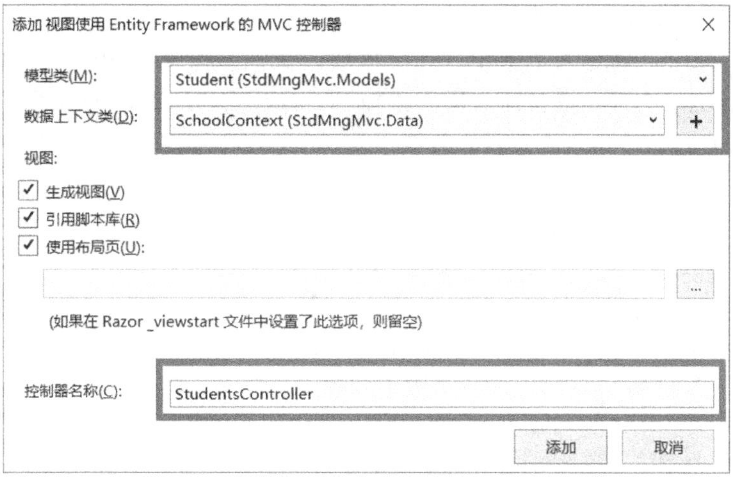

添加 视图使用 Entity Framework 的 MVC 控制器

模型类(M): Student (StdMngMvc.Models)

数据上下文类(D): SchoolContext (StdMngMvc.Data)

视图:

生成视图(V)

引用脚本库(R)

使用布局页(U):

(如果在 Razor _viewstart 文件中设置了此选项，则留空)

控制器名称(C): StudentsController

添加　取消

图 4.11　控制器模型指定

选择模型类为“Student (StdMngMvc. Models)”，数据上下文类为“SchoolContext (StdMngMvc. Data)”，控制器名称为“StudentsController”后，点击“添加”按钮。系统需要 1 分钟左右构建框架。构建成功后，查看系统目录，如图 4.12 所示。

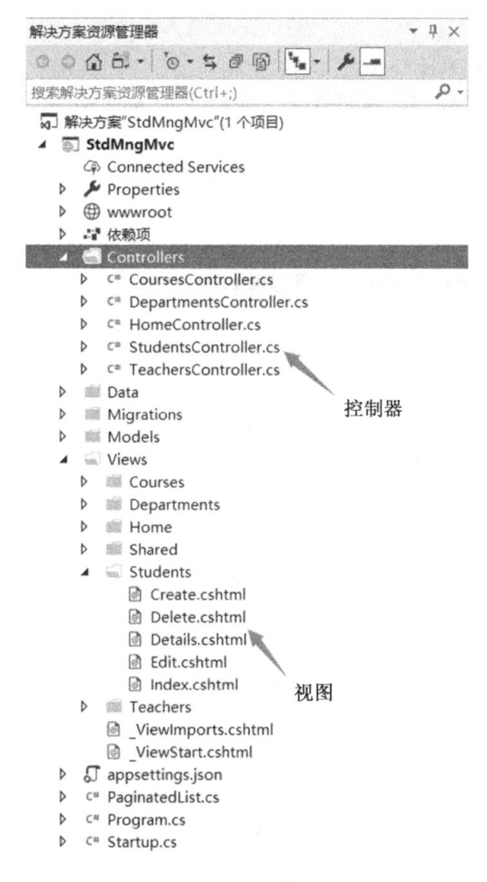

图 4.12　系统目录

系统会在“Views”目录下建立一个“Students”文件夹，文件夹中包含 Index. cshtml（列表页）、Create. cshtml（新建页）、Edit. cshtml（修改页）、Delete. cshtml（删除页）、Details. cshtml（描述页）五个文件。按相同的操作添加“Teachers”、“Departments”、“Courses”的控制器，完成后检查目录结构是否正常。修改_Layout. cshtml 文件，添加加粗部分的代码，如下所示：

```
<div class="navbar-collapse collapse d-sm-inline-flex flex-sm-row-reverse">
    <ul class="navbar-nav flex-grow-1">
        <li class="nav-item">
            <a class="nav-link text-dark" asp-area="" asp-controller="Home"
              asp-action="Index"> 首页</a>
        </li>
        <li class="nav-item">
            <a class="nav-link text-dark" asp-area="" asp-controller="Students"
              asp-action="Index">学生管理</a>
        </li>
        <li class="nav-item">
            <a class="nav-link text-dark" asp-area="" asp-controller="Teachers"
              asp-action="Index">教师管理</a>
        </li>
        <li class="nav-item">
            <a class="nav-link text-dark" asp-area="" asp-controller="Departments"
              asp-action="Index">系别管理</a>
        </li>
        <li class="nav-item">
            <a class="nav-link text-dark" asp-area="" asp-controller="Courses"
              asp-action="Index">课程管理</a>
        </li>
        <li class="nav-item">
            <a class="nav-link text-dark" asp-area="" asp-controller="Home"
              asp-action="Privacy">关于</a>
        </li>
    </ul>
</div>
```

项目根目录的 Startup. cs 文件中定义了 MVC 框架默认的路由处理机制，如下加粗代码所示：

```
public void Configure(IApplicationBuilder app, IHostingEnvironment env)
{
    if (env.IsDevelopment())
    {
        app.UseDeveloperExceptionPage();
    }
    else
```

```
    {
        app.UseExceptionHandler("/Home/Error");
        app.UseHsts();
    }
    app.UseHttpsRedirection();
    app.UseStaticFiles();
    app.UseCookiePolicy();
    app.UseMvc(routes=>
    {
        routes.MapRoute(
            name: "default",
            template: "{controller=Home}/{action=Index}/{id?}");
    });
}
```

默认路由表示的URL路径为/controller/action/id,其中controller的默认值为Home,action的默认值为Index,action后默认的参数为id。可以用以下几个示例来解释路由。

- URL如“/”,不指定controller和action,默认导航到/Home/Index。
- URL如“/Students”,指定controller-Students,不指定action,导航到/Students/Index。
- URL如“/Students/Edit/1”,导航到学号(id)为1的学生编辑视图。

可以根据具体的应用需求自定义路由,但一般不需要,因为MVC的参数传递机制很灵活,有默认的路由就足够了。Configure方法中还定义了框架的错误处理方式。需要注意的是,在生产环境下,系统运行出错或者直接抛出的异常,都会导航到“/Home/Error”进行处理,Error页面在Shared目录中,可以进行一些修改和自定义。

编译并运行程序,MVC框架虽已经实现了一些列表基本的增、删、改等功能,但不是很完整,需要进行一些必要的修改。下面以Student实体为例,说明CRUD功能,其他实体的修改类似。

1. 创建学生

1) 控制器中的Action

在Students控制器中,系统生成的与Create相关的Action有两个,代码如下:

```
public IActionResult Create()
{
    return View();
}

[HttpPost]
[ValidateAntiForgeryToken]
public async Task<IActionResult>Create([Bind("ID,Name,Gender,Birth,Email,IDNums,
                                             ImageURL,Memo")] Student student)
{
```

```
        if (ModelState.IsValid)
        {
            _context.Add(student);
            await _context.SaveChangesAsync();
            return RedirectToAction(nameof(Index));
        }
        return View(student);
    }
```

第一个 Action 是用户在点击学生列表页面中的“新建(Create New)”连接后，对新建动作进行 HttpGet 处理的 Action(HttpGet 为默认标记，可以不指明)，由于此时学生的模型为空，故仅返回一个空的学生模型视图。

第二个 Action 是用户在输入学生信息后，点击“创建(Create)”连接后，对提交动作进行处理的 Action，该 Action 处理前端创建视图(Create View)提交的表单，故需要对 Action 指明[HttpPost]标记属性。[ValidateAntiForgeryToken]标记用于避免表单提交时跨站点请求伪造(Cross-Site Request Forgery，CSRF)的攻击。[Bind]标记用于绑定表单中提交给 Action 的 Student 模型的各个属性。代码中重要部分的说明如下。

if(ModelState. IsValid)：判断服务端提交的模型是否是有效的。前面在创建 Student. cs 类时，根据 DRY 原则对 Student 模型的各个属性进行了验证，如电子邮件的格式、身份证号的有效性等。这些默认在客户端使用 JavaScript 脚本进行验证，当输入符合要求时，默认状态下用户是无法点击“提交”按钮进行信息保存的。但如果用户有意识地将浏览器客户端脚本的功能禁用，那么客户端就无法根据模型标记进行验证。所以在模型提交到服务端后，必须再次在服务端验证一次。

_context. Add(student)：将新建的学生对象保存到数据库上下文中。此时 Student 模型的状态为 Added。在数据处理过程中，实体模型可能的状态有以下几种。

● Added。实体模型在数据库中不存在(调用_context. Add(student);)，数据库上下文调用 SaveChanges 方法后，将产生 insert 语句，并将该实体模型插入对应的数据表。

● Unchanged。实体模型的初始状态，任何一种状态在调用 SaveChanges 后，均回到 Unchanged 状态。

● Modified。对实体模型进行了一些修改(调用_context. Update(student);)，数据库上下文调用 SaveChanges 方法后，将产生 update 语句，并将该实体模型的修改保持到对应的数据表中。

● Deleted。实体模型被删除(调用_context. Students. Remove(student);)，数据库上下文调用 SaveChanges 方法后，将产生 delete 语句，并将该实体模型从对应的数据表中删除。

● Detached。实体不被数据库上下文所跟踪。跟踪实体的状态需要保持实体的多个版本，对于大量的实体，将极大消耗系统的内存，故基于 B/S 模式的 Web 应用程序在对数据进行大量查询时，一般会将实体的状态设置为 Detached(调用 students. AsNoTracking())。

如果新建成功，则返回 Index 页面 RedirectToAction(nameof(Index));，否则返回 View(student);，继续留在新建的页面。

修改(Edit)与删除(Delete)和控制器中的 Action 和 Create 相似，都是一个用于获取表单(form get)显示模型，一个用于提交表单(form post)显示模型，提交后进行数据的修改。

2) 对 Create. cshtml 进行调整

Create. cshtml 的内容很多，在此分段进行说明，完整的代码请在 GitHub 上下载本书的源代码。

(1) @model StdMngMvc. Models. Student 表示控制器中的 Action 返回的是学生实体模型。

(2) 页面的顶部布局的代码如下：

```
<div class="row">
    <div class="col-md-10">
        <h3>添加学生</h3>
    </div>
    <div class="col-md-2" style="text-align:right">
        <a asp-action="Index" class="btn btn-link">
            <i class="fa fa-angle-double-left"></i> 返回
        </a>
    </div>
</div>
```

将"返回列表(Back to List)"连接移到页面的顶部。〈i class＝"fa fa-angle-double-left"〉表示引用的 Font Awesome 图标，可以通过 https://fontawesome. com/获取 Bootstrap4 中使用扩展图标的更多帮助(与 Bootstrap3 不同，Bootstrap4 不再提供内置的默认图标)。

(3) 页面 form(表单)的布局代码如下：

```
<form asp-action="Create" enctype="multipart/form-data" method="post">
    <div class="row">
        <div class="col-md-4">
            <div asp-validation-summary="ModelOnly" class="text-danger"></div>
            <div class="form-group">
                <label asp-for="ID" class="control-label"></label>
                <input asp-for="ID" class="form-control" />
                <span asp-validation-for="ID" class="text-danger"></span>
            </div>
            <div class="form-group">
                <label asp-for="Name" class="control-label"></label>
                <input asp-for="Name" class="form-control"/>
                <span asp-validation-for="Name" class="text-danger"></span>
            </div>
            <div class="form-group">
                <label asp-for="Gender" class="control-label"></label>
                <input asp-for ="Gender" type ="radio" value="男"/>男  
                <input asp-for="Gender" type="radio" value="女" />女
```

```
            <span asp-validation-for="Gender" class="text-danger"></span>
        </div>
        <div class="form-group">
            <label asp-for="Birth" class="control-label"></label>
            <input asp-for="Birth" class="form-control" />
            <span asp-validation-for="Birth" class="text-danger"></span>
        </div>
        <div class="form-group">
            <label asp-for="Email" class="control-label"></label>
            <input asp-for="Email" class="form-control" />
            <span asp-validation-for="Email" class="text-danger"></span>
        </div>
        <div class="form-group">
            <label asp-for="IDNums" class="control-label"></label>
            <input asp-for="IDNums" class="form-control" />
            <span asp-validation-for="IDNums" class="text-danger"></span>
        </div>
        <div class="form-group">
            <input asp-for="ImageURL" class="form-control" type="hidden"/>
            <span asp-validation-for="ImageURL" class="text-danger"></span>
        </div>

        <div class="form-group">
            <button type="submit" class="btn btn-primary">
                <i class="fa fa-save"></i>  保存
            </button>
        </div>
    </div>
    <div class="col-md-6" style="margin-left:50px">
        <div class="form-group">
            <label asp-for="ImageURL" class="control-label"></label>
            @{
                if (Model==null || Model.ImageURL==null)
                {
                    <img src="@Url.Content("~/UploadFiles/None1.jpg")"
                    style="max-height:320px;max-width:180px;object-fit:contain;"
                    id="imgStd"/>
                }
                else
                {
                    <img src="@Url.Content(Model.ImageURL)"
                    style="max-height:320px;max-width:180px;object-fit:contain;"
                    id="imgStd"/>
                }
```

```
                }
                <br/><br/>
                <input type="file" id="stdImgFile" multiple/>
                <button type="button" class="btn btn-primary" id="uploadStdImg">
                    <i class="fa fa-upload"></i>  上传图片
                </button>
            </div>
            <div class="form-group">
                <label asp-for="Memo" class="control-label"></label>
                <textarea asp-for="Memo" class="form-control"></textarea>
                <span asp-validation-for="Memo" class="text-danger"></span>
            </div>
        </div>
    </div>
</form>
```

对原始 form(表单)的重要修改已经加粗表示，下面进行详细解释。

① 〈form asp-action="Create" enctype="multipart/form-data" method="post"〉，主要是 enctype="multipart/form-data"的加入，因为需要上传学生的登记照，form(表单)中有图片的二进制数据，故必须在 form(表单)中添加此说明。

② 〈div class="row"〉，〈div class="col-md-4"〉，〈div class="col-md-6" style="margin-left: 50px"〉将整个 form(表单)分为两列，左边 4 个 col，右边 6 个 col(请参加 Bootstrap4 布局中的栅格系统，网址为 https://v4. bootcss. com/docs/layout/grid/)。

③ 修改学生性别的控件为 radio，单选形式，代码如下：

```
<div class="form-group">
    <label asp-for="Gender" class="control-label"></label>
    <input asp-for="Gender" type="radio" value="男" /> 男   
    <input asp-for="Gender" type="radio" value="女" /> 女
    <span asp-validation-for="Gender" class="text-danger"></span>
</div>
```

④ 修改 ImageURL，代码如下：

```
<div class="form-group">
    <input asp-for="ImageURL" class="form-control" type="hidden"/>
    <span asp-validation-for="ImageURL" class="text-danger"></span>
</div>
```

由于学生登记照以图片的形式展示，其存储在数据库中的文件路径不需要在视图中显示，故将其设置为“hidden(隐藏)”，之所以不能删除，是因为作为学生实体的属性，ImageURL 要与 form(表单)一起提交，登记照的存储路径需要保存到数据库中。

⑤ 登记照图片的显示和上传，代码如下：

```
<div class="form-group">
```

```
    <label asp-for="ImageURL" class="control-label"></label>
    @{
        if (Model==null || Model.ImageURL==null)
        {
            <img src="@Url.Content("~ /UploadFiles/None.jpg")"
            style="max-height:320px;max-width:180px;object-fit:contain;"
            id="imgStd" />
        }
        else
        {
            <img src="@Url.Content(Model.ImageURL)"
            style="max-height:320px;max-width:180px;object-fit:contain;"
            id="imgStd" />
        }
    }
    <br /><br />
    <input type="file" id="stdImgFile" multiple />
    <button type="button" class="btn btn-primary" id="uploadStdImg">
        <i class="fa fa-upload"></i> 上传图片
    </button>
</div>
```

当学生实体的 ImageURL 的值不为空时，显示存储在文件系统中的图片，否则显示文件系统的默认图片 None.jpg（所有的图片存储在 UploadFiles 文件夹中）。图片的上传以 Ajax 异步的方式完成。〈input type="file" id="stdImgFile" multiple/〉为文件上传控件，为了应用的灵活性，即使实际上只需要上传一张学生的登记照，也可以设置为上传多个文件。

⑥ 学生的简介（Memo）控件调整为 textarea，因为该字段输入的内容较多，使用 textarea 控件可以多行输入文本。调整后的学生界面如图 4.13 所示。

注意，IE 浏览器和 Chrome 浏览器的“出生日期”、选择“文件”和“个人简介”这三个控件的显示可能有所不同。

3）使用 Ajax 上传学生登记照

上传登记照的逻辑设定为：用户选择图片→上传→预览→修改学生其他信息→保存。用户上传图片成功后，图片的路径（ImageURL）并不马上存储到数据库，而是等到用户修改完其他信息后，点击“保存”按钮，一次性保存到数据库中。所以使用 jQuery Ajax 由客户端异步上传登记照，比较符合这个业务逻辑。在 Create.cshtml 的文件底部添加以下脚本代码：

```
<script type="text/javascript" language="javascript">
    $(function () {
        $("#uploadStdImg").click(function(){
            debugger;
            //获得文件上传控件所包含的文件
```

图 4.13　调整后的学生界面

```
var fileUpload=$ ("# stdImgFile").get(0);
var files=fileUpload.files;
var data=new FormData();
//附加文件到 Post 数据
for (var i=0;i<files.length; i++) {

    //图片大小判断
    if (files[i].size>1024*1024) {
        alert("图片的大小不能大于 1MB!");
        return false;
    };

    var point=files[i].name.lastIndexOf(".");
    var type=files[i].name.substr(point);
    //图片格式的判断
    if (! (type==".jpg" || type==".png" || type==".JPG" || type==".PNG"))
    {
        alert("上传图片的格式必须为 JPG 和 PNG 格式!");
        return false;
    }
    data.append(files[i].name, files[i]);
}

$ .ajax({
    type: "POST",
    //调用 Students 控制器中的 UploadStdImg 动作
    url: '@ Url.Content("~ /Students/UploadStdImg")',
```

```
                contentType: false,
                processData: false,
                data: data,
                success: function (data) {
                    if (data !=null) {
                        //图片框的路径为绝对路径
                        $ ("# imgStd").get(0).src='@ Url.Content("~ /UploadFiles/")'
                          +data;
                        //在数据库中以相对绝对路径存储
                        $ ("# ImageURL").get(0).value='~ /UploadFiles/' + data;
                    }
                },
                error: function () {
                    alert("上传图片错误!");
                }
            });
        });
    });
</script>
```

关于 jQuery 及 Ajax 的用法，在此不做过多说明，请参考 https://api.jquery.com/category/ajax/获取更多的帮助。Ajax 需要异步调用“/Students/UpLoadStdImg”，Students 控制器中的 UpLoadStdImg Action 将图片存储到 UploadFiles 文件夹中，UpLoadStdImg Action 的代码如下：

```
//定义 IHostingEnvironment 实例对象
private readonly SchoolContext _context;
private IHostingEnvironment hostingEnv;
public StudentsController(SchoolContext context, IHostingEnvironment env)
{
    _context=context;
    //在控制器构造函数中注入 IHostingEnvironment 对象
    this.hostingEnv=env;
}
public string UpLoadStdImg()
{
    //获取表单提交的上传文件
    var file=Request.Form.Files[0];
    //得到存储的绝对路径
    var filenStorePath=hostingEnv.WebRootPath+$@"\UploadFiles\{file.Name}";
    //存储文件
    using (FileStream fs=System.IO.File.Create(filenStorePath))
    {
        file.CopyTo(fs);
        fs.Flush();
```

```
    }
    //返回文件路径
    return $"{file.Name}";;
}
```

存储登记照图片文件到网站的文件系统，需知道存储文件的物理路径，因为在 ASP. NET Core 中用于映射物理路径的 Server 对象被 IHostingEnvironment 取代，故需要先在 Students 控制器的构造函数中注入该对象的实例到 hostingEnv 对象。UpLoadStdImg Action 将上传的登记照图片文件存储到 UploadFiles 文件夹中后，返回其存储的绝对路径。注意存储到数据库中的 ImageURL 在路径前加上了“～”符号，“～”表示相对绝对路径，也就是无论应用程序的位置如何变动，“～”始终指向应用程序的根目录，而不是网站服务器的根目录。

特别注意客户端图片上传的脚本代码中的@Url. Content("～/path")的用法，Url helper 类中的 Content 方法将带有“～”开头的相对绝对路径转换为实际的 URL 路径。这一点在进行应用程序部署时显得尤为重要，开发时，IIS Express 一般将应用程序设置在网站的根目录，如“http://localhost:44303/Students/UploadImg”表示客户端脚本调用上传学生登记照的 URL 路由，但当应用程序部署到生产环境的服务器上时，不会直接部署到网站的根目录，而会在网站根目录下建立一个应用程序(子目录)，如“StdMngMvc”，此时，上传学生登记照的 URL 路由为“http://服务器 IP(域名)/StdMngMvc/Students/UploadImg”。若在代码中使用@Url. Content("～/Students/UpLoadImg")进行路由转换，则不论是在本地开发还是部署到服务器，Url. Content 都能进行正确的路由映射。如果直接使用“/Students/UpLoadImg”为上传图片的 URL，则在本地开发时可以进行正确的路由映射，但部署到服务器时，路由被映射为“http://服务器 IP(域名)/Students/UploadImg”，由于路由缺少了“StdMngMvc”，故会出现“404 Not Found”的错误。只要在代码中出现路径，不论是路由路径还是资源路径，绝对路径定位是绝对不允许的，因此使用相对路径(“../path,./path”,“..”表示定位到上一级目录，“.”表示本级目录)及相对绝对路径“～/path”来进行资源的定位是一条需要永远记住的铁律，就如同不要硬编码一样，使用绝对路径实际上就是硬编码。

4) 创建学生测试

在添加学生的视图页面错误地输入学生信息，如图 4.14 所示。

若输入的信息违背了 Student 模型中对属性标记(Annotations)的约定，则会出现红色字体的错误提示信息，信息的内容由 ErrorMessage 标记指定，如电子邮件和身份证号。若没有指定 ErrorMessage，则出现系统默认的错误提示，如学号。修改错误的输入信息后，会出现如图 4.15 所示的界面。

点击“保存”按钮后，返回到学生列表页，如图 4.16 所示。

2. 修改学生信息

Students 控制器中与 Edit 相关的 Action 也是两个，代码如下所示：

```
public async Task<IActionResult>Edit(int? id)
{
```

图 4.14　错误地输入学生信息

添加学生

« 返回

学号

2499

姓名

陈一凡

性别 ○男 ◉女

出生日期

2001/04/03

电子邮箱

cyf@123.com

身份证号码

420102************

保存

登记照

选择文件 lyy-1.jpg

上传图片

个人简介

这个家伙很懒，什么都没有留下。。。。

图 4.15　正确输入学生信息

```
if (id==null)
{
    return NotFound();
}
var student=await _context.Students.FindAsync(id);
if (student==null)
{
    return NotFound();
```

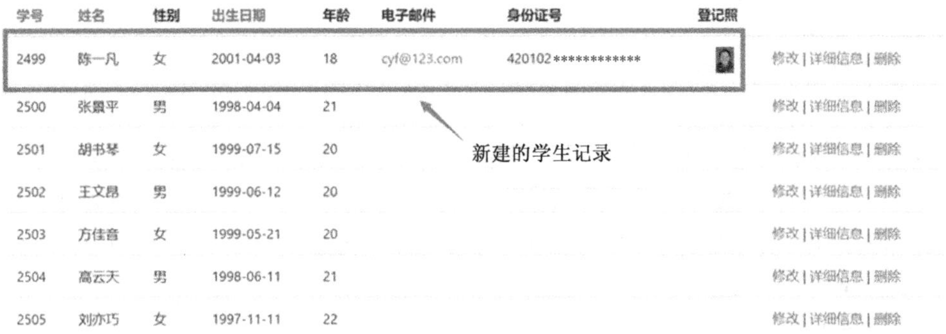

学号	姓名	性别	出生日期	年龄	电子邮件	身份证号	登记照	
2499	陈一凡	女	2001-04-03	18	cyf@123.com	420102************		修改 | 详细信息 | 删除
2500	张鼎平	男	1998-04-04	21				修改 | 详细信息 | 删除
2501	胡书琴	女	1999-07-15	20				修改 | 详细信息 | 删除
2502	王文昂	男	1999-06-12	20				修改 | 详细信息 | 删除
2503	方佳音	女	1999-05-21	20				修改 | 详细信息 | 删除
2504	高云天	男	1998-06-11	21				修改 | 详细信息 | 删除
2505	刘亦巧	女	1997-11-11	22				修改 | 详细信息 | 删除

新建的学生记录

图 4.16　新建学生记录

```
    }
    return View(student);
}

[HttpPost]
[ValidateAntiForgeryToken]
public async Task<IActionResult>Edit(int id,
[Bind("ID,Name,Gender,Birth,Email,IDNums,ImageURL,Memo")]Student student)
{
    if (id !=student.ID)
    {
        return NotFound();
    }

    if (ModelState.IsValid)
    {
        try
        {
            _context.Update(student);
            await _context.SaveChangesAsync();
        }
        catch (DbUpdateConcurrencyException)
        {
            if (! StudentExists(student.ID))
            {
                return NotFound();
            }
            else
            {
                throw;
            }
        }
```

```
            return RedirectToAction(nameof(Index));
        }
        return View(student);
    }
```

与 Create 类似，两个 Action，一个用于获取表单返回学生实体模型，注意需要 id 参数，一个用于提交表单修改学生实体模型返回数据库，捕获的 DbUpdateConcurrencyException 表示并发更新异常，后续会详细讨论。Edit 的视图页面与 Create. cshtml 类似，在此不再赘述，细微的差别请大家阅读源代码。

3. 删除学生信息

(1) 控制器中的 Action 与 Create 和 Edit 类似，也为两个，代码如下所示：

```
public async Task<IActionResult>Delete(int? id)
{
    if (id==null)
    {
        return NotFound();
    }

    var student=await _context.Students
        .FirstOrDefaultAsync(m=>m.ID==id);
    if (student==null)
    {
        return NotFound();
    }

    return View(student);
}

// POST: Students/Delete/5
[HttpPost, ActionName("Delete")]
[ValidateAntiForgeryToken]
public async Task<IActionResult>DeleteConfirmed(int id)
{
    var student=await _context.Students.FindAsync(id);
    _context.Students.Remove(student);
    await _context.SaveChangesAsync();
    return RedirectToAction(nameof(Index));
}
```

注意，两个 Action 都需要一个 ID 参数，根据方法重载的原则，同名的方法不能有相同的参数，故用于 post 的控制器方法名称为 DeleteConfirmed，标注[HttpPost，ActionName("Delete")]表示在前端视图中，当点击“submit”（提交）按钮返回服务器删除学生时，仍然可以使用 Delete 作为 Action 的名称。

（2）Delete. cshtml 页面的调整代码如下：

```
@model StdMngMvc.Models.Student
@{
    ViewData["Title"]="Delete";
}
<h4> 确认删除该学生吗？</h4>
<div>
    <hr />
    <dl class="row">
        <dt class="col-sm-2">
            @Html.DisplayNameFor(model=>model.Name)
        </dt>
        <dd class="col-sm-10">
            @Html.DisplayFor(model=>model.Name)
        </dd>
        <dt class="col-sm-2">
            @Html.DisplayNameFor(model=>model.Gender)
        </dt>
        <dd class="col-sm-10">
            @Html.DisplayFor(model=>model.Gender)
        </dd>
        <dt class="col-sm-2">
            @Html.DisplayNameFor(model=>model.Birth)
        </dt>
        <dd class="col-sm-10">
            @Html.DisplayFor(model=>model.Birth)
        </dd>
        <dt class="col-sm-2">
            @Html.DisplayNameFor(model=>model.Email)
        </dt>
        <dd class="col-sm-10">
            @Html.DisplayFor(model=>model.Email)
        </dd>
        <dt class="col-sm-2">
            @Html.DisplayNameFor(model=>model.IDNums)
        </dt>
        <dd class="col-sm-10">
            @Html.DisplayFor(model=>model.IDNums)
        </dd>
        <dt class="col-sm-2">
            @Html.DisplayNameFor(model=>model.ImageURL)
        </dt>
        <dd class="col-sm-10">
            @{
```

```
                if (Model.ImageURL != null)
                {
                    <img src="@Url.Content(Model.ImageURL)"
                    style="max-height:30px;max-width:30px;object-fit:contain;"/>
                }
                else
                {
                    @Html.DisplayFor(modelItem=>Model.ImageURL)
                }
            }
        </dd>
        <dt class="col-sm-2">
            @Html.DisplayNameFor(model=>model.Memo)
        </dt>
        <dd class="col-sm-10">
            @Html.DisplayFor(model=>model.Memo)
        </dd>
    </dl>

    <form asp-action="Delete">
        <input type="hidden" asp-for="ID" />
        <button type="submit"class="btn btn-danger" >
            <i class="fa fa-times"></i>  删除
        </button> |
        <a asp-action="Index">
        <i class="fa fa-angle-double-left"></i>  返回列表</a>
    </form>
</div>
```

调整后的删除页面如图 4.17 所示。

确认删除该学生吗?

姓名	陈一凡
性别	女
出生日期	2001-04-03
电子邮箱	cyf@123.com
身份证号码	420102************
登记照	
个人简介	这个家伙很懒，什么都没有留下。。。。

✖删除 | « 返回列表

图 4.17　删除学生页面

4. 学生详细信息页面

展示学生详细信息的 Action 为 Details，与 Edit 的获取表单 Action 类似。前端视图页面与 Delete. cshtml 类似，在此不再赘述。

4.3.4　排序、筛选和分页

本节介绍如何对学生列表进行排序、筛选（查找）和分页。

1. 学生列表页面

学生列表在 Students 控制器中的 Action 为 Index，Index Action 返回一个学生列表类型，代码如下所示：

```
public async Task<IActionResult> Index()
{
    return View(await _context.Students.ToListAsync());
}
```

前端 Index. cshtml 视图中的模型类如下：

```
@model IEnumerable<StdMngMvc.Models.Student>
```

通过循环将每个学生的信息填充到表中，代码如下所示：

```
@foreach (var item in Model) {
<tr>
    <td>
        @Html.DisplayFor(modelItem=>item.ID)
    </td>
    <td>
        @Html.DisplayFor(modelItem=>item.Name)
    </td>
    <td>
        @Html.DisplayFor(modelItem=>item.Gender)
    </td>
    <td>
        @Html.DisplayFor(modelItem=>item.Birth)
    </td>
    <td>
        @Html.DisplayFor(modelItem=>item.Email)
    </td>
    <td>
        @Html.DisplayFor(modelItem=>item.IDNums)
    </td>
    <td>
        @Html.DisplayFor(modelItem=>item.ImageURL)
    </td>
    <td>
```

```
            @Html.DisplayFor(modelItem=>item.Memo)
        </td>
        <td>
            <a asp-action="Edit" asp-route-id="@item.ID">修改</a> |
            <a asp-action="Details" asp-route-id="@item.ID">详细信息</a> |
            <a asp-action="Delete" asp-route-id="@item.ID">删除</a>
        </td>
    </tr>
}
```

2. 排序

为学生列表添加按学号、姓名和出生日期排序的功能。由于学号(ID)为主码，默认的列表不显示主码，故先将学号列显示出来，打开 Index. cshtml 视图页，找到下面的代码段：

```
<th>
    @Html.DisplayNameFor(model=>model.Name)
</th>
<td>
    @Html.DisplayFor(modelItem=>item.Name)
</td>
```

在以上代码处的上方，分别添加以下代码：

```
<th>
    @Html.DisplayNameFor(model=>model.ID)
</th>
<td>
    @Html.DisplayFor(modelItem=>item.ID)
</td>
```

运行程序，检查学号列是否正常显示在学生列表中，如图 4.18 所示。

学生列表

+ 新建

学号	姓名	性别	出生日期	年龄	电子邮箱
2500	张景平	男	1998-04-04	21	kj@134.com
2501	胡书琴	女	1999-07-15	20	lyy@qq.com
2502	王文昂	男	1999-06-12	20	
2503	方佳音	女	1999-05-21	20	

图 4.18 显示学号

因为 ID 是主码，列表默认按学号大小排序(正序)。替换 Students 控制器中的 Index

动作(Action)的代码如下：

```
public async Task<IActionResult>Index(string sortOrder)
{
    ViewData["IDSortParm"]=String.IsNullOrEmpty(sortOrder) ? "id_desc" : "";
    ViewData["NameSortParm"]=sortOrder=="name" ? "name_desc" : "name";
    ViewData["BirthSortParm"]=sortOrder=="birth" ? "birth_desc" : "birth";
    var students=from s in _context.Students select s;

    switch (sortOrder)
    {
        case "id_desc":
            students=students.OrderByDescending(s=>s.ID);
            break;
        case "name":
            students=students.OrderBy(s=>s.Name);
            break;
        case "name_desc":
            students=students.OrderByDescending(s=>s.Name);
            break;
        case "birth":
            students=students.OrderBy(s=>s.Birth);
            break;
        case "birth_desc":
            students=students.OrderByDescending(s=>s.Birth);
            break;
        default:
            students=students.OrderBy(s=>s.ID);
            break;
    }

    return View(await students.AsNoTracking().ToListAsync());
}
```

参数 sortOrder 表示排序的依据，其取值通过前端视图中的 ID、Name、Birth 的超链接(Hyperlink)传递到控制器。由于需要将当前排序的状态传递给前端的 ID、Name、Birth 的超链接，故需要排序参数的当前状态(是正序还是倒序)存储在相应的 ViewData 中。学生列表默认按 ID 正序排序，当第一次进入学生列表时，sortOrder 的取值为 Null，因此：

- ViewData["IDSortParm"]="id_desc"传递给前端视图中的 ID 超链接(表示点击时为倒序)。
- ViewData["NameSortParm"]="name"传递给前端视图中的 Name 超链接。
- ViewData["BirthSortParm"]="birth"传递给前端视图中的 Birth 超链接。

当用户点击前端的 ID 超链接时，

- ViewData["IDSortParm"]=" "传递给前端视图中的 ID 超链接(表示点击时为正

序)。

- ViewData["NameSortParm"]="name"传递给前端视图中的 Name 超链接。
- ViewData["BirthSortParm"]="birth"传递给前端视图中的 Birth 超链接。

此时,学生列表按学号倒序排序。排序参数的取值如表 4.1 所示。

表 4.1 排序参数取值表

当前排序	IDHyperlink	NameHyperlink	BirthHyperlink	排　　序
" "或者 Null	id_desc	name	birth	按学号正序排序
id_desc	" "	name	birth	按学号倒序排序
name	" "	name_desc	birth	按姓名正序排序
name_desc	" "	name	birth	按姓名倒序排序
birth	" "	name	birth_desc	按出生日期正序排序
birth_desc	" "	name	birth	按出生日期倒序排序

将前端视图中的 ID、Name、Birth 列的以下代码

```
<th>
    @Html.DisplayNameFor(model=>model.ID)
</th>
<th>
    @Html.DisplayNameFor(model=>model.Name)
</th>
<th>
    @Html.DisplayNameFor(model=>model.Birth)
</th>
```

替换如下:

```
<th>
    <a asp-action="Index" asp-route-sortOrder="@ViewData["IDSortParm"]">学号</a>
</th>
<th>
    <a asp-action="Index" asp-route-sortOrder="@ ViewData["NameSortParm"]">姓名</a>
</th>
<th>
    <a asp-action="Index" asp-route-sortOrder="@ ViewData["BirthSortParm"]">
        出生日期</a>
</th>
```

运行以上程序,检查排序功能是否能正常使用。

上面排序的代码对需要排序的列(字段)都是硬编码的,这样,当需要排序的字段过多时,就需要再次增加代码,这对于代码的可扩展性是不利的。改进后的排序代码如下所示:

```
public async Task<IActionResult>Index(string sortOrder)
```

```
{
    ViewData["IDSortParm"]=String.IsNullOrEmpty(sortOrder) ? "ID_desc" : "";
    ViewData["NameSortParm"]=sortOrder=="Name" ? "Name_desc" : "Name";
    ViewData["BirthSortParm"]=sortOrder=="Birth" ? "Birth_desc" : "Birth";
    var students=from s in _context.Students select s;

    if (string.IsNullOrEmpty(sortOrder))
    {
        sortOrder="ID";
    }

    bool descending=false;

    if (sortOrder.EndsWith("_desc"))
    {
        sortOrder=sortOrder.Substring(0, sortOrder.Length - 5);
        descending=true;
    }

    if (descending)
    {
        students=students.OrderByDescending(e=>EF.Property<object>(e, sortOrder));
    }
    else
    {
        students=students.OrderBy(e=>EF.Property<object>(e, sortOrder));
    }

   return View(await students.AsNoTracking().ToListAsync());
}
```

3. 筛选

下面以学生姓名为例，演示如何对学生列表进行筛选。打开 Index.cshtml，在页面的顶部将下面的代码

```
<h1> Index</h1>
<p>
    <a asp-action="Create"> Create New</a>
</p>
```

替换如下：

```
<nav class="navbar navbar-light bg-light">
    <a asp-action="Create" class="btn btn-primary">
        <i class="fa fa-plus"></i> 新 建
    </a>
```

```
    <form class="form-inline" asp-action="Index" method="get">
        <input class="form-control mr-sm-2" type="search" placeholder=
            "请输入学生姓名..."
         aria-label="Search" name="searchString" value=
            "@ ViewData["currentFilter"]">
        <button class="btn btn-outline-primary my-2 my-sm-0" type="submit">
            <i class="fa fa-search"></i>  查找
        </button>
    </form>
</nav>
```

添加一个导航框，将新建按钮和查找的文本框与按钮都放在其中。查找需要提交给服务器重新读取数据，所以查找的文本框和按钮必须放在 form(表单)中提交给服务器，查找按钮为 submit 类型，表示点击后导致提交给服务器处理，name 为“searchString”文本框的值将传递给 Index 动作(Action)。由于 post 只是读取数据，而不对数据进行修改，所以 form(表单)的提交方法为 method="get"。

修改 Students 控制器的 Index 动作如下：

```
public async Task<IActionResult> Index(string sortOrder, string searchString)
{
    ViewData["IDSortParm"]=String.IsNullOrEmpty(sortOrder) ? "ID_desc" : "";
    ViewData["NameSortParm"]=sortOrder=="Name" ? "Name_desc" : "Name";
    ViewData["BirthSortParm"]=sortOrder=="Birth" ? "Birth_desc" : "Birth";
    ViewData["CurrentFilter"]=searchString;
    var students=from s in _context.Students select s;

    if (!String.IsNullOrEmpty(searchString))
    {
        students=students.Where(s=>s.Name.Contains(searchString));
    }

    if (string.IsNullOrEmpty(sortOrder))
    {
        sortOrder="ID";
    }

    bool descending=false;

    if (sortOrder.EndsWith("_desc"))
    {
        sortOrder=sortOrder.Substring(0, sortOrder.Length-5);
        descending=true;
    }
```

```
        if (descending)
        {
            students=students.OrderByDescending(e=>EF.Property<object>(e, sortOrder));
        }
        else
        {
            students=students.OrderBy(e=>EF.Property<object> (e, sortOrder));
        }

        return View(await students.AsNoTracking().ToListAsync());
    }
```

注意代码中的ViewData["CurrentFilter"]=searchString和视图中的value="@ViewData["currentFilter"]"，表示将查找学生姓名的值存储在ViewData["CurrentFilter"]中，并传递到前端视图中查找文本框的value值。Http协议是无状态的，如果不这样做，点击“查找”按钮提交后，查找文本框的内容就会自动消失，这给用户带来了不好的操作体验。按用户姓名进行查找使用的是Contains方法，因此可以进行模糊查找，不用输入用户的全名。图4.19展示了在查找文本框中输入“高”后的筛选结果。

学生列表

新建　　高　　查找

学号	姓名	性别	出生日期	年龄	电子邮件	身份证号	登记照	
2504	高云天	男	1998-06-11	21				修改 | 详细信息 | 删除
2508	高朗	男	1999-03-11	21				修改 | 详细信息 | 删除

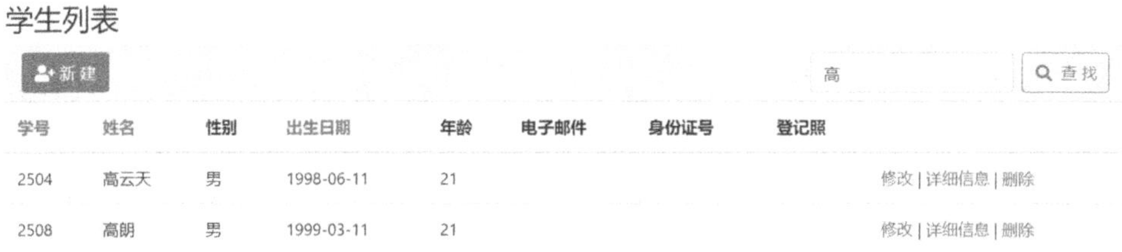

图4.19 在查找文本框中输入“高”后的筛选结果

在图4.19所示的结果界面，如果用户点击学号、姓名、出生日期，用户的本意是对查询的结果进行排序，但却是重新对整个学生列表进行排序的结果。产生这种情况的原因是，当用户点击排序字段时，并不知道用户是对查询后的结果进行排序，因此需要对代码进行如下修改。

(1) 在Index Action中添加currentFilter参数，当点击排序字段时，将用户的查找信息传递回来。

(2) 修改Index视图，在排序字段超链接的路由参数中添加currentFilter，值为ViewData["CurrentFilter"]。

(3) 将searchString记录到ViewData["CurrentFilter"]。

修改后的Index Action代码如下所示：

```
public async Task<IActionResult>Index(string currentFilter,
    string sortOrder, string searchString)
{
    ViewData["IDSortParm"]=String.IsNullOrEmpty(sortOrder) ? "ID_desc" : "";
    ViewData["NameSortParm"]=sortOrder=="Name" ? "Name_desc" : "Name";
```

```
    ViewData["BirthSortParm"]=sortOrder=="Birth" ? "Birth_desc" : "Birth";

    if(searchString==null)
    {
        searchString=currentFilter;
    }
    ViewData["CurrentFilter"]=searchString;

    var students=from s in _context.Students select s;

    if (!String.IsNullOrEmpty(searchString))
    {
        students=students.Where(s=>s.Name.Contains(searchString));
    }

    if (string.IsNullOrEmpty(sortOrder))
    {
        sortOrder="ID";
    }

    bool descending=false;

    if (sortOrder.EndsWith("_desc"))
    {
        sortOrder=sortOrder.Substring(0, sortOrder.Length-5);
        descending=true;
    }

    if (descending)
    {
        students=students.OrderByDescending(e=>EF.Property<object>(e, sortOrder));
    }
    else
    {
        students=students.OrderBy(e=>EF.Property<object>(e, sortOrder));
    }
    return View(await students.AsNoTracking().ToListAsync());
}
```

修改后的排序超链接如下所示：

```
<th>
    <a asp-action="Index" asp-route-sortOrder="@ ViewData["IDSortParm"]"
    asp-route-currentFilter="@ ViewData["CurrentFilter"]">学号</a>
</th>
```

```
<th>
    <a asp-action="Index" asp-route-sortOrder="@ViewData["NameSortParm"]"
     asp-route-currentFilter="@ViewData["CurrentFilter"]">姓名</a>
</th>
<th>
    <a asp-action="Index" asp-route-sortOrder="@ViewData["BirthSortParm"]"
    asp-route-currentFilter="@ViewData["CurrentFilter"]">出生日期</a>
</th>
```

检查筛选后的排序功能是否正确。

4. 分页

分页是列表展示页面必须具备的功能。当太多的记录同时展示在一个页面上时,用户的体验是非常差的,改进的方式是只在页面上展示部分记录,用户通过翻页导航的方式对记录进行浏览,这就是分页功能。

在项目的根目录添加 PaginatedList. cs 文件,然后输入下面的代码:

```
public class PaginatedList<T>: List<T>
{
    public int PageIndex {get; private set;}
    public int TotalPages {get; private set;}

    public PaginatedList(List<T>items, int count, int pageIndex, int pageSize)
    {
        PageIndex=pageIndex;
        TotalPages=(int)Math.Ceiling(count/(double)pageSize);
        this.AddRange(items);
    }

    public bool HasPreviousPage
    {
        get
        {
            return (PageIndex>1);
        }
    }

    public bool HasNextPage
    {
        get
        {
            return (PageIndex <TotalPages);
        }
    }
```

```
public static async Task<PaginatedList<T>>CreateAsync(IQueryable<T>source,
     int pageIndex,int pageSize)
    {
            var count=await source.CountAsync();
            var items=await source.Skip((pageIndex-1)*
            pageSize).Take(pageSize).ToListAsync();
            return new PaginatedList<T>(items, count, pageIndex, pageSize);
    }
}
```

PaginatedList 使用的是 LINQ 查询的分页功能，这在前面的章节中已经介绍过。在 Index Action 中添加分页功能，需要注意以下几点。

（1）分页时，要保证用户在查找输入框输入的筛选条件有效和排序规则有效。也就是说，在分页时，如果用户进行了筛选，就只对筛选后的结果进行分页；如果用户选择了按“出生日期”排序，则分页的过程始终是按“出生日期”排序的结果进行。

（2）用户重新输入筛选条件时，分页回到第一个页面。

Index Action 具有分页功能的代码如下：

```
public async Task<IActionResult>Index(
    string currentFilter, string sortOrder,
    string searchString, int? pageNumber)
{
    ViewData["CurrentSort"]=sortOrder;
    ViewData["IDSortParm"]=String.IsNullOrEmpty(sortOrder) ? "ID_desc" : "";
    ViewData["NameSortParm"]=sortOrder=="Name" ? "Name_desc" : "Name";
    ViewData["BirthSortParm"]=sortOrder=="Birth" ? "Birth_desc" : "Birth";

    if (searchString !=null)
    {
        pageNumber=1;
    }
    else
    {
        searchString=currentFilter;
    }

    ViewData["CurrentFilter"]=searchString;

    var students=from s in_context.Students select s;

    if (!String.IsNullOrEmpty(searchString))
    {
        students=students.Where(s=>s.Name.Contains(searchString));
    }
```

```
        if (string.IsNullOrEmpty(sortOrder))
        {
            sortOrder="ID";
        }

        bool descending=false;

        if (sortOrder.EndsWith("_desc"))
        {
            sortOrder=sortOrder.Substring(0, sortOrder.Length - 5);
            descending=true;
        }

        if (descending)
        {
            students=students.OrderByDescending(e=>EF.Property<object>(e, sortOrder));
        }
      else
      {
          students=students.OrderBy(e=>EF.Property<object>(e, sortOrder));
      }
      int pageSize=7;
      return View(await PaginatedList<Student>.CreateAsync(students.AsNoTracking(),
                                                  pageNumber ?? 1, pageSize));
  }
```

注意代码中的“int pageSize＝7;”为硬编码，在程序编译成功后，如果想调整每个页面出现的学生记录数，则必须对代码重新编译。本地开发时，大家可能会习以为常，反正开发的过程就是不断地重新编译调试，往往会忽略这一点。一旦应用程序部署到生产环境，对这样的一些硬编码进行调整将是非常费时、费力及容易出错的，特别是某个硬编码出现在很多代码段时（初学者往往就会把同一个数据库的连接字符串写到很多代码段中），因此编写程序时，要时刻养成不写硬编码的习惯。解决编程中硬编码的一个重要手段是写应用程序的用户配置文件，这在后面的章节中会详细说明。

Index View 页面的调整如下。

（1）将页面顶部的学生列表模型更换为具有分页功能的模型。

```
@model PaginatedList<StdMngMvc.Models.Student>
```

（2）将所有的

```
<th>
    @Html.DisplayNameFor(model=>model.XXX)
</th>
```

替换为：

```
<th>
    XXX
</th>
```

直接给出列标题，而不用模型来指定。

(3) 在页面底部添加以下代码：

```
@{
    var prevDisabled=!Model.HasPreviousPage ? "disabled" : "";
    var nextDisabled=!Model.HasNextPage ? "disabled" : "";
}
<div style="text-align:right; margin-right:45px">
    <a asp-action="Index"
       asp-route-sortOrder="@ViewData["CurrentSort"]"
       asp-route-pageNumber="@(Model.PageIndex-1)"
       asp-route-currentFilter="@ViewData["CurrentFilter"]"
       class="btn btn-default @prevDisabled">
       <i class="fa fa-angle-double-left"></i> 前一页
    </a>
    <a asp-action="Index"
       asp-route-sortOrder="@ViewData["CurrentSort"]"
       asp-route-pageNumber="@(Model.PageIndex+1)"
       asp-route-currentFilter="@ViewData["CurrentFilter"]"
       class="btn btn-default @nextDisabled">
       后一页  <i class="fa fa-angle-double-right"></i>
    </a>
</div>
```

具有排序、查找和分页功能的学生列表页面如图 4.20 所示。

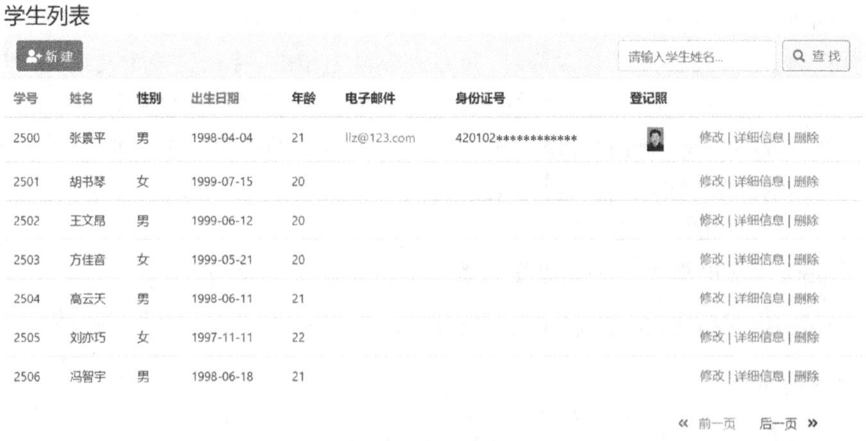

学生列表

新建　　请输入学生姓名...　查找

学号	姓名	性别	出生日期	年龄	电子邮件	身份证号	登记照	
2500	张晨平	男	1998-04-04	21	llz@123.com	420102************		修改 | 详细信息 | 删除
2501	胡书琴	女	1999-07-15	20				修改 | 详细信息 | 删除
2502	王文昂	男	1999-06-12	20				修改 | 详细信息 | 删除
2503	方佳音	女	1999-05-21	20				修改 | 详细信息 | 删除
2504	高云天	男	1998-06-11	21				修改 | 详细信息 | 删除
2505	刘亦巧	女	1997-11-11	22				修改 | 详细信息 | 删除
2506	冯智宇	男	1998-06-18	21				修改 | 详细信息 | 删除

« 前一页　后一页 »

图 4.20　学生列表页面

4.3.5　处理其他实体

1. Teacher(教师)实体

Teacher(教师)实体的列表、CRUD 功能与 Student 的类似。需要注意的是，职称(Title)为枚举类型，在 Create.cshtml 视图中，使用以下代码替换原来的代码：

```
<div class="form-group">
    <label asp-for="Title" class="control-label"></label>
    <select asp-for="Title" class="form-control"
    asp-items="@Html.GetEnumSelectList(typeof(Title))">
        <option value="">--选择职称--</option>
    </select>
    <span asp-validation-for="Title" class="text-danger"></span>
</div>
```

注意，新建(Create New)和修改(Edit)教师信息时，教师的职称可以为 Null，故需要加上可为 Null 的选项，如下。

```
<option value="">--选择职称--</option>
```

用户在新建和修改教师信息时，职称以下拉列表的形式展开，如图 4.21 所示。如果选择或者保持选项为“--选择职称--”，则认为教师的职称为 Null。

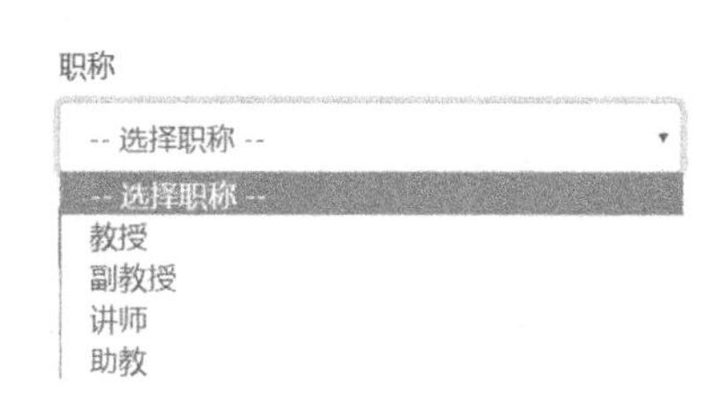

图 4.21　选择职称

2. 系别实体

Department 控制器的 Index Action 的代码如下：

```
public async Task<IActionResult> Index()
{
    var schoolContext=_context.Departments.Include(d=>d.Administrator);
    return View(await schoolContext.ToListAsync());
}
```

注意，_context.Departments.Include(d=>d.Administrator)表示在读取系别时，将其对应的系主任(Administrator)，实际上是教师的实体，也同时加载进来。注意，Administrator 为从系别实体到教师实体的导航属性，表示系别和教师为一对一关系。当加载一个实体时，根据导航属性加载与其相关的一个或者多个实体，称为预加载(Eager Loading)，预加载可以减少读取数据时往返数据库的次数，但增加了系统的内存负担。关于预加载(Eager Loading)、显式加载(Explicit Loading)、惰性加载(Lazy Loading)将在后续章节中讨论。

注意 Index 视图中的 Administrator 的设置，代码如下所示：

```
<td>
    @Html.DisplayFor(modelItem=>item.Administrator.Name)
</td>
```

在系别列表页面显示的是系主任(教师)的姓名,如图 4.22 所示。

系别列表

新建

系别名称	学费	成立日期	系主任	
计算机科学与技术	4500	1999-01-01	刘强	修改 | 详细信息 | 删除
软件工程	5500	2002-05-01	蔡华明	修改 | 详细信息 | 删除

图 4.22　教师姓名

与教师选择职称类似,在新建(Create New)和修改(Edit)系别实体时,需要为系别选择系主任(可以为 Null),在 Department 控制器的 4 个与新建(Create New)及修改(Edit)相关的 Action 中,都有以下语句:

```
ViewData["TeacherID"]=new SelectList(_context.Teachers, "ID", "Name",
    department.TeacherID);
```

该语句表示使用数据库上下文读取所有的 Teacher(教师)实体,以“ID”作为 Key(将 Key 保存到数据库,Key 为外码),“Name”作为 Value(显示在前端视图的下拉列表中),“department. TeacherID”表示当前系别的系主任,如果不为空,则显示为下拉列表的当前值。前端视图通过绑定 ViewData["TeacherID"]取得教师列表值,代码如下所示:

```
<div class="form-group">
    <label asp-for="TeacherID" class="control-label"></label>
    <select asp-for="TeacherID" class="form-control" asp-items="ViewBag.TeacherID">
        <option value="">--请选择系主任--</option>
    </select>
    <span asp-validation-for="TeacherID" class="text-danger"></span>
</div>
```

用户在新建和修改系别时,选择系主任的界面如图 4.23 所示。

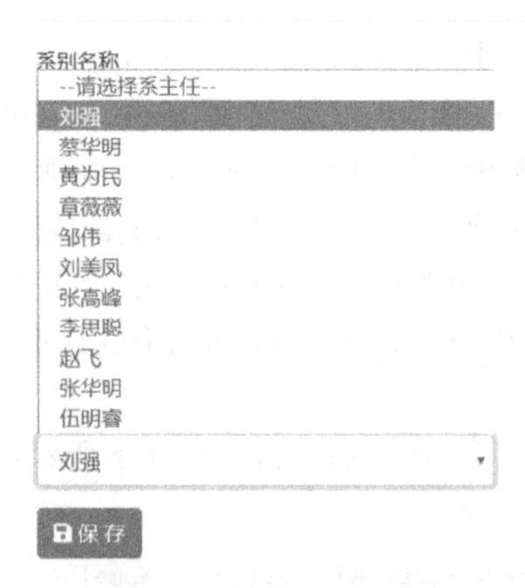

图 4.23　选择系主任的界面

3. 课程实体

Courses 控制器中的 Index Action 的代码如下所示：

```
public async Task<IActionResult> Index()
{
    var schoolContext=_context.Courses.Include(c=>
                        c.Department).Include(c=>c.PreCouse);
    return View(await schoolContext.ToListAsync());
}
```

由于课程与系别为多对一关系，课程与先修课为多对一关系，故读取课程时，预加载与其相关的系别及先修课实体。

与课程相关的系别和先修课在用户新建(Create New)和修改(Edit)时，需要以下拉列表的形式展示出来，故在控制器(Controller)中的新建、修改 Action 中，需要对 Select 控件的列表项赋值，代码如下所示：

```
ViewData["DepartmentID"]=new SelectList(_context.Departments, "DepartmentID",
                                        "DepartmentName", course.DepartmentID);
ViewData["PreCouseID"]=new SelectList(_context.Courses, "CourseID",
                                        "CourseName", course.PreCouseID);
```

前端视图中列表项的值绑定的代码如下：

```
<div class="form-group">
    <label asp-for="PreCouseID" class="control-label"></label>
    <select asp-for="PreCouseID" class="form-control"
    asp-items="ViewBag.PreCouseID">
        <option value="">--选择先修课 --</option>
    </select>
</div>
<div class="form-group">
    <label asp-for="DepartmentID" class="control-label"></label>
    <select asp-for="DepartmentID" class="form-control"
    asp-items="ViewBag.DepartmentID"></select>
</div>
```

由于系别和课程的关系是 1∶n 而不是 0..1∶n，故课程所属的系别必须选择，不可以为 Null。课程列表页面如图 4.24 所示。

4.3.6　处理相关数据

之所以称为关系数据库，是因为用外键关系(导航属性)将各个实体联系起来，用于描述现实世界中事务之间的关系。因此，在进行数据的读取、修改时，不可避免地要对关联的数据进行处理。Entity Framework 中对于关系数据加载有以下三种方式，分别适用于不同的业务逻辑场景。

● 预加载(Eager Loading)：根据导航属性，一次性读取数据库，将与实体相关的其他实

课程列表

新建

课程号	课程名称	学分	先修课	开课系别	
1000	数据库原理	3	数据结构	计算机科学与技术	修改 | 详细信息 | 删除
1001	工程数学	2		智能科学与技术	修改 | 详细信息 | 删除
1002	算法设计与分析	4	数据库原理	计算机科学与技术	修改 | 详细信息 | 删除

图 4.24　课程列表页面

体全部加载到内存。预加载的最大优点是减少了数据库的读取操作，一次性将所有需要操作的数据进行了读取，方便后续的操作；预加载的最大缺点就是，当加载的实体列表数量过多，以及与之相关的实体列表过多时，会大量消耗系统内存。因此，预加载适用于数据处理量较小的情况。使用 Include 语句的预加载示例如下所示：

```
var departments = _context.Departments.Include(d => d.Courses);
foreach (Department d in departments)
{
    foreach(Course c in d.Courses)
    {
        courseList.Add(d.Name + c.Title);
    }
}
```

查询所有系别实体和相关课程实体

预加载的第二种方式为在实体使用过程中调用 Load()方法进行加载，如下所示：

```
var departments = _context.Departments;
foreach (Department d in departments)
{
    _context.Courses.Where(c => c.DepartmentID == d.DepartmentID).Load();
    foreach (Course c in d.Courses)
    {
        courseList.Add(d.Name + c.Title);
    }
}
```

查询所有系别行

查询与d系别相关的课程行

- 惰性加载(Lazy Loading)：Entity Framework 加载数据的默认方式，即开始仅读取实体本身，导航属性被使用时，才返回数据库读取与之相关的实体并加载数据。惰性加载的示例如下所示：

```
var departments = _context.Departments;

foreach (var dept in departments)
{
    foreach (var c in dept.Courses)
    {
        courseLst.Add(dept.DepartmentName + c.CourseName);
    }
}
```

导航属性被使用时才加载数据

惰性加载的优点是每次访问数据库仅返回所需要的数据，对系统的内存压力小。但其缺点也显而易见，读取相关的数据时需要多次来回访问数据库，有较大的网络延迟。惰性加载适用于读取的数据量较大的情况。系统在投入使用后，数据量的增长是必然的，因此，除非确定数据的增长在可控范围内，这样使用预加载可以提高数据处理的效率，否则，还是使用惰性加载。

● 显式加载(Explicit Loading):如果由于特殊的情况惰性加载被禁用,那么只能使用显式加载来加载相关的数据,示例如下所示:

```
var departments = _context.Departments;
foreach (Department d in departments)
{
    _context.Entry(d).Collection(p => p.Courses).Load();
    foreach (Course c in d.Courses)
    {
        courseList.Add(d.Name + c.Title);
    }
}
```

查询所有系别行

查询与d系别相关的课程行

使用显式加载的场合很少,所以我们要重点掌握预加载和惰性加载的使用情况。下面介绍教师(Teacher)和办公地点(OfficeAssignment)之间的一对一关系,学生(Student)和课程(Course)之间通过 Enrollment 关联的多对多关系来讲解相关数据的读取和处理情况。

1. 教师和办公地点

两者的关系为 0..1∶1,表示一个教师可以有办公地点,也可以没有办公地点,但某个办公地点只属于一个教师。实践中,这个问题完全可以通过将 OfficeAssignment 设置为 Teacher 的一个可为 Null 的属性来解决。本节演示 0..1∶1 为两个实体时的处理方式。

Teacher 控制器的 Index Action 的代码如下:

```
public async Task<IActionResult> Index()
{
    return View(await _context.Teachers.Include("OfficeAssignment")
               .ToListAsync());
}
```

读取教师列表时,预加载与之相关的办公地点(OfficeAssignment)。前端的 Index 视图修改如下:

```
@model IEnumerable<StdMngMvc.Models.Teacher>
@{
    ViewData["Title"]="Index";
}
<h3> 教师列表</h3>
<p>
    <a asp-action="Create" class="btn btn-primary">
        <i class="fa fa-user-plus"></i> 新建
    </a>
</p>
<table class="table">
    <thead>
        <tr>
            <th>
                @Html.DisplayNameFor(model=>model.ID)
            </th>
            <th>
```

```
                @Html.DisplayNameFor(model=>model.Name)
            </th>
            <th>
                @Html.DisplayNameFor(model=>model.Gender)
            </th>
            <th>
                @Html.DisplayNameFor(model=>model.Birth)
            </th>
            <th>
                @Html.DisplayNameFor(model=>model.Email)
            </th>
            <th>
                @Html.DisplayNameFor(model=>model.IDNums)
            </th>
            <th>
            办公室
            </th>
            <th>
                @Html.DisplayNameFor(model=>model.Title)
            </th>
            <th></th>
        </tr>
    </thead>
    <tbody>
    @foreach (var item in Model) {
        <tr>
            <td>
                @Html.DisplayFor(modelItem=>item.ID)
            </td>
            <td>
                @Html.DisplayFor(modelItem=>item.Name)
            </td>
            <td>
                @Html.DisplayFor(modelItem=>item.Gender)
            </td>
            <td>
                @Html.DisplayFor(modelItem=>item.Birth)
            </td>
            <td>
                @Html.DisplayFor(modelItem=>item.Email)
            </td>
            <td>
                @Html.DisplayFor(modelItem=>item.IDNums)
            </td>
```

```
            <td>
                @Html.DisplayFor(modelItem=>item.OfficeAssignment.Location)
            </td>
            <td>
                @Html.DisplayFor(modelItem=>item.Title)
            </td>
            <td>
                <a asp-action="Edit" asp-route-id="@item.ID">修改</a> |
                <a asp-action="Details" asp-route-id="@item.ID">详细信息</a> |
                <a asp-action="Delete" asp-route-id="@item.ID">删除</a>
            </td>
        </tr>}
    </tbody>
</table>
```

由于办公地点(OfficeAssignment)在 Teacher. cs 中没有定义相应的显式文字的标记，故这里直接写上“办公室”，作为 OfficeAssignment 在教师列表中的列名称。也可以在 Teacher 模型的

```
public OfficeAssignment OfficeAssignment {get;set;}
```

处加上[Display(Name="办公室")]。

由于 OfficeAssignment 在读取教师列表时已经加载，故可以直接使用：

```
@Html.DisplayFor(modelItem=>item.OfficeAssignment.Location)
```

显示教师的办公室，如图 4.25 所示。

教师列表

新建

工号	姓名	性别	出生日期	电子邮箱	身份证号码	办公室	职称	
5499	李飞	男	1995-08-04			计算机学院628	助教	修改 | 详细信息 | 删除
5500	刘强	男	1972-03-15			计算机学院605	副教授	修改 | 详细信息 | 删除
5501	蔡华明	女	1962-07-13			计算机学院429	教授	修改 | 详细信息 | 删除
5502	黄为民	男	1976-06-01			计算机学院603	副教授	修改 | 详细信息 | 删除
5503	章薇薇	女	1974-08-23				副教授	修改 | 详细信息 | 删除

图 4.25　显示教师的办公室

添加教师时，Teacher 控制器负责表单提交的 Create Action。注意直接绑定 OfficeAssignment，其他不做任何修改，如下所示。

```
[HttpPost]
[ValidateAntiForgeryToken]
public async Task<IActionResult>Create([Bind("ID,Name,Gender,Birth,Email,
    IDNums,"+"ImageURL,Title,OfficeAssignment")] Teacher teacher)
```

```
{
    if (ModelState.IsValid)
    {
        _context.Add(teacher);
        await _context.SaveChangesAsync();
        return RedirectToAction(nameof(Index));
    }
    return View(teacher);
}
```

前端的 Create 视图用以下代码替换原来的 OfficeAssignment 的部分代码，如下：

```
<div class="form-group">
    <label asp-for="OfficeAssignment.Location" class="control-label"></label>
    <input asp-for="OfficeAssignment.Location" class="form-control" />
    <span asp-validation-for="OfficeAssignment.Location" class="text-danger">
</span>
</div>
```

测试添加教师的功能是否正常，同时注意数据库中 OfficeAssignment 表里数据的变化。关于修改教师信息，前端 Edit 视图教师信息的修改与 Create 视图的类似，但 Edit Action 不能像 Create Action 那样直接绑定 OfficeAssignment 进行修改，否则会抛出“不能在 OfficeAssignment 表中插入重复键”的异常，修改 Edit Action 的代码如下所示：

```
[HttpPost, ActionName("Edit")]
[ValidateAntiForgeryToken]
public async Task<IActionResult>EditConfirm(int? id)
{
    if (id==null )
    {
        return NotFound();
    }

    var teacherUpdate=_context.Teachers.Include("OfficeAssignment").
                    FirstOrDefault(t=>t.ID==id);

    if (await TryUpdateModelAsync<Teacher>(teacherUpdate,"",
        i=>i.Name, i=>i.Gender, i=>i.Birth, i=>i.Email,
        i=>i.IDNums, i=>i.ImageURL, i=>i.Title, i=>i.OfficeAssignment))
    {
        if (String.IsNullOrWhiteSpace(teacherUpdate.OfficeAssignment?.Location))
        {
            teacherUpdate.OfficeAssignment=null;
        }
        try
        {
```

```
            await _context.SaveChangesAsync();
        }
        catch (DbUpdateException )
        {
            //记录错误日志
            ModelState.AddModelError("", "Unable to save changes. ");
        }
        return RedirectToAction(nameof(Index));
    }
    return View(teacherUpdate);
}
```

以上代码中，由于提交的 Edit Action 与获取的 Edit Action 函数签名相同，故修改提交的 Edit Action 为 EditConfirm，并给 ActionName("Edit")做标记，表示前端视图还可以通过 Edit Action 调用。使用以下代码从数据库中读取当前的教师信息，注意是更新前的教师信息。

```
var teacherUpdate=_context .Teachers.Include("OfficeAssignment").
                           FirstOrDefault(t=>t.ID==id);
```

使用 TryUpdateModel 方法更新 teacherUpdate 对象，更新的各个属性值来自提交返回的 form(表单)，代码如下所示：

```
TryUpdateModelAsync<Teacher> (teacherUpdate,"",
        i=>i.Name, i=>i.Gender, i=>i.Birth, i=>i.Email,
        i=>i.IDNums, i=>i.ImageURL, i=>i.Title, i=>i.OfficeAssignment)
```

注意，若办公室文本框中的值为“”(空白字符串)，则代码如下：

```
if (String.IsNullOrWhiteSpace(teacherUpdate.OfficeAssignment?.Location))
{
    teacherUpdate.OfficeAssignment=null;
}
```

负责设置 OfficeAssignment 为 null，表示删除 OfficeAssignment 表中对应教师的办公室记录。修改完成后，测试修改教师信息是否正确。

2. 学生和课程

学生和课程之间通过 Enrollment 实现两者的多对多关系，即一个学生可以选择多门课程，并登记考试成绩，一门课程也可以有多个学生选择。学生和课程之间的关系如图 4.26 所示。

在学生的列表页面选择一个学生后，直接显示学生的选课信息，可以对选课信息进行修改并保存。上述的处理过程及相关的后续代码仅是为了讲解两个实体间多对多关系的一种方式，这种方式不是最优，还有很多其他的做法，这里只是作为参考。

(1) 在项目根目录新建“StdViewModels”文件夹，ViewModel 类似于关系数据库中的视图，将几个实体信息合并起来使用，添加 StdCourse. cs 类文件，输入以下代码：

2500	张景平	男	1998-04-04	21	llz@123.com	420102************	选择 | 修改 | 详细信息 | 删除
2501	胡书琴	女	1999-07-15	20			选择 | 修改 | 详细信息 | 删除
2502	王文昂	男	1999-06-12	20			选择 | 修改 | 详细信息 | 删除
2503	方佳音	女	1999-05-21	20			选择 | 修改 | 详细信息 | 删除
2504	高云天	男	1998-06-11	21			选择 | 修改 | 详细信息 | 删除

« 前一页　后一页 »

学生选课信息　保存

课程号	课程名称	学分	开课系别	考试成绩
1000	数据库原理	3	计算机科学与技术	95.00
1001	工程数学	2	智能科学与技术	96.00

图 4.26　学生和课程之间的关系

```
public class StdCourse
{
    //"课程号"
    public int CourseID {get; set;}
    //"课程名称"
    public string CourseName {get; set;}
    //"学分"
    public int CCredit {get; set;}
    //"开课系别"
    public string DepartmentName {get; set;}
    // "成绩"
    public decimal? Grade {get; set;}
}
```

StdCourse 类组合了 Course、Department、Enrollment 实体中的部分信息，用于展示学生的选课情况。

(2) 修改前端的 Index 视图，在“修改”、“详细信息”、“删除”连接前添加“选择”连接，代码如下：

```
<a asp-action="Index" asp-route-id="@item.ID"
   asp-route-sortOrder="@ViewData["CurrentSort"]"
   asp-route-pageNumber="@(Model.PageIndex)"
   asp-route-currentFilter="@ViewData["CurrentFilter"]">
    选择
</a> |
```

在“选择”连接选定一个学生，并以特殊的样式选中，需要传递给 Index Action 的参数有“id”、“sortOrder”、“pageNumber”和“currentFilter”。这些参数传递给 Index View，保证了用户在筛选、排序和分页后选择的记录保持不变。在 Student 控制器的 Index Action 中加入“id”参数，如下所示：

```
public async Task< IActionResult > Index (int? id, string currentFilter, string
sortOrder,string searchString, int? pageNumber ,bool saveStdCourseSuc=false)
```

bool saveStdCourseSuc＝false 参数在保存学生的选课信息后使用，默认值为 false。在 Index Action 中加入以下代码：

```
//如果选择某个学生
if (id !=null)
{
    ViewData["StdID"]=id.Value;
    //得到学生实例
    Student std=students.Single(s=>s.ID==id);
    //得到所有课程，预加载系别信息
    List<Course>courses=_context.Courses.Include("Department").ToList();
    //预加载学生的选课记录，注意只加载当前学生的选课记录
    _context.Enrollments.Where(e=>e.StudentID==id).Load();
    //填充返回的自定义 ViewModel
    FillStdCourses(courses, std.Enrollments);
}
```

以上代码表示如果选择一个学生，则加载该学生的选课信息，FillStdCourses 方法的代码如下：

```
public void FillStdCourses(IEnumerable<Course>courses,
IEnumerable<Enrollment>enrollments)
{
    List<StdCourse>StdCourses=new List<StdCourse>();

    foreach (var c in courses)
    {
        StdCourse sc=new StdCourse();
        sc.CourseID=c.CourseID;
        sc.CourseName=c.CourseName;
        sc.DepartmentName=c.Department.DepartmentName;
        sc.CCredit=c.CCredit;

        if (enrollments !=null)
        {
            if(enrollments.FirstOrDefault(e=>e.CourseID==c.CourseID) !=null)
            {
                sc.Grade=enrollments.FirstOrDefault(e=>e.CourseID==c.CourseID).Grade;
            }
            else
```

```
                {
                    sc.Grade=null;
                }
            }

            StdCourses.Add(sc);
        }

    ViewBag.StdCourses=StdCourses;
}
```

FillStdCourses 方法在填充学生的选课记录后，将 StdCourses 列表对象存储到 ViewData["StdCourses"]。

(3) 在前端 Index 视图中的最底部添加下面的代码：

```
@if (ViewBag.StdCourses != null)
{
    IEnumerable<StdCourse>Courses=ViewBag.StdCourses;
    <form asp-action="SaveStdGrades"
          asp-route-id="@ViewData["StdID"]"
          asp-route-sortOrder="@ViewData["CurrentSort"]"
          asp-route-pageNumber="@(Model.PageIndex)"
          asp-route-currentFilter="@ViewData["CurrentFilter"]">
        @*<form id="fmStdCourse">*@
        <hr />
        <div class="row">
            <div class="col-md-10">
                <h4> 学生选课信息</h4>
        </div>
            <div class="col-md-2" style="text-align:right">
                <button class="btn btn-primary" id="btnSaveStdCourse" type="submit">
                    <i class="fa fa-save"></i>  保存
                </button>
            </div>
        </div>
        <br />
        <table class="table">
            <thead>
                <tr>
                    <th>
                        课程号
                    </th>
                    <th>
                        课程名称
                    </th>
```

```
                <th>
                    学分
                </th>
                <th>
                    开课系别
                </th>
                <th>
                    考试成绩
                </th>
                <th></th>
            </tr>
        </thead>
        <tbody>
            @foreach (var item in Courses)
            {
                <tr>
                    <td>
                      <input type="text" class="form-control-plaintext"
                      value="@item.CourseID" name="courseIds" id="courseIds"/>
                    </td>
                    <td>
                        @Html.DisplayFor(modelItem=>item.CourseName)
                    </td>
                    <td>
                        @Html.DisplayFor(modelItem=>item.CCredit)
                    </td>
                    <td>
                        @Html.DisplayFor(modelItem=>item.DepartmentName)
                    </td>
                    <td>
                        <input type="text" class="form-control"
                        value="@item.Grade" name="stdGrades" id="stdGrades"/>
                    </td>
                </tr>
            }
        </tbody>
    </table>
  </form>
}

@if (ViewBag.Msg !="")
{
    <script type="text/javascript">
        alert('保存学生选课信息成功!');
```

```
    </script>
}
```

@if (ViewBag. StdCourses ! =null)表示当选择一个学生且 ViewData["StdCourses"]不为空时,展示学生的选课信息。注意:

```
IEnumerable<StdCourse>Courses=ViewBag.StdCourses;
```

表示将动态类型 ViewBag. StdCourses 转换为强列表类型 StdCourse。

```
<form asp-action="SaveStdGrades" asp-route-id="@ViewData["StdID"]"
      asp-route-sortOrder="@ViewData["CurrentSort"]"
      asp-route-pageNumber="@(Model.PageIndex)"
      asp-route-currentFilter="@ViewData["CurrentFilter"]">
```

点击"保存"按钮后,提交给 SaveStdGrades Action 并保存学生的选课信息后,仍然需要在 Index 视图中保持学生的选定状态、学生列表的排序、筛选和分页状态,故需要传递"id"、"sortOrder"、"pageNumber"和"currentFilter"参数。

```
<td>
  <input type="text" class="form-control-plaintext"
    value="@item.CourseID" name="courseIds" id="courseIds"/>
</td>

<td>
      <input type="text" class="form-control"
        value="@item.Grade" name="stdGrades" id="stdGrades"/>
</td>
```

以上代码表示传递给 SaveStdGrades Action 的课程 ID 和成绩 Grade 的值,form(表单)中的所有值都会提交给服务器端进行处理,直接指定 name 和 id 是为了方便给参数命名。代码如下:

```
@if (ViewBag.Msg !="")
{
    <script type="text/javascript">
        alert('保存学生选课信息成功!');
    </script>
}
```

在保存学生选课信息成功后,会弹出一个提示对话框。

(4) SaveStdGrades Action 的代码如下:

```
public IActionResult SaveStdGrades (int? id,string[]courseIds,string[]stdGrades,string
                                   currentFilter,string sortOrder,int? pageNumber)
{
    if (id !=null)
    {
```

```
//得到当前学生的原始选课信息
var enrollments=_context.Students.Include("Enrollments")
                        .Single(s=>s.ID==id).Enrollments;
//得到学生的原始选课 IDs
var selCourseIds=new HashSet<int>(enrollments.Select(e=>e.CourseID));

for (int i=0; i<courseIds.Length; i++)
{
    int curCourseID=Convert.ToInt32(courseIds[i]);
    //如果原始选课 IDs 包含当前的课程 ID
    if (selCourseIds.Contains(curCourseID))
    {
        var curEnrollment=enrollments.Where(e=>e.StudentID==id
            && e.CourseID==curCourseID).FirstOrDefault();
        //如果成绩不为空,则修改选课记录
        if (!String.IsNullOrWhiteSpace(stdGrades[i]))
        {
            curEnrollment.Grade=Convert.ToDecimal(stdGrades[i]);
        }
        //如果成绩为空,则删除选课记录
        else
        {
            _context.Enrollments.Remove(curEnrollment);
        }
    }
    else
    {
        //如果原始选课 IDs 不包含当前的课程 ID,但成绩不为空,则添加选课记录
        if (!String.IsNullOrWhiteSpace(stdGrades[i]))
        {
            Enrollment newEnrollment=new Enrollment()
            {
                StudentID=id.Value,
                CourseID=curCourseID,
                Grade=Convert.ToDecimal(stdGrades[i])
            };

            _context.Enrollments.Add(newEnrollment);
        }
    }
}
try
{
    _context.SaveChanges();
```

```
                return RedirectToAction("Index","Students"
                ,new{id, currentFilter, sortOrder, pageNumber,saveStdCourseSuc=true});
            }
            catch (Exception ex)
            {
                throw ex;
            }
        }

        return RedirectToAction("Error","Home");
    }
```

修改学生的选课记录可能出现的情况如表 4.2 所示。

表 4.2　修改学生的选课记录可能出现的情况

用户操作	Action 的处理	Enrollment 表的变化
学生的成绩不为 Null 或者“”(空字符串)时，用户修改该成绩	修改成绩	成绩修改为新的值
学生的成绩为 Null 或者“”(空字符串)时，用户输入成绩	生成一个新的选课记录对象，添加到学生选课列表	生成一条新的选课记录
用户将学生的成绩设置为“”(空字符串)	从学生选课列表中移除该选课记录	该选课记录被删除

SaveStdGrades Action 对上述情况均进行了处理，大家可以进行验证。保存选课记录成功后，返回到 Index Action，显示修改后的结果。

```
return RedirectToAction("Index","Students"
,new {id, currentFilter, sortOrder, pageNumber,saveStdCourseSuc=true});
```

saveStdCourseSuc＝true 设置为 true，否则，

```
return RedirectToAction("Error","Home");
```

返回到系统设定的错误页面。

(5) 在 Index Action 中加入以下代码：

```
if (saveStdCourseSuc)
    ViewData["Msg"]="保存学生选课信息成功！";
else
    ViewData["Msg"]="";
```

用户点击“保存”按钮后，如果保存选课记录成功，则会弹出“保存学生选课信息成功！”的提示框。

(6) 使用 Ajax 进行异步更新。

上述修改学生选课信息的代码将数据保存到数据库中后，调用 Index Action 重新读取整个学生列表，并根据路由参数，还原用户的筛选、排序、分页的状态。效率不高，会造成数

据库的重复读取，回复form(表单)也会造成页面的闪动和重新加载(IE低版本浏览器中)。改进的方法是使用Ajax进行异步更新。

① 修改SaveStdGrades Action。

将以下代码：

```
public IActionResult SaveStdGrades(int? id, string[] courseIds,
    string[] stdGrades, string currentFilter, string sortOrder,int? pageNumber)
```

替换为以下代码：

```
public string SaveStdGrades(int? id, string[] courseIds, string[] stdGrades)
```

将以下代码：

```
return RedirectToAction("Index","Students",new {id, currentFilter, sortOrder,
    pageNumber,saveStdCourseSuc=true});
```

替换为以下代码：

```
return "修改学生选课信息成功!";
```

将以下代码：

```
return RedirectToAction("Error","Home");
```

替换为以下代码：

```
return "修改学生选课信息成功!";
```

Index Action中的代码不做修改也不会有什么问题。Ajax异步调用控制器中的Action，不会提交整个form(表单)，只做局部更新，所以不需要重新导航到Index Action去还原学生列表页面的筛选、排序、分页状态，返回值也由客户端的脚本处理。

② 修改Index视图。

将以上代码：

```
<form asp-action="SaveStdGrades"
      asp-route-id="@ViewData["StdID"]"
      asp-route-sortOrder="@ViewData["CurrentSort"]"
      asp-route-pageNumber="@(Model.PageIndex)"
      asp-route-currentFilter="@ViewData["CurrentFilter"]">
```

替换为以下代码：

```
<form id="fmStdCourse">
```

Ajax异步更新，不需要路由信息。将以下代码：

```
<button class="btn btn-primary" id="btnSaveStdCourse" type="submit">
    <i class="fa fa-save"></i> 保存
</button>
```

替换为以下代码：

```
<button class="btn btn-primary" id="btnSaveStdCourse" type="button">
    <i class="fa fa-save"></i> 保存
</button>
```

修改“保存”按钮的类型“submit”为“button”，因为 Ajax 不需要提交整个 form(表单)。将以下代码：

```
@*@if (ViewBag.Msg != "")
{
    <script type="text/javascript">
        alert('保存学生选课信息成功！');
    </script>
}*@
```

进行注释。

③ 在 Index 视图的底部添加以下脚本代码：

```
<script type="text/javascript" language="javascript">
    $(function() {
        $("#btnSaveStdCourse").click(function() {
            $.ajax({
                type: "POST",
                url: "/Students/SaveStdGrades/@ViewData["StdID"]",
                data: $('#fmStdCourse').serialize(),
                success: function (msg) {
                    alert(msg);
                },
                error: function (msg) {
                    window.alert(msg);
                }
            });
        });
    });
</script>
```

url："/Students/SaveStdGrades/@ViewData["StdID"]"用于指定调用的控制器和 Action，并给出学生的 ID 参数。

data：$('#fmStdCourse').serialize()用于序列化整个表单，将 courseIds 及 stdGrades 作为参数传递给 SaveStdGrades Action。

从访问数据库、生成页面的效率、网络延迟、用户体验等多个方面比较，使用 Ajax 异步更新和同步的表单提交对学生选课信息修改的不同，显然 Ajax 异步更新在这几个方面都优于同步的表单提交服务器的方式，所以在实际应用中，基于 jQuery 的 Ajax 技术被广泛使用。

4.3.7 并发处理

只要有多个用户在同时使用系统，就会有并发冲突的问题，典型的并发冲突场景有以下几个。

● A 用户打开一个页面，进行某个数据的修改。

● B 用户也打开同一个页面，修改与 A 用户相同的数据，然后先于 A 用户提交该数据的修改(保存修改结果，或者删除该数据)。

● 当 A 用户试图对该数据进行修改或者删除时，并发冲突就出现了。

系统对并发冲突处理的策略有以下几种。

1. 悲观并发控制(封锁)

类似于大家学习过的事务并发控制的读锁和写锁，也就是读-读不互斥，读-写、写-写互斥。用户对系统进行修改时，必须先申请写锁，申请到后，再对封锁的资源进行修改，直到提交、释放该资源的写锁完成后，其他用户才能申请该资源的读、写锁。使用封锁机制来避免并发冲突的代价是很高的，特别是当需要封锁的粒度很小(需要到数据表中的某一行)时，代价更高。Entity Framework Core 没有实现悲观并发控制的机制。

2. 乐观并发控制

乐观并发控制是指可以让并发冲突发生，发生后，由系统提供相应的处理策略。下面先模拟一个并发冲突的场景，如图 4.27 所示。

图 4.27　并发冲突场景

A 用户打开“修改系别信息”页面，修改“计算机科学与技术”系的学费为 1000 元，B 用户同时打开“修改系别信息”的页面，修改“计算机科学与技术”系的成立日期为“1999-01-01”。A 用户提交修改，返回列表，看到修改的结果，学费修改为 1000 元，如图 4.28 所示。

B 用户此时仍然在修改页面，若提交修改，则学费为“4500”元，成立日期为“1999-01-01”，系统如何处理 B 用户提交的修改，就是并发冲突的处理策略。

(1) 跟踪整个实体的状态，保证 A 用户对学费的修改结果，以及 B 用户对成立日期的修改结果，即 B 用户点击“保存”按钮后，“计算机科学与技术”系的学费为 1000 元，成立日期为“1999-01-01”，因为 A、B 用户是更新的同一个实体的不同字段。这种策略的问题有以

系别列表

新建

系别名称	学费	成立日期	系主任	
计算机科学与技术	1000	2000-01-01	刘强	修改 | 详细信息 | 删除
软件工程	5500	2002-05-01	蔡华明	修改 | 详细信息 | 删除
智能科学与技术	5000	2005-09-01		修改 | 详细信息 | 删除
物联网工程	4800	2010-09-01		修改 | 详细信息 | 删除
数字媒体技术	4500	2016-04-01	黄为民	修改 | 详细信息 | 删除

修改结果

图 4.28　A 用户的修改结果

下两个方面。

① 若 A、B 用户同时都修改学费字段，更新的策略只能是 B 用户的修改覆盖 A 用户的修改。

② 跟踪整个数据表中所有实体的状态的代价太大，B/S 结构的应用程序一般不采用这种方式。

(2) 按更新次序，B 用户的修改完全覆盖 A 用户的修改，即 B 用户点击“保存”按钮后，“计算机科学与技术”系的学费为 4500 元，成立日期为“1999-01-01”。这一策略是基于 Entity Framework Core 的 ASP. NET Core MVC 框架 Web 应用程序的默认处理策略。该策略的最大优势就是简单到没有策略。但问题是，后面的修改完全覆盖前面的修改是否是可以容忍的，如果业务逻辑可以容忍，则可以使用该策略，如果不能容忍，则该策略的使用可能会导致业务逻辑的混乱。

(3) 在 B 用户提交修改时，提醒 B 用户，A 用户已经将学费修改为 1000 元，B 用户可以采取的策略如下。

① 放弃自身的修改，接受 A 用户的学费修改(服务器优先(Server First))。

② 坚持自己的修改，覆盖 A 用户对学费的修改(客户至上(Client First))。

这种策略称为开放式并发控制，EF Core 支持这种策略。实现开放式并发控制的方法有以下两种。

- 为需要并发控制的实体(表)增加一个 rowversion 字段，rowversion 是一个二进制的时间戳，用户在更新记录时，该时间戳也会自动更新。用户在进行数据记录的修改和删除时，都要比较在数据库中该记录的 rowversion 值和修改前取到的值是否一致，如果一致，则表示该记录没有被其他用户修改过，可以提交本次修改。如果值不一致，则该条记录被其他用户修改或者删除，抛出 DbConcurrencyException 异常，交给客户端进行开放式并发处理。
- 对实体的每个属性保留原始值的副本，当执行更新和删除操作时，检查实体的每个原始值是否和数据库中该记录的原始值一致，若一致，则认为没有被修改，提交修改，否则抛出 DbConcurrencyException 异常。该实现方式需要保留实体的大量状态信息，对于 Web 应用程序，不建议采用。实现该控制策略的方法是，对实体的每个非主码属性加上 ConcurrencyCheck 标记。

下面演示如何使用 rowversion 实现开放式并发控制策略。

a. 为 Department 实体添加 rowversion 属性。

打开项目 Models 文件夹下的 Department. cs 文件，修改代码如下：

```
public class Department
{
    [Display(Name="系别号")]
    public int DepartmentID {get; set;}
    [Display(Name="系别名称")]
    public string DepartmentName {get; set;}
    [Required, Display(Name="学费"),Range(1000,10000,ErrorMessage=
        "学费必须在{1}-{2}之间")]
    public int Tuition {get; set;}
    [Required, Display(Name="成立日期"), DataType(DataType.Date)]
    [DisplayFormat(DataFormatString="{0:yyyy-MM-dd}", ApplyFormatInEditMode=
        true)]
    public DateTime StartDate {get; set;}
    [Timestamp]
    public byte[] RowVersion {get; set;}
    [Display(Name="系主任")]
    public int? TeacherID {get; set;}
    [Display(Name="系主任"), ForeignKey("TeacherID")]
    public Teacher Administrator {get; set;}
    public ICollection<Course>Courses {get; set;}
}
```

启动数据迁移，在“程序包管理器控制台”的命令行提示符处输入 add-migration RowVersion，确认迁移文件后，再输入 update-database 命令，确认数据库中 Department 表的修改。

b. 修改前端的 Edit(修改)视图，在〈input type="hidden" asp-for="DepartmentID"/〉的后面添加代码〈input type="hidden" asp-for="RowVersion"/〉。RowVersion 设置为“hidden”，表示不需要显示该字段，但该字段的值参与 form(表单)的提交。

c. 修改 Edit Action，代码如下：

```
[HttpPost]
[ValidateAntiForgeryToken]
public async Task<IActionResult>Edit(int? id, byte[] rowVersion)
{
    if (id==null)
    {
        return NotFound();
    }

    var departmentToUpdate=await _context.Departments.Include(i=>i.Administrator).
```

```
                                    FirstOrDefaultAsync(m=>m.DepartmentID==id);

if (departmentToUpdate==null)
{
    Department deletedDepartment=new Department();
    await TryUpdateModelAsync(deletedDepartment);
    ModelState.AddModelError(string.Empty,"无法保存修改,
                                    记录已经被其他用户删除!");
    ViewData["TeacherID"]=new SelectList(_context.Teachers, "ID", "Name",
                                    deletedDepartment.TeacherID);
    return View(deletedDepartment);
}

_context.Entry(departmentToUpdate).Property("RowVersion").OriginalValue=rowVersion;

if (await TryUpdateModelAsync<Department>(
    departmentToUpdate, "",
    s=>s.DepartmentName, s=>s.StartDate, s=>s.Tuition, s=>s.TeacherID))
{
    try
    {
        await _context.SaveChangesAsync();
        return RedirectToAction(nameof(Index));
    }
    catch (DbUpdateConcurrencyException ex)
    {
        var exceptionEntry=ex.Entries.Single();
        var clientValues=(Department)exceptionEntry.Entity;
        var databaseEntry=exceptionEntry.GetDatabaseValues();

        if (databaseEntry==null)
        {
            ModelState.AddModelError(string.Empty,"无法保存修改,记录已经被其
                                    他用户删除!");
        }
        else
        {
            var databaseValues=(Department)databaseEntry.ToObject();

            if (databaseValues.DepartmentName !=clientValues.DepartmentName)
            {
                ModelState.AddModelError ("DepartmentName", $"当前值:
                                    {databaseValues.DepartmentName}");
            }
```

```
                if (databaseValues.Tuition !=clientValues.Tuition)
                {
                    ModelState.AddModelError ("Tuition", $"当前值:
                                              {databaseValues.Tuition:c}");
                }
                if (databaseValues.StartDate !=clientValues.StartDate)
                {
                    ModelState.AddModelError ("StartDate", $"当前值:
                                              {databaseValues.StartDate:d}");
                }
                if (databaseValues.TeacherID !=clientValues.TeacherID)
                {
                    Teacher databaseInstructor=await _context.Teachers.
                                             FirstOrDefaultAsync
                                             (i=>i.ID==databaseValues.TeacherID);
                    ModelState.AddModelError("TeacherID", $"当前值:
                                             {databaseInstructor?.Name}");
                }

                ModelState.AddModelError (string.Empty,"该记录已经被其他用户修改,"+
                                          "如果需要保持该修改值,请返回列表。
                                          如果希望继续修改,请点击'保存'按钮");
                departmentToUpdate.RowVersion=(byte[])databaseValues.RowVersion;
                ModelState.Remove("RowVersion");
            }
        }
    }

    ViewData["TeacherID"]=new SelectList (_context.Teachers, "ID",
                                          "Name", departmentToUpdate.TeacherID);
    return View(departmentToUpdate);
}
```

重要代码的解释如下。

```
public async Task<IActionResult>Edit(int? id, byte[] rowVersion)
```

前端的隐藏字段 rowVersion 作为参数，随 form(表单)提交到 Action，rowVersion 为更新记录的时间戳原始值。

```
_context.Entry(departmentToUpdate).Property("RowVersion").OriginalValue =
rowVersion;
```

给实体属性 RowVersion 赋时间戳原始值，必须进行这一赋值语句，才能在 update 和 delete 语句中生成带 where 子句的更新语句。where 子句用于比较实体属性 RowVersion 的原始值和数据库中当前记录的 RowVersion 是否一致，如果一致，则表示记录没有被其他用户修改，更新及删除成功，否则，出现并发冲突，抛出 DbUpdateConcurrencyException 异常，代码如下：

```
if (await TryUpdateModelAsync<Department>(
    departmentToUpdate, "",
    s=>s.DepartmentName, s=>s.StartDate, s=>s.Tuition, s=>s.TeacherID))
```

与前面介绍的修改教师实体一样，根据提交的 form（表单）更新 Department 的属性值，代码如下：

```
var exceptionEntry=ex.Entries.Single();
var clientValues=(Department)exceptionEntry.Entity;
var databaseEntry=exceptionEntry.GetDatabaseValues();
```

如果出现并发冲突，从异常对象中取出实体的当前值到 clientValues 对象、取出数据库中的当前值到 databaseEntry 对象，代码如下：

```
var databaseValues=(Department)databaseEntry.ToObject();

if (databaseValues.DepartmentName !=clientValues.DepartmentName)
{
    ModelState.AddModelError("DepartmentName", $"当前值:
     {databaseValues.DepartmentName}");
}
```

比较当前实体的属性值与数据库中的当前值是否一致，如果不一致，则添加 ModelError 信息，注意 key 为属性名，错误信息将会显示在 form（表单）的属性值 textbox 框的下面，提示数据库中的当前值。

```
departmentToUpdate.RowVersion=(byte[])databaseValues.RowVersion;
ModelState.Remove("RowVersion");
```

将数据库记录中的 RowVersion 值赋给当前记录的 RowVersion，以避免后续的并发冲突，ModelState 去掉对 RowVersion 属性的跟踪。

d. 测试并发冲突。

打开两个系别的修改页面，A 用户和 B 用户都修改学费信息，A 用户将学费修改为“4500”后提交，此后 B 用户将学费修改为“3500”后提交，如图 4.29 所示。

注意，当 B 用户再次提交时，由于 A 用户已经提交，当前记录的时间戳已经更新，与 B 用户读取的时间戳已经不一致，所以当 B 用户再次提交修改时，出现了并发冲突，如图 4.30 所示。

此时，B 用户若选择继续保存，则学费更新为 3500，若选择返回，则接受 A 用户对学费的修改。

e. 删除的并发控制。

下面说明当用户在删除一个系别实体时，如果原始的记录已经被修改，则会引发并发冲突的处理逻辑。

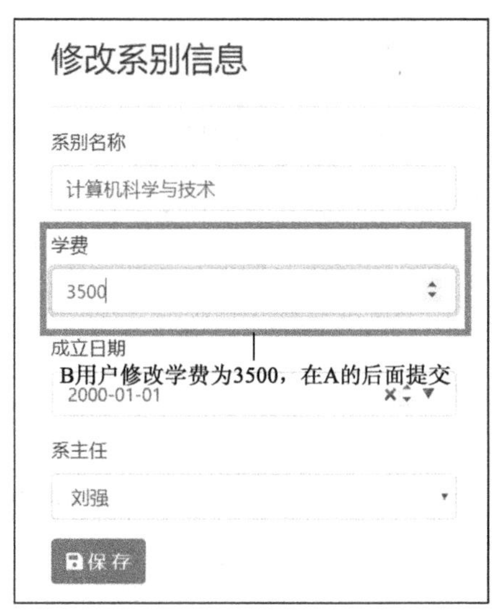

图 4.29　并发冲突的场景

修改系别信息

« 返回

- 该记录以及被其它用户修改，如果需要保持该修改值，请返回列表。如果希望继续修改，请点击保存按钮

系别名称

计算机科学与技术

学费

3500

当前值: ¥4,500.00

出现并发冲突，显示数据库的当前值为4500

成立日期

2000/01/01

系主任

刘强

保存

图 4.30　并发冲突

修改 Delete Get Action 的代码如下：

```
public async Task<IActionResult> Delete(int? id, bool? concurrencyError)
{
    if (id==null)
    {
        return NotFound();
    }

    var department=await _context.Departments
        .Include(d=>d.Administrator)
```

```
            .AsNoTracking()
            .FirstOrDefaultAsync(m=>m.DepartmentID==id);

        if (department==null)
        {
            if (concurrencyError.GetValueOrDefault())
            {
                return RedirectToAction(nameof(Index));
            }
            return NotFound();
        }

        if (concurrencyError.GetValueOrDefault())
        {
            ViewData["ConcurrencyErrorMessage"]="删除记录已经被其他用户修改" +
                "你可以选择继续删除,或者选择返回列表!";
        }

        return View(department);
    }
```

bool? concurrencyError 参数确定点击“删除”按钮时,看看是否有并发冲突发生。修改 Delete Action 的 Post Action,代码如下:

```
[HttpPost]
[ValidateAntiForgeryToken]
public async Task<IActionResult>Delete(Department department)
{
    try
    {
        if (await _context.Departments.AnyAsync(m=>m.DepartmentID
                                            ==department.DepartmentID))
        {
            _context.Departments.Remove(department);
            await _context.SaveChangesAsync();
        }
        return RedirectToAction(nameof(Index));
    }
    catch (DbUpdateConcurrencyException /* ex* /)
    {
        //Log the error (uncomment ex variable name and write a log.)
        return RedirectToAction(nameof(Delete), new {concurrencyError=true,
                            id=department.DepartmentID});
    }
}
```

加粗的代码表示，如果出现并发冲突，则返回到 Delete Get Action 的 concurrencyError 参数值为 true。

将<p class="text-danger">@ViewData["ConcurrencyErrorMessage"]</p>添加到前端删除视图页面的合适位置。

添加“RowVersion”为 hidden 类型，代码如下：

```
<form asp-action="Delete">
    <input type="hidden" asp-for="DepartmentID" />
    <input type="hidden" asp-for="RowVersion" />
    <button type="submit" class="btn btn-danger">
        <i class="fa fa-times"></i>  删除
    </button> |
    <a asp-action="Index">
        <i class="fa fa-angle-double-left"></i>  返回列表
    </a>
</form>
```

删除引起的并发冲突测试。

A 用户打开“修改系别信息”页面，B 用户打开“确认删除该系别吗?”页面。A 用户修改学费后，点击“保存”按钮提交。B 用户在 A 用户提交修改后，点击“删除”按钮，场景如图 4.31 所示。

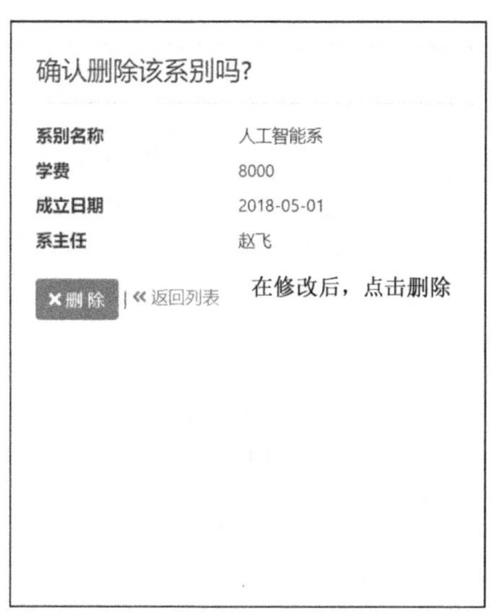

图 4.31　删除并发冲突场景 A

B 用户点击“删除”按钮后，由于原始的 RowVersion 已经修改，故引发并发冲突，如图 4.32 所示。

点击“删除”按钮，确认删除该系别。点击“返回列表”，放弃删除操作，确认对学费的修改。

图 4.32　删除并发冲突场景 B

4.3.8　实现继承

Teacher 实体和 Student 实体中的大部分属性是一样的，可以添加 Person 抽象类，利用继承将两个实体的相同属性添加到 Person 类，Teacher 实体和 Student 实体仅保留各自不同的属性，然后从 Person 类继承。

在 Models 文件夹中添加 Person.cs 类，修改代码如下：

```
public abstract class Person
{
[Display(Name="编号"),
DatabaseGenerated(DatabaseGeneratedOption.None)]
    public int ID {get; set;}
    [Required, Display(Name="姓名"), StringLength(50)]
    public String Name {get; set;}
    [Required, Display(Name="性别"), StringLength(2)]
    public String Gender {get; set;}
    [Required, Display(Name="出生日期"), DataType(DataType.Date)]
    [DisplayFormat(DataFormatString="{0:yyyy-MM-dd}",
     ApplyFormatInEditMode=true)]
    public DateTime Birth {get; set;}
    [Display(Name="电子邮件"), StringLength(100)]
    [EmailAddress(ErrorMessage="请输入正确的电子邮件地址!")]
    public String Email {get; set;}
    [Display(Name="身份证号"), StringLength(18)]
    [RegularExpression (@"^[1-9]\d{5}(18|19|20)\d{2}((0[1-9])|
                        (1[0-2]))(([0-2][1-9])|10|20|30|31)\d{3}[0-9Xx]$ ",
    ErrorMessage="请输入正确的身份证号!")]
    public String IDNums {get; set;}
    [Display(Name="年龄")]
    public int Age
    {
        get
        {
```

```
            return (int)DateTime.Now.Subtract(Birth).TotalDays/365;
        }
    }
    [Display(Name="登记照"), DataType(DataType.Upload)]
    public String ImageURL {get; set;}
}
```

修改 Student 实体的代码如下：

```
public class Student:Person
{
    [Display(Name="个人简介")]
    public String Memo {get; set;}
    public ICollection<Enrollment>Enrollments {get; set;}
}
```

修改 Teacher 实体的代码如下：

```
public class Teacher:Person
{
    [Display(Name="职称")]
    public Title Title {get; set;}
    public Department Department {get; set;}
    public OfficeAssignment OfficeAssignment {get; set;}
}
```

修改 SchoolContext. cs，代码如下：

```
public class SchoolContext : DbContext
{
    public SchoolContext(DbContextOptions<SchoolContext>options) : base(options)
    {
    }
    public DbSet<Department>Departments {get; set;}
    public DbSet<Student>Students {get; set;}
    public DbSet<Course>Courses {get; set;}
    public DbSet<Enrollment>Enrollments {get; set;}
    public DbSet<Teacher>Teachers {get; set;}
    public DbSet<OfficeAssignment>OfficeAssignments {get; set;}
    public DbSet<Person>People {get; set;}

    protected override void OnModelCreating(ModelBuilder modelBuilder)
    {
        modelBuilder.Entity<Department>().ToTable("Department");
        modelBuilder.Entity<Student>().ToTable("Student");
        modelBuilder.Entity<Course>().ToTable("Course");
        modelBuilder.Entity<Enrollment>().ToTable("Enrollment");
```

```
        modelBuilder.Entity<Teacher>().ToTable("Teacher");
        modelBuilder.Entity<OfficeAssignment>().ToTable("OfficeAssignment");
        modelBuilder.Entity<Person>().ToTable("Person");
        //设置 Enrollment 表的主键
        modelBuilder.Entity<Enrollment>()
            .HasKey(c=>new {c.StudentID, c.CourseID});
    }
}
```

添加 Person 实体,在数据库的查询分析器中输入以下命令:

```
delete Department
delete Student
delete Teacher
delete Course
```

为避免在后续的数据迁移过程中,由于外键约束导致数据库更新不成功,因此需要将测试数据全部删除。在程序包管理器控制台中输入以下命令:

```
add-migration Inheritance
update-database
```

数据迁移成功后,查看数据库的表结构,如图 4.33 所示。

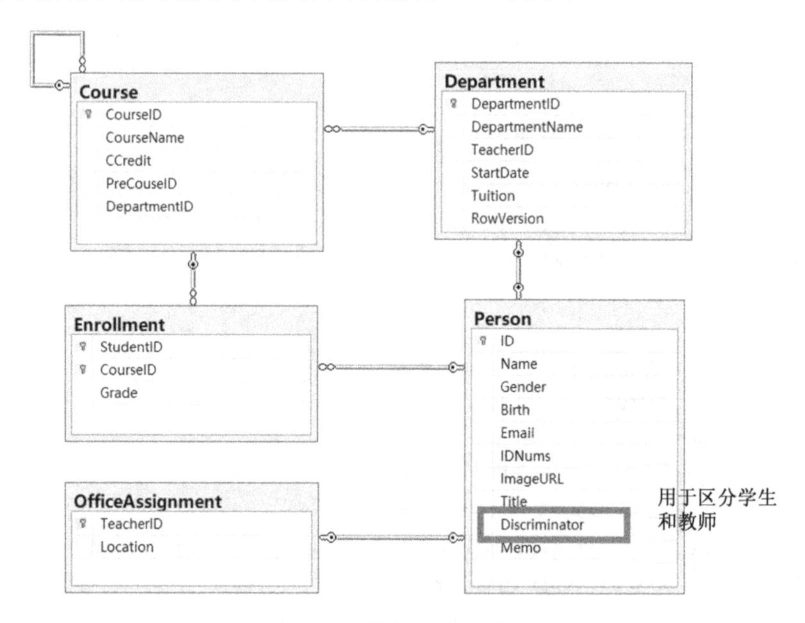

图 4.33　数据库的表结构

在 Person 表中增加了一个 Discriminator 字段,用于区分该条记录是学生还是教师。教师和系别、办公地点的关系,以及学生和选课之间的关系,全部由 Person 表替代。重新运行程序,不用修改任何代码,DbInitializer.cs 中定义的默认数据会重新插入各个表中。分别对学生表及教师表进行查找、新增、修改、删除操作,检查功能是否正常,以及检查 Person 表中数据的变化。

4.3.9　其他相关技术

1. 直接使用 SQL 语句

EF 框架使用 ORM(Object Relational Mapping,对象关系映射)技术将数据库中的表映射为实体对象,将表之间的关系映射为实体之间的关系。程序员在开发程序时,只需要关心数据本身的结构及其之间的关系,而不必太多关注数据表的存储。EF 框架可让程序员不使用 SQL 语句就能直接对数据表中的记录进行增、删、改、查,并自动实现事务机制,极大地提高了开发效率。但 SQL 语句是永远不会退出历史舞台的,很多时候,相较使用 EF 框架,使用 SQL 语句直接对数据库进行操作更具优势。比如,要更新整个课程表中的所有课程的学分都加 1,若使用 EF 框架,则需要将整个课程实体列表全部读取出来,然后逐项更新加 1,最后提交保存。若直接使用 SQL 语句,只需要在服务端执行一条简单的 update 语句,就可以完成这个更新的任务。本节将介绍使用 EF 框架直接执行 SQL 语句的几个示例。

1) 使用 SQL 语句返回存在的实体

在 Controllers 文件夹中打开 Department 控制器,查看 Details Action,代码如下所示:

```
public async Task<IActionResult>Details(int? id)
{
    if (id==null)
    {
        return NotFound();
    }

    var department=await _context.Departments
        .Include(d=>d.Administrator)
        .FirstOrDefaultAsync(m=>m.DepartmentID==id);
    if (department==null)
    {
        return NotFound();
    }

    return View(department);
}
```

加粗部分的代码为使用 EF 框架加载一个 Department 实体的过程,使用以下代码替换上面加粗部分的代码:

```
string query="SELECT* FROM Department WHERE DepartmentID={0}";
var department=await _context.Departments
    .FromSql(query, id)
    .Include(d=>d.Administrator)
    .AsNoTracking()
    .FirstOrDefaultAsync();
```

```
}
```

字符串 query 保存需要执行的 SQL 语句，注意字符串的格式化字符“{0}”，表示 id 的占位符。FromSql 方法执行 query 语句，并完成对占位符“{0}”的替换。由于 SQL 语句返回的结果与 Department 实体对应，故后续可以继续使用 LINQ 语法预加载 Administrator 实体。完成代码替换后，检查系别实体详细信息的功能是否正常。

2）*使用 SQL 语句查询返回不存在的实体*

下面的示例演示返回课程的统计信息，即每门课程有几个学生选择及对应的平均成绩。在 SQL Server Management Studio 的查询分析器中运行的结果如图 4.34 所示。

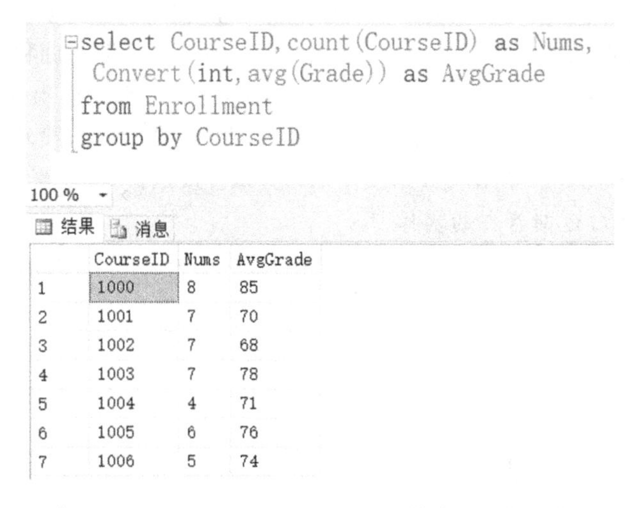

	CourseID	Nums	AvgGrade
1	1000	8	85
2	1001	7	70
3	1002	7	68
4	1003	7	78
5	1004	4	71
6	1005	6	76
7	1006	5	74

图 4.34　在 SQL Server Managerment Studio 的查询分析器中运行的结果

由于统计课程选课情况的返回结果没有对应的实体，故需要先建立一个实体与返回的结果对应，在 StdViewModels 文件夹中添加“CourseStats.cs”文件，代码如下：

```
public class CourseStats
{
    [Display(Name="课程号")]
    public int CourseID {get; set;}
    [Display(Name="选课人数")]
    public int Nums {get; set;}
    [Display(Name="平均成绩")]
    public int AvgGrade {get; set;}
}
```

替换 HomeController 中的 Privacy Action，代码如下所示：

```
public async Task<IActionResult> Privacy()
{
    List<CourseStats> groups=new List<CourseStats>();

    var conn=_context.Database.GetDbConnection();
```

```
    try
    {
        await conn.OpenAsync();

        using (var command=conn.CreateCommand())
        {
            string query="select CourseID,count(CourseID) as Nums,"+
                "Convert(int,avg(Grade)) as AvgGrade from Enrollment"+
                "group by CourseID";

            command.CommandText=query;
            DbDataReader reader=await command.ExecuteReaderAsync();

            if (reader.HasRows)
            {
                while (await reader.ReadAsync())
                {
                    var row=new CourseStats {CourseID=reader.GetInt32(0),
                                             Nums=reader.GetInt32(1),
                                             AvgGrade=reader.GetInt32(2)
                                             };
                    groups.Add(row);
                }
            }
            reader.Dispose();
        }
    }
    finally
    {
        conn.Close();
    }
    return View(groups);
}
```

注意以上代码中的加粗部分，实际上就是用传统的 ADO. NET 组件连接数据库，然后执行 SQL 语句，返回的结果生成 CourseStats 对象列表返回。替换 Privacy 视图，代码如下：

```
@model IEnumerable<StdMngMvc.StdViewModels.CourseStats>

@{
    ViewData["Title"]="Privacy";
}

<h3>课程选课情况统计</h3>
```

```
<br />

<table class="table">
    <thead>
        <tr>
            <th>
                @Html.DisplayNameFor(model=>model.CourseID)
            </th>
            <th>
                @Html.DisplayNameFor(model=>model.Nums)
            </th>
            <th>
                @Html.DisplayNameFor(model=>model.AvgGrade)
            </th>

            <th></th>
        </tr>
    </thead>
    <tbody>
        @foreach (var item in Model)
        {
            <tr>
                <td>
                    @Html.DisplayFor(modelItem=>item.CourseID)
                </td>
                <td>
                    @Html.DisplayFor(modelItem=>item.Nums)
                </td>
                <td>
                    @Html.DisplayFor(modelItem=>item.AvgGrade)
                </td>
            </tr>
        }
    </tbody>
</table>
```

运行程序，在首页点击“关于”，出现如图 4.35 所示的“课程选课情况统计”界面。

3）使用 SQL 语句更新课程学分

下面的示例演示如何使用 SQL 语句修改所有课程的学分。在 CourseController 中添加如下所示的代码：

```
public IActionResult UpdateCourseCredits()
{
    return View();
```

教学管理系统　首页　学生管理　教师管理　系别管理　课程管理　关于

课程选课情况统计

课程号	选课人数	平均成绩
1000	8	85
1001	7	70
1002	7	68
1003	7	78
1004	4	71
1005	6	76
1006	5	74

图 4.35　“课程选课情况统计”界面

```
}

[HttpPost]
public async Task<IActionResult>UpdateCourseCredits(int? numAdded)
{
    if (numAdded !=null)
    {
        ViewData["RowsAffected"]=
            await _context.Database.ExecuteSqlCommandAsync(
                "UPDATE Course SET CCredit=CCredit+{0}",
                parameters:numAdded);
    }
    return View();
}
```

以上加粗部分代码显示的为更新课程学分的 SQL 语句，在 EF 中如何调用。ExecuteSqlCommandAsync 方法返回的是更新语句影响的行数，存储在 ViewData ["RowsAffected"] 中。右击“UpdateCourseCredits”，在出现的快捷菜单中选择“添加视图”，如图 4.36 所示。

在出现的对话框中确认添加的视图。在前端的 UpdateCourseCredits 中输入以下代码：

```
@{
    ViewBag.Title="UpdateCourseCredits";
}

<h2>修改所有课程学分</h2>
<hr/>
@if (ViewData["RowsAffected"]==null)
```

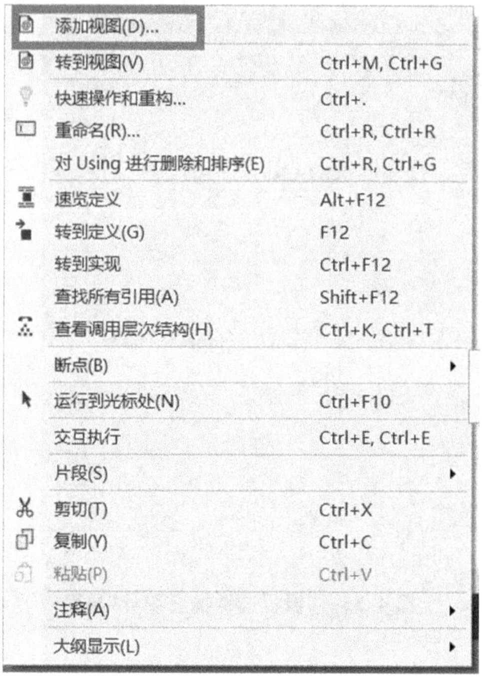

图 4.36　添加视图

```
{
<form asp-action="UpdateCourseCredits">
    <div class="form-group row">
        <label for="numAdded"class="col-sm-2 col-form-label"> 输入需要增加的学分:
        </label>
        <div class="col-sm-2">
            <input type="text" id="numAdded" name="numAdded" class="form-control"/>
        </div>
        <div class="col-sm-4">
            <input type="submit" value="修改" class="btn btn-primary"/>
        </div>
    </div>
</form>
}
@if (ViewData["RowsAffected"]! =null)
{
    <p>
        修改课程的行数为: @ViewData["RowsAffected"]
    </p>
}
<div>
    @Html.ActionLink("返回课程列表", "Index")
</div>
```

修改 Index 视图，添加指向 UpdateCourseCredits Action 的连接，如下加粗代码所示：

```
<p>
    <a asp-action="Create" class="btn btn-primary">
        <i class="fa fa-user-plus"></i> 新建
    </a>

    <a asp-action="UpdateCourseCredits" class="btn btn-primary">
        <i class="fa fa-pen"></i>修改课程学分
    </a>
</p>
```

在 Course 的 Index 视图中点击“修改课程学分”按钮，出现“修改所有课程学分”界面，如图 4.37 所示。

修改所有课程学分

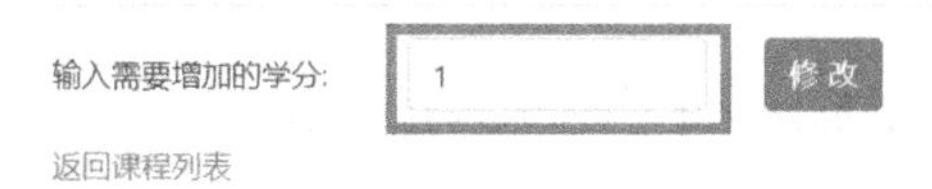

图 4.37　“修改所有课程学分”界面

在“输入需要增加的学分”的文本框中输入 1，点击“修改”按钮，若修改成功，则出现如图 4.38 所示的界面。

修改所有课程学分

修改课程的行数为: 7

返回课程列表

图 4.38　修改学分成功

点击“返回课程列表”连接，确认学分修改的结果。

2. 弹出对话框

对话框用于与用户进行交互，提示用户输入必要的信息，或者对某个结果进行确认，在程序开发过程中，是一项需要掌握的技术。下面以删除某个课程实体为例，演示对话框的使用情况。由于课程实体的信息量比较少，在 Index 视图中就可以将全部信息展示出来，所以在删除时，不需要再进入视图中点击“删除”按钮确认，可以在用户界面点击“删除”连接后直接弹出一个对话框，提示用户是否删除选中的课程，用户点击“确认”按钮后，该选中的课程被删除。

在课程的 Index 视图的最底部添加一个 Bootstrap4 的模态对话框，代码如下：

```
<div class="modal fade"id="delConfirmMod" tabindex="-1" role="dialog" a
    ria-labelledby="delConfirm" aria-hidden="true" data-backdrop="static">
    <div class="modal-dialog modal-dialog-centered" role="document">
        <div class="modal-content">
            <div class="modal-header">
```

```
                <h5 class="modal-title" id="exampleModalLabel">确认信息</h5>
                <button type="button" class="close" data-dismiss=
                    "modal"aria-label="Close">
                    <span aria-hidden="true">&times;</span>
                </button>
            </div>
            <div class="modal-body">
                确认删除选中的课程吗?
            </div>
            <div class="modal-footer">
                <button type="button" class="btn btn-secondary" data-dismiss="modal">
                    <i class="fa fa-times"></i>  取 消
                </button>
                <button type="button" class="btn btn-primary" id="btnConfirm">
                    <i class="fa fa-check"></i>  确 定
                </button>
                <input type="hidden" id="txtCourseId" />
            </div>
        </div>
    </div>
</div>
```

有关 Bootstrap4 模态对话框的详细信息，请参考 Bootstrap4 的官方文档。data-backdrop="static"属性在模态框出现后，用户点击模态框窗口之外的区域，模态框不消失。〈input type="hidden" id="txtCourseId"/〉为一个隐藏的文本框，用于存储用户点击"删除"连接时对应的 CourseId。修改 Index 视图的连接区域的代码如下：

```
<td>
    <a asp-action="Edit" asp-route-id="@item.CourseID">修改</a> |
    <a asp-action="Details" asp-route-id="@item.CourseID"> 详细信息</a> |
    <a asp-action="Delete" asp-route-id="@item.CourseID" id="btnDelete"
    data-CourseId="@item.CourseID"> 删除</a>
</td>
```

data-CourseId="@item.CourseID"使用 HTML5 的扩展 data-* 属性，记录每个删除连接的 CourseID 值，这样做是为了 JavaScript 脚本能够方便取得 CourseId 的值。在 Index 视图的页面底部添加以下脚本代码：

```
<script type="text/javascript">
    $(function () {
        $('a[id*=btnDelete]').click(function(e) {
            //去掉连接的默认点击事件
            e.preventDefault();
            //取消课程的 ID 值
            var id=$(this).data('courseid');
            //课程 ID 存储在隐藏文本框中
```

```
            $("#txtCourseId")[0].value=id;
            //弹出确认对话框
            $('#delConfirmMod').modal('show');
        });

        $("#btnConfirm").click(function() {
            //取消隐藏文本框中的课程 ID 值
            var id=$("#txtCourseId").val();
            //隐藏确认模态框
            $('#delConfirmMod').modal('hide');
            $.ajax({
                type: "POST",
                url: "/Courses/DeleteByJsModel/"+id,
                success: function (msg) {
                    //回到 Index 视图刷新课程列表
                    window.location.href="/Courses/Index";
                },
                error: function (msg) {
                    window.alert(msg);
                }
            });
        })
    })
</script>
```

'a[id * = btnDelete]'是 jQuery 的选择器，选择 id 为 btnDelete 的连接。e.preventDefault()表示取消点击连接后发生的事件，这很重要，否则，点击删除后，就直接执行删除操作，提交整个 form(表单)。var id= $(this).data('courseid')表示取出每个删除连接存储在 data-CourseId 中的值，然后存储到隐藏的文本框中(注意 courseid 为小写)。$('#delConfirmMod').modal('show')弹出删除确认模态框。

用户在点击模态框中的“确认”按钮后，取出存储在隐藏文本框 txtCourseId 中的课程 ID 的值，隐藏删除确认模态框，执行 Ajax 异步提交到“/Courses/DeleteByJsModel/”Action，并附上 id 参数，执行课程的实际删除操作。DeleteByJsModel Action 的代码如下所示：

```
public string DeleteByJsModel(int id)
{
    var course=_context.Courses.Find(id);
    _context.Courses.Remove(course);

    try
    {
        _context.SaveChanges();
        return "删除课程信息成功!";
    }
```

```
        catch(Exception ex)
        {
            return ex.Message;
        }
    }
```

如果删除课程成功，Ajax 异步执行完成后，将执行 window. location. href="/Courses/Index"，再重新执行 Index Action，会显示课程删除后的效果。如果删除课程失败，则弹出错误信息。删除确认对话框如图 4.39 所示。

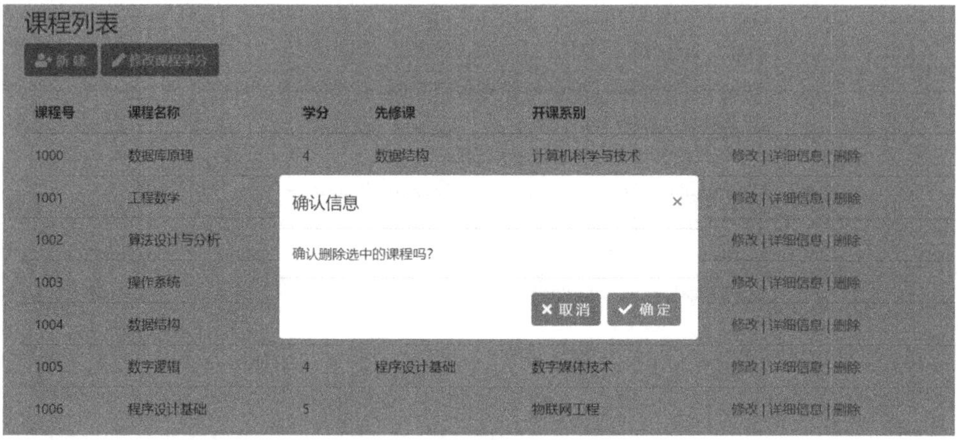

图 4.39　删除确认对话框

3. 分部视图

在前端视图中，往往有些部分在多个页面中重复地出现，而处理这些重复部分的逻辑也是一致的。如上传图片功能，在 Students 和 Teachers 的 Create(创建)与 Edit(修改)页面中会重复出现 4 次，其处理的业务逻辑都是一样的。如果某个页面的某个细节的部分要修改，则需要同时更新 4 个页面，增加了额外的工作量。分部视图提供类似于公共函数调用的功能，将页面中重复定义的部分独立出来，形成一个分部视图，然后在页面需要的位置进行调用。为了让分部视图具有通用性，先将 Students 中的 Edit(修改)页面中的上传图片所涉及的一些控件及代码的名称进行调整，页面控件的调整如下加粗代码所示：

```
<div class="form-group">
     <label class="control-label"> 登记照</label>
    @{
        if (Model==null || Model.ImageURL==null)
        {
            <img src="@Url.Content("~ /UploadFiles/None1.jpg")"
            style="max-height:320px;max-width:180px;object-fit:contain;" id="imgUpd" />
        }
        else
        {
            <img src="@Url.Content(Model.ImageURL)"
```

```
                style="max-height:320px;max-width:180px;object-fit:contain;" id="imgUpd" />
            }
        }
        <br /><br />
        <input type="file" id="imgFile" multiple />
        <button type="button" class="btn btn-primary" id="uploadImg">
            <i class="fa fa-upload"></i> 上传图片
        </button>
    </div>
```

上传图片的脚本部分的代码修改如下加粗部分所示：

```
<script type="text/javascript" language="javascript">
    $(function () {
        $("#uploadImg").click(function(){
        var fileUpload=$("#imgFile").get(0);
        ……
            $.ajax({
                type: "POST",
                //调用 Students 控制器中的 UpLoadImg 动作
                url:'@ Url.Content("~/Students/UpLoadImg")',,
                contentType: false,
                processData: false,
                data: data,
                success: function (data) {
                    if (data !=null) {
                        //图片框的路径为绝对路径
                        $("#imgUpd").get(0).src='@Url.Content("~/UploadFiles/")'+data;
                        //在数据中以相对路径存储
                        $("#ImageURL").get(0).value='~ /UploadFiles/'+data;
                    }
                },
                error: function () { alert("上传图片错误!");
                }
            });
        });
    });
</script>
```

将 Students 控制器中的 UpLoadStdImg Action 修改为 UploadImg。在“解决方案资源管理器”中找到“share”目录，鼠标右击，在出现的快捷菜单中选择“添加”→“视图”，在出现的对话框中以“_UploadImg”命名分部视图，选择“创建为分部视图”，如图 4.40 所示。

分部视图的名称一般以“_”开头，以区分一般的视图。将上传图片的所有页面控件部分和脚本代码部分从 Edit(修改)页面视图中移到_UploadImg 视图中来，如下所示：

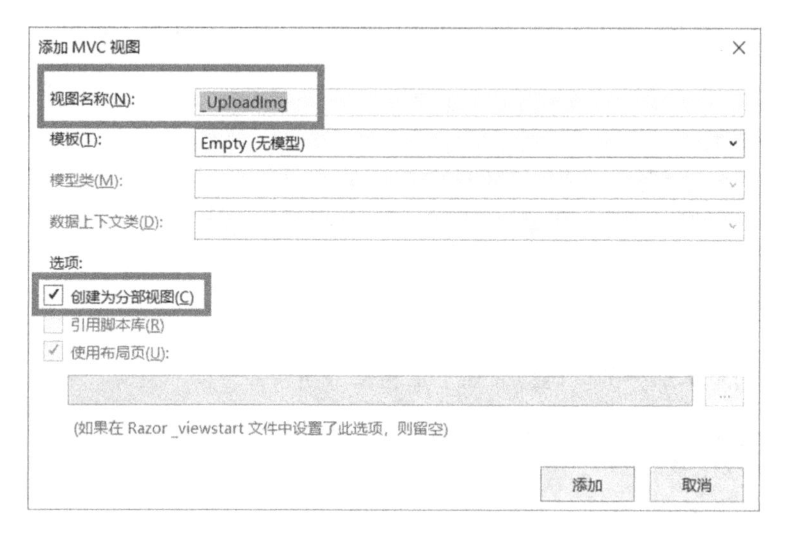

图 4.40　创建分部视图

```
<div class="form-group">
    <label class="control-label"> 登记照</label>
    @{
        ……
    }
    <br /><br />
    <input type="file" id="imgFile" multiple />
    <button type="button" class="btn btn-primary" id="uploadImg">
        <i class="fa fa-upload"></i>  上传图片
    </button>
</div>

<script type="text/javascript" language="javascript">
    $(function () {
        $("#uploadImg").click(function(){
          ……
    });
</script>
```

将 Edit(修改)页面原来上传图片的控件部分的代码替换为：

```
<div class="col-md-6" style="margin-left:50px">
    <partial name="_UploadImg" />

    <div class="form-group">
        <label asp-for="Memo" class="control-label"></label>
        <textarea asp-for="Memo" class="form-control"></textarea>
        <span asp-validation-for="Memo" class="text-danger"></span>
    </div>
```

```
</div>
```

〈partial name="_UploadImg"/〉表示在此处呈现分部视图。采用同样的方式删除 Students 中的 Create(创建)页面的视图和 Teachers 中的 Edit(修改)与 Create(创建)页面中的控件部分及脚本部分,然后用〈partial name="_UploadImg"/〉替换控件部分的位置,测试上传及保存图片的功能是否正常。

4. 用户配置文件

在应用程序开发过程中,有一些变量的值是不确定的,如每个分页页面记录的个数、数据库服务器的地址、Socket 连接的套接字地址等,在开发阶段,这些不确定的值可以进行硬编码测试。一旦部署到生产环境,这些不确定的变量值会随着环境的变化、用户的需求而随时调整,因此硬编码是不可行的。解决的办法是将不确定的变量值写入用户配置文件中,然后在程序中读取用户配置文件中的值。ASP. NET Core MVC 的用户配置文件是项目根目录下的"appsettings. json"文件,下面以设置学生列表页面的分页记录个数来说明用户配置文件的使用过程。打开"appsettings. json"文件,添加分页记录个数变量"pageSize"及其值"7",如下所示。

```
{
  "ConnectionStrings": {
    "DefaultConnection": "Server=.\\SQLEXPRESS;Database=StdMngMvc2020;uid=sa;
    pwd=*****;MultipleActiveResultSets=true"
  },
  "ApplicationSetting": {
    "pageSize": "7"
  },

  "Logging": {
    "LogLevel": {
      "Default": "Warning"
    }
  },
  "AllowedHosts": "*"
}
```

注意,数据库连接字符串已经默认在配置文件中设置了。打开"StudentsController. cs"文件,引入命名空间"using Microsoft.Extensions.Configuration",在构造函数中注入 configuration 对象,代码如下所示:

```
private readonly SchoolContext _context;
private IHostingEnvironment hostingEnv;
public IConfiguration Configuration { get; }

public StudentsController(SchoolContext context, IHostingEnvironment env,
        IConfiguration configuration)
{
```

```
        _context=context;
        this.hostingEnv=env;
        this.Configuration=configuration;
    }
```

将 Index Action 中的 int pageSize=7 替换为：

```
int pageSize = Convert.ToInt32(Configuration.GetSection("ApplicationSetting:
PageSize").Value);
```

在生产环境中，若要修改 pageSize，则只需要修改配置文件中的值，而不需要对代码进行重新编译。

第5章　Angular开发基础

Angular是一个优秀的基于脚本(TypeScript)的开源应用程序开发框架,类似的框架还有React和Vue。Angular的特点主要包含以下几个。

● 横跨所有平台:使用Angular构建应用程序,可以将程序复用到多个不同的平台上,如桌面、Web浏览器、移动端APP、平板电脑,实现"一套架构、多个平台"。

● 速度与性能:通过Web Worker和服务端渲染,达到在如今(以及未来)的Web平台上所能达到的最快速度。Angular能让你有效掌控可伸缩性。基于RxJS、Immutable.js和其他推送模型,能适应海量数据需求。

● 美妙的工具:使用简单的声明式模板,快速实现各种特性。使用自定义组件和大量现有组件,扩展模板语言。在几乎所有的IDE中获得针对Angular的即时帮助和反馈。所有这一切都是为了帮助你编写漂亮的应用程序,而不是绞尽脑汁地让代码"能用"。

● 众多的用户:从原型到全球部署,Angular都能带给你支撑Google大型应用的那些高扩展性基础设施与技术。

本章使用Angular框架实现学生表的增、删、改、查等基本功能,为后续章节的跨平台移动APP的开发打下基础。强烈建议大家在开始学习本章前完成官方的两个入门的示例演练。

(1) Angular入门:你的第一个应用(https://angular.cn/start)。

(2) 教程:英雄指南(https://angular.cn/tutorial)。

这两个示例演练对如何应用Angular框架的基本组成部分,如组件(Component)、模板(Module)、路由(Router)、服务(Service)、表单(Form),对HttpClient应用程序的开发进行了较为基础且详细的介绍。关于Angular的深入探讨,请参阅官方文档(https://angular.cn/)。

大家可能会问,Angular开发的程序同样是基于浏览器的,与ASP.NET Core MVC及其他Web开发框架,如SSH开发出来的Web应用程序有什么区别呢?

第2章使用Winform技术开发的学籍管理系统是一个C/S结构的应用程序。所谓的C/S结构,就是用户的业务逻辑在客户端执行,服务器用于存储数据。C/S结构的应用程序也称胖客户端程序,可以在客户端执行复杂的业务逻辑,处理和提供丰富的事件响应,如鼠标的滑动和拖放、键盘的点击等。

第4章使用ASP.NET Core MVC开发的程序是一个B/S结构的应用程序,用户的业务逻辑和数据存储都在服务器完成,客户端只需要使用浏览器打开应用程序的URL地址。B/S结构的应用程序也称瘦客户端程序,由于服务器处理应用程序的所有请求和业务逻辑,所以服务器能够响应的客户端事件仅仅是鼠标的点击事件,如果服务器响应客户端的鼠标滑动和键盘点击事件,那么服务器会由于响应时间的问题而迅速崩溃。

应用程序在浏览器中运行,最大的优势就是更新升级方便,不需要每次更新都必须在客户端进行安装;但其劣势也不言而喻,能够响应的客户端事件太少,服务器端的负担过重。有没有能够在浏览器中运行的“客户端应用程序”呢? RIA(Rich Internet Application)技术是早期以插件方式在浏览器中运行客户端程序,两个著名的插件为 Adobe 公司的 Flash 和微软公司的 Silverlight。Silverlight 插件目前已不多见,但大家在浏览网页时,还会经常看到 Flash 插件(Chrome 在 2022 年后也会停止对 Flash 插件的更新和支持)。插件技术虽然可以让客户端的程序在浏览器中运行,但以 ActiveX 的方式进行用户本地资源的访问会带来诸多安全性问题,所以,随着 HTML5 的出现,插件技术目前已经被淘汰。

由于 HTML5 提供了 Web Storage、Web Socket、地理定位、拖放 API 等新的特性,使得用单纯的 HTML+JS 脚本来开发基于浏览器的客户端应用程序成为可能,目前比较流行的 Angular、React、Vue 都是基于 HTML5 的,因此用户可以开发在浏览器中运行的客户端应用程序的框架。我们用 Angular 开发的简单的学籍管理系统就是一个在浏览器中运行的客户端应用程序。

5.1 开发环境的安装及配置

5.1.1 Visual Studio Code 的安装和配置

Visual Studio Code 简称为 VS Code,是微软公司提供给程序员的一个免费的优秀的代码编辑器,可以编辑和运行目前绝大多数的代码文件,如 Java、C#、C++、HTML、JavaScript、TypeScript、CSS、XML 等。相比于宇宙第一 RAID(快速应用程序开发)平台 Visual Studio,VS Code 要小巧很多,但小巧并不意味着功能不强大,相反,通过安装各种优秀的插件,VS Code 的功能可以得到极大的扩展。VS Code 是一个值得用心琢磨并可以帮助我们提高工作效率的编程利器。大家可以在 VS Code 的官网(https://code.visualstudio.com/)上下载最新的稳定版本并安装,如图 5.1 所示。

VS Code 的特点主要包含以下几点。

(1) 智能感知(IntelliSense):当编写程序代码时,如果编辑器能够智能化感知程序员想要输入什么,并且给出提示,那么会极大地提高编程效率。如输入一个类实例名称后,敲一个“.”,则该类实例的所有公共属性和方法都会自动出现,再输入某个方法的前几个字符,该方法会自动地从列表中筛选出来,此时不用输入该方法的全部名称,只需要敲击回车键,编辑器会自动补齐该方法剩余的其他字符。图 5.2 展示的是在输入 stdService 实例后,编辑器自动出现的该类实例可以调用的方法。

当编辑 CSS 样式中的颜色时,调色板会自动出现,在调色板上选择合适的颜色,颜色编码会自动出现在 CSS 样式的编辑器中。

(2) 运行和调试(Run and Debug):使用 VS Code 方便运行和调试代码,设置断点、运行、调试(逐步调试、逐过程调试)的快捷键与 Visual Studio 的完全相同。VS Code 也提供调试控制面板、调试监视器和调试控制台,用于对代码调试的支持。VS Code 的代码调试界面如图 5.3 所示。

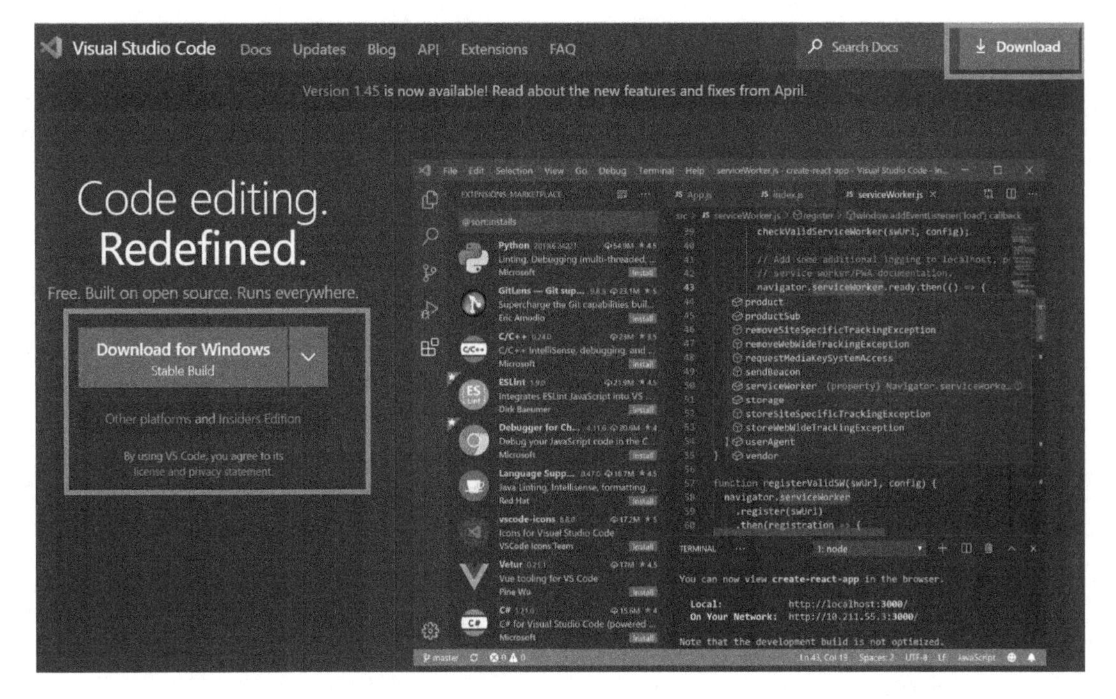

图 5.1　VS Code 的下载和安装

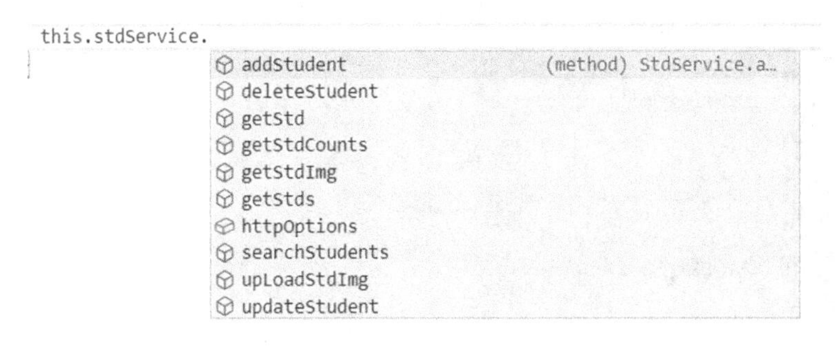

图 5.2　编辑器自动补齐实例调用的方法

(3) 和 Git 的集成。VS Code 使用 Git 作为团队源代码管理的工具，为程序员提供菜单及命令行来对源代码进行管理。

(4) 扩展(Extensions)插件的支持功能。VS Code 依靠插件扩展其功能：其一为功能扩展，如为 VS Code 扩展 SQL Server 的数据库连接、建表、查询功能，为 VS Code 添加 C# 语言支持功能等。其二为编辑器本身的性能扩充，如代码展示优化、中文支持等。图 5.4 是为 VS Code 安装中文来扩展支持的过程。

关于 VS Code 的使用细节，请大家参考官网(https://code.visualstudio.com/docs)的文档，耐心地将基础的帮助文档阅读一遍，对大家如何熟练使用 VS Code 进行代码编辑和项目开发是大有裨益的。同时，在平时的开发过程中，也多学习和安装一些能帮助项目开发的功能性扩展，从而提高项目开发的效率。

图 5.3　VS Code 的代码调试界面

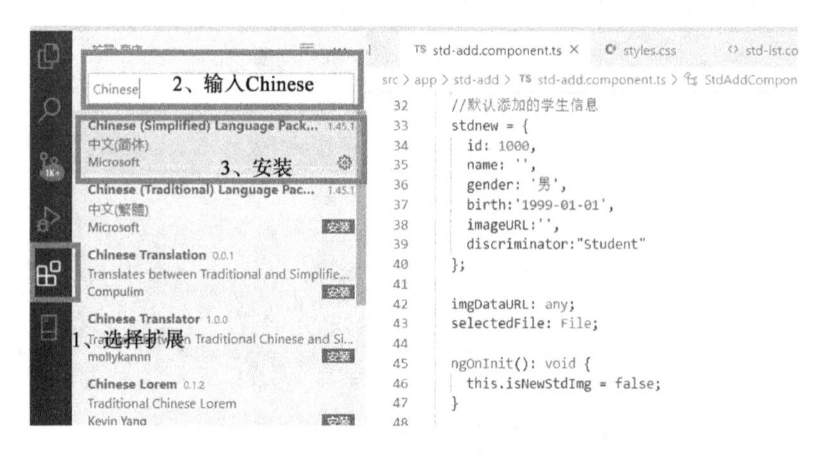

图 5.4　为 VS Code 安装中文来扩展支持的过程

5.1.2　Node.js 的安装和配置

Node.js 是一个基于 Chrome V8 引擎的 JavaScript 运行时环境，是运行在服务端的 JavaScript 脚本，为客户端的 Web 请求提供业务逻辑响应，V8 引擎执行 JavaScript 脚本的速度非常快，性能非常好。我们安装 Node.js，目的是使用其自带的包管理器 npm。在 Node.js 的官网(https://nodejs.org/zh-cn/)下载最新的稳定版本，然后进行安装，步骤在此不详细展开说明。需要说明的是 Node.js 的全局包安装路径的设置。关于全局包，我们可以使用“-g”命令项将其安装在 Node.js 的全局目录中。但如果按照 Node.js 的默认安装方式，Node.js 的命令文件目录和全局包目录不在同一个路径下，这就会导致在系统的环境变量中需要设置两个路径，非常麻烦。按以下步骤将 Node.js 的安装目录和全局包的目录设置在一个路径下。

（1）将 Node.js 安装在 D:\nodejs 目录下。在 D:\nodejs 目录下新建名为 node_cache 的文件夹，打开 cmd，切换到 D:\nodejs 目录，执行以下命令：

```
npm config set cache "D:\nodejs\node_cache"。
```

（2）继续在 cmd 中执行以下命令：

```
npm config set prefix "D:\nodejs",
```

以上命令表示在全局安装时，命令文件安装到 D:\nodejs\ 文件夹，全局包文件安装到 D:\nodejs\node_modules 文件夹。

（3）修改“D:\nodejs\node_modules\npm\npmrc”文件，加入“prefix=D:\nodejs”，将全局安装包安装到 D:\nodejs\node_modules 目录下。

（4）设置系统的环境变量，将 D:\nodejs 加入 Windows 系统路径（path）中去，如图 5.5 所示。

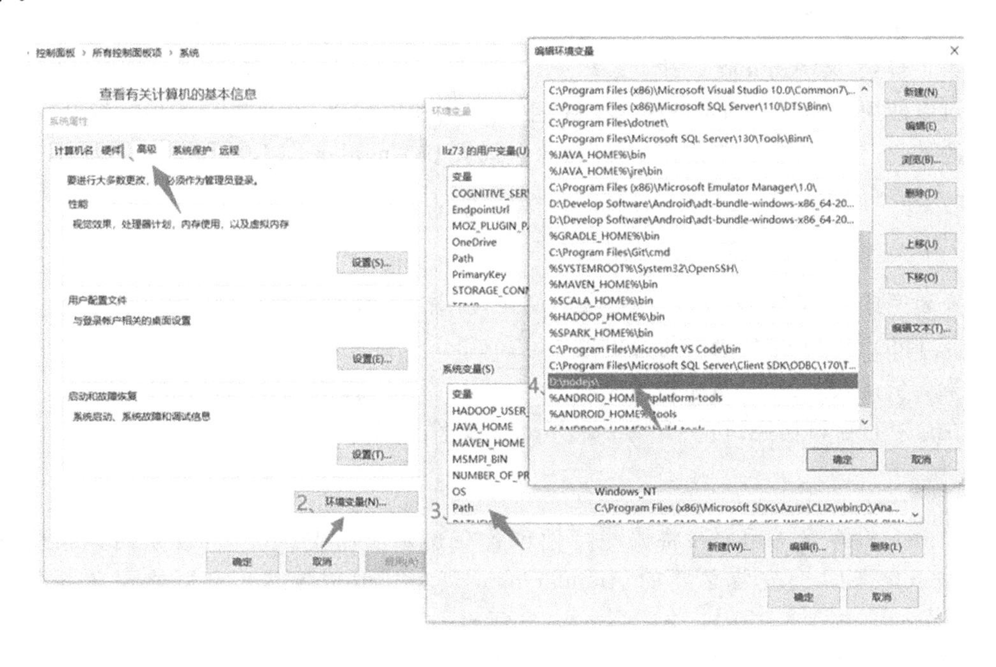

图 5.5　设置 nodejs 路径

（5）打开 cmd 命令行窗口，输入 node -v 和 npm -v 命令，检查设置的系统路径是否正确，如图 5.6 所示。

可以将 npm 包的下载镜像设置到国内服务器，以加快包下载的速度。输入以下命令，将包镜像服务器定位到淘宝：

```
npm config set registry https://registry.npm.taobao.org
```

通过以下命令查看配置是否成功：

```
npm config get registry
```

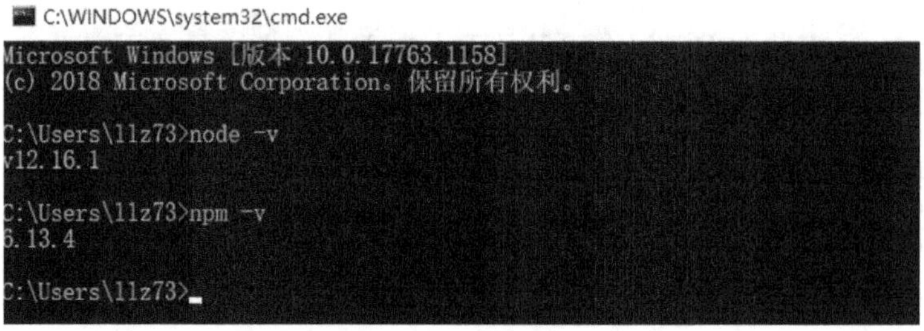

```
C:\WINDOWS\system32\cmd.exe
Microsoft Windows [版本 10.0.17763.1158]
(c) 2018 Microsoft Corporation。保留所有权利。

C:\Users\llz73>node -v
v12.16.1

C:\Users\llz73>npm -v
6.13.4

C:\Users\llz73>
```

图 5.6 检查路径

或者直接安装 cnpm,如下所示:

```
npm install -g cnpm --registry=https://registry.npm.taobao.org
```

安装 cnpm 后,可以直接使用 cnpm 命令来安装各种扩展包。

5.1.3 Angular 的安装和配置

第 1 步:安装 Angular CLI。

可以使用 Angular CLI 来创建项目、生成应用和库代码,以及执行各种持续开发任务,比如测试、打包和部署。要使用 npm 命令全局安装 Angular CLI,使用 cmd 打开命令行窗口,输入如下命令:

```
npm install -g @angular/cli
```

安装完成后,检查 D:\nodejs 目录的变化,看看 ng 命令是否在 D:\nodejs 目录下,D:\nodejs\node_modules 目录下是否出现了@angular 子目录。

第 2 步:创建工作空间和初始应用。

在命令行窗口切换到 d:\Projects\Mobile 文件夹,输入如下命令:

```
ng new my-app
```

ng new 命令会提示你要将哪些特性包含在初始应用中。按 Enter 键可以接受默认值。Angular CLI 会安装必要的 Angular npm 包和其他依赖包。这可能要花几分钟的时间。

CLI 会创建一个新的工作区和一个简单的欢迎应用,随时可以运行它。

第 3 步:运行应用。

Angular CLI 中包含一个服务器,方便你在本地构建和提供应用。从 d:\Projects\Mobile 文件夹下进入 my-app 子目录,输入命令 ng serve 和--open 选项来启动服务器。

```
cd my-app
ng serve --open
```

ng serve 命令会启动开发服务器、监视文件,并在这些文件发生更改时重建应用。--open(或者只用-o 缩写)选项会自动打开你的浏览器,并访问 http://localhost:4200/。Angular 的初始界面如图 5.7 所示。

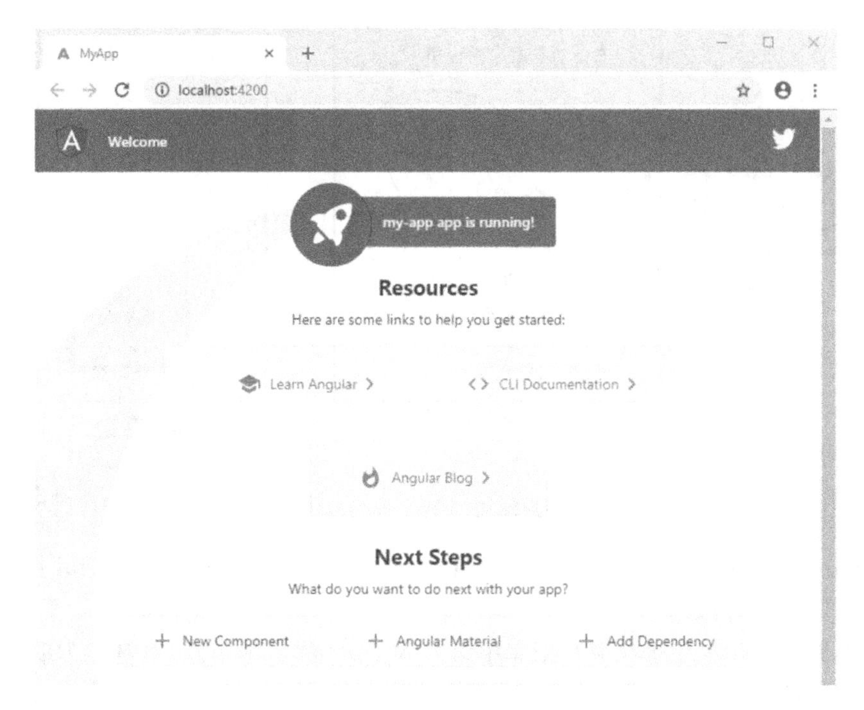

图5.7　Angular**的初始界面**

5.2　开发供客户端访问数据库的Web API

在移动互联网的时代，访问数据库的客户端逐步由桌面设备过渡到移动设备。移动设备的操作系统不再使用组件以数据库连接的方式去访问远程数据库服务器，而是以HTTP协议通过80端口以访问服务的方式实现。早在2000年，微软公司提出了Web Service的概念，使得应用程序通过Internet，以HTTP协议通过80端口来访问服务器上公开的服务信息，从而使得应用程序的开发可以通过订阅组装服务来完成。比如，项目开发中必需的用户身份验证和基于角色的权限授予模块就可以不用重复开发，而是直接通过订阅现有的Web Service的方式完成，Web Service就是目前云计算中SaaS(软件即服务)的雏形。Web Service通过SOAP协议，以XML为数据交换格式，在客户端和服务端之间进行数据交互。客户端访问Web Service的框架图如图5.8所示。

在客户端调用Web Service，还需要在项目中加载Web Service的引用，获取到Web Service中定义的类和方法后，才可以访问Web Service。如果客户端项目仍然以C#语言作为开发语言，那么通过Visual Studio平台开发，问题不大。但在移动互联网的时代，客户端的设备类型众多、操作系统版本众多，应用程序的开发不可能都是基于微软技术框架的，也就是说，在异构的环境下，Web Service的应用范围有限。合理访问服务端数据库的方式应该是构建一个Web API(Web Application Interface)，客户端程序直接通过URI地址定位的方式访问和操作数据库。Roy Thomas Fielding博士在2000年的博士论文《Architectural Styles and the Design of Network-based Software Architectures》中提出

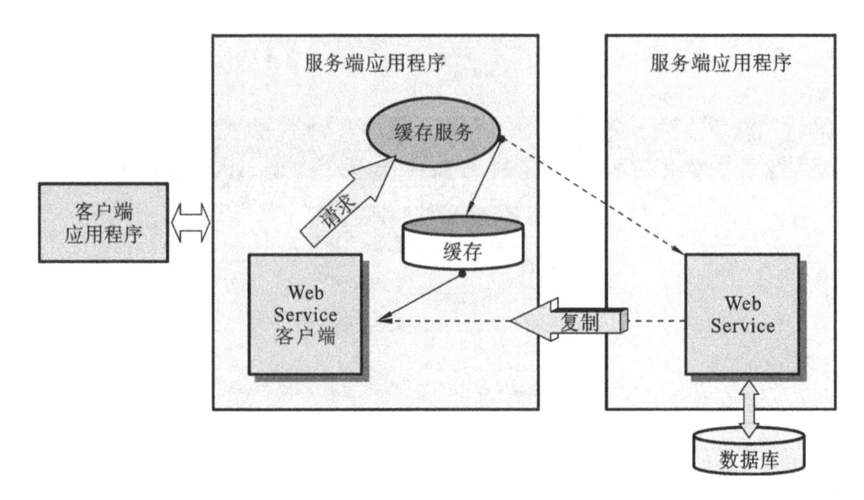

图 5.8　客户端访问 Web Service 的框架图

REST(Representational State Transfer)风格的软件架构模式,使得 RESTful 协议成为构建 Web API 的标准协议。

如果客户端应用程序想获取数据库中编号为 2450 的学生信息,对基于 RESTful 协议的 Web API,程序员可以直接通过 http client 访问 http://IP 地址:端口号/Student/123,就会得到以 JSON 格式表示的该学生在 t_Student 数据表中对应的记录。RESTful 协议使用 GET、POST、PUT、DELETE 四个谓词,对数据表进行增、删、改、查等操作。Web API 谓词如表 5.1 所示。

表 5.1　Web API 谓词

API	描　　述	请　　求	响　　应
GET　/api/ Students	获取所有学生信息	None	学生数组
GET　/api/Student? age<25	按条件筛选学生列表	None	学生数组
GET　/api/Students/{id}	根据 id 获取学生信息	None	学生实例
POST /api/Student	添加一个学生	学生实例	学生实例
PUT　/api/Student/{id}	根据 id 更新一个学生	学生实例	None
DELETE　/api/ Student /{id}	根据 id 删除一个学生	None	学生实例

ASP. NET Core Web API 以我们熟悉的控制器命名路由方式访问,其结构框架如图 5.9 所示。

下面就如何创建和使用 ASP. NET Core Web API 展开详细说明。

5.2.1　创建 ASP. NET Core Web API

在 Visual Studio 2017 中打开第 4 章完成的 StdMngMvc 项目,找到 Controllers 文件夹,点击右键,在出现的快捷菜单中选择“添加”→“控制器”,在出现的对话框中选择“其操作使用 Entity Framework 的 API 控制器”,点击“添加”按钮,在随后出现的对话框中选择“模

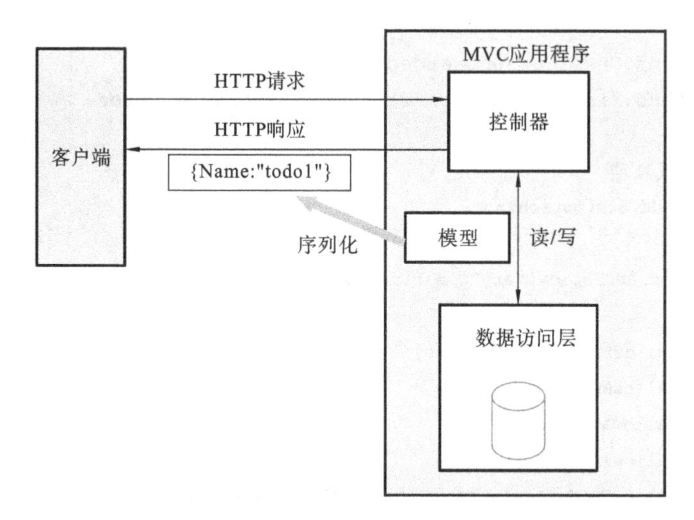

图 5.9　ASP. NET Core Web API 框架

型类"为"Student(StdMngMvc. Models)",将"控制器名称"命名为"StdWebAPI"后,点击"添加"按钮。Web API 控制器的添加如图 5.10 所示。

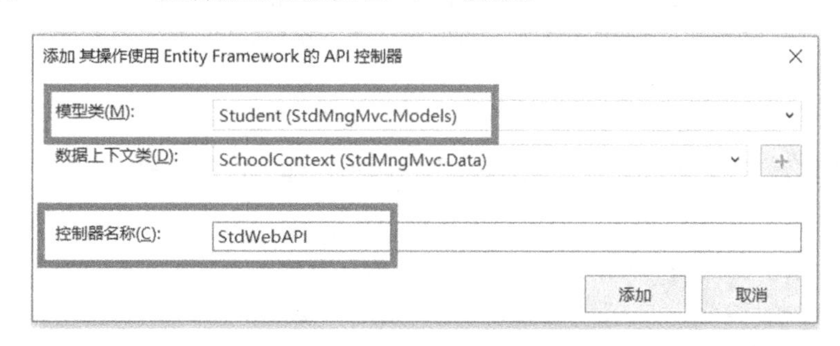

图 5.10　添加 Web API 控制器

1. 允许 Web API 跨域(CROS)访问

因为浏览器的同源策略规定,某域下的客户端在没有明确授权的情况下不能读/写另一个域的资源。基于 Web API 开发的客户端,和服务端的 Web API 是相互分离的,且客户端和服务端都会部署在不同的服务器,或者在同一个服务器的不同端口下。客户端想要获取服务端的数据,就必须发起请求,如果不进行处理,就会受到浏览器同源策略的约束。后端可以收到请求并返回数据,但是前端无法收到数据。例如:客户端(http://www. 123. com/index. html)调用服务端(http://cs. wit. edu. cn/StdMngMvc/StdWebAPI),就会因为主域名的不同而出现跨域问题。在本章演示的程序中,简单地解决跨域问题的方法主要有以下几种。

(1) 修改项目根目录下的 Startup. cs 文件,在 ConfigureServices 方法中添加如下所示的代码:

```
public void ConfigureServices(IServiceCollection services)
{
    services.Configure<CookiePolicyOptions>(options=>
```

```
    {
        options.CheckConsentNeeded=context=>true;
        options.MinimumSameSitePolicy=SameSiteMode.None;
    });
    //配置跨域处理
    services.AddCors(options=>
    {
        options.AddPolicy("any", builder=>
        {
            builder.AllowAnyOrigin()     //允许任何来源的主机访问
            .AllowAnyMethod()
            .AllowAnyOrigin()
            .AllowAnyHeader()
            .AllowCredentials();         //指定处理 cookie
        });
    });
    services.AddDbContext<SchoolContext> (options=>
    options.UseSqlServer(Configuration.GetConnectionString("DefaultConnection")));
    services.AddMvc().SetCompatibilityVersion(CompatibilityVersion.Version_2_2);
    services.AddMvc().AddWebApiConventions();
}
```

(2) 在刚刚添加的 StdWebAPI 控制器代码的顶部加入以下代码：

```
using System;
using System.Collections.Generic;
using System.IO;
using System.Linq;
using System.Threading.Tasks;
using Microsoft.AspNetCore.Cors;
using Microsoft.AspNetCore.Hosting;
using Microsoft.AspNetCore.Http;
using Microsoft.AspNetCore.Mvc;
using Microsoft.EntityFrameworkCore;
using StdMngMvc.Data;
using StdMngMvc.Models;

[Route("api/[controller]")]
[ApiController]
[EnableCors("any")]
public class StdWebAPIController : ControllerBase
{
    private readonly SchoolContext _context;
    private IHostingEnvironment hostingEnv;
```

```
    public StdWebAPIController(SchoolContext context, IHostingEnvironment env)
    {
        _context=context;
        this.hostingEnv=env;
    }
}
```

注意,EnableCors属性的参数“any”与options.AddPolicy("any",…)中的“any”参数一致。这里将跨域访问的所有限制均放开,是为了方便演示程序,在生产环境中,还要兼顾服务端的安全性,有选择地放开一些跨域限制。

2. 获取学生信息列表

修改自动生成的获取学生信息列表的Action,代码如下:

```
// GET: api/StdWebAPI
[HttpGet]
public async Task< ActionResult<IEnumerable<Student>>>
GetStudents(string stdName="",int pageSize=5,int pageIndex=1)
{
    var students=from s in _context.Students select s;
    //查找操作不分页
    if (!String.IsNullOrEmpty(stdName))
    {
        students=students.Where(s=>s.Name.Contains(stdName));
        return await students.ToListAsync(); ;
    }

    return await students.Skip((pageIndex-1)*pageSize).
    Take(pageSize).AsNoTracking().ToListAsync();
}
```

[HttpGet]表示该Action执行RESTful协议的GET操作,访问数据库,获取学生列表信息。注意,[HttpGet]没有命名路由参数,表示该Action为默认的GET操作,可以直接使用“api/StdWebAPI”访问该Action。

GetStudents给出了三个参数。

- stdName:默认值为"",表示默认不执行按学生姓名进行查找,除非用户指定学生姓名进行查找。
- pageSize:默认值为5,表示默认读取每个分页的学生个数为5。
- pageIndex:默认值为1,表示默认读取第一个分页。

如果直接调用“api/StdWebAPI”,则GetStudents返回学生表中的前5个学生的记录,也就是按分页的方式返回学生记录,而不是一次性返回所有学生的记录。原因在前面的第2章和第4章已经解释过,在此不再赘述。

返回学生表的学生总数,该Action与客户端中的分页数计算相关,代码如下:

```
[HttpGet("GetStdCounts")]
public int GetStdCounts()
{
    return _context.Students.Count();
}
```

注意,该 Action 的[HttpGet("GetStdCounts")]属性后面的参数为"GetStdCounts","GetStdCounts"为命名路由,表示访问该 Action 的 Web API 方式为“api/StdWebAPI/GetStdCounts”。

按学生 id 查询学生表,返回该学生的信息。代码如下:

```
[HttpGet("{id}")]
public async Task<ActionResult<Student>>GetStudent(int id)
{
    var student=await _context.Students.FindAsync(id);

    if (student==null)
    {
        return NotFound();
    }

    return student;
}
```

以上代码表示访问该 Action 的 Web API 方式为“api/StdWebAPI/2500”,其中 2500 为学生的 id。

添加一个学生,代码如下:

```
//使用控制器内部的私有方法,判断学生是否存在
private bool StudentExists(int id)
{
    return _context.Students.Any(e=>e.ID==id);
}

//POST: api/StdWebAPI
[HttpPost]
public async Task<ActionResult<Student>>PostStudent(Student student)
{
    _context.Students.Add(student);

    try
    {
        await _context.SaveChangesAsync();
    }
    catch (DbUpdateException)
```

```
    {
        if (StudentExists(student.ID))
        {
            return Conflict();
        }
        else
        {
            throw;
        }
    }

    return CreatedAtAction("GetStudent", new { id=student.ID }, student);
}
```

该 Action 为添加学生的默认操作，客户端将请求谓词设置为“POST”，访问该 Action 的 Web API 路由为“api/StdWebAPI”，Request（请求）的 body 中，包含要添加哪个学生的 JSON 格式数据。注意：

```
return CreatedAtAction("GetStudent", new { id=student.ID }, student);
```

表示添加学生成功后，返回到 GetStudent Action，告知客户端新添加学生的位置。

修改一个学生的信息，代码如下：

```
// PUT: api/StdWebAPI/5
[HttpPut("{id}")]
public async Task<IActionResult>  PutStudent(int id, Student student)
{
    if (id!=student.ID)
    {
        return BadRequest();
    }

    _context.Entry(student).State=EntityState.Modified;

    try
    {
        await _context.SaveChangesAsync();
    }
    catch (DbUpdateConcurrencyException)
    {
        if (!StudentExists(id))
        {
            return NotFound();
        }
        else
        {
```

```
            throw;
        }
    }

    return NoContent();
}
```

该 Action 为修改学生的默认操作,客户端将请求谓词设置为“PUT”后,访问该 Action 的 Web API 路由为“api/StdWebAPI/2500”,2500 表示要修改的学生的 id,Request(请求)body 中,包含要修改哪个学生的 JSON 格式数据。

删除一个学生。代码如下:

```
[HttpDelete("{id}")]
public async Task<ActionResult<Student>> DeleteStudent(int id)
{
    var student=await _context.Students.FindAsync(id);
    if (student==null)
    {
        return NotFound();
    }

    _context.Students.Remove(student);
    await _context.SaveChangesAsync();
    return student;
}
```

该 Action 为删除学生的默认操作,客户端将请求谓词设置为“DELETE”后,访问该 Action 的 Web API 路由为“api/StdWebAPI/2500”,2500 表示要修改的学生的 id。

上传学生的登记照。代码如下:

```
[HttpPost("StdImgFileUpload")]
public async Task<HttpResponseMessage> StdImgFileUpload(IFormFile stdImgfile)
{
    if (stdImgfile !=null)
    {
        try
        {  //得到存储的绝对路径
            var filenStorePath=hostingEnv.WebRootPath +
                                $@"\UploadFiles\{stdImgfile.FileName}";

            using (FileStream fs=System.IO.File.Create(filenStorePath))
            {
                stdImgfile.CopyTo(fs);
                await fs.FlushAsync();
            }
```

```
            //返回结果
            return new HttpResponseMessage() { Content=new StringContent(
            "上传学生登记照成功!")};
        }
        catch (Exception ex)
        {
            return new HttpResponseMessage(){Content=new StringContent(ex.Message)};
        }
    }
    else
    {

        return new HttpResponseMessage(){Content=new StringContent("图片文件为空!")};
    }
}
```

上传登记照的 Web API 的客户端路由为“api/StdWebAPI/StdImgFileUpload”，Request(请求)的谓词为 POST。

5.2.2　测试 Web API

使用 Postman 作为客户端，对 5.2.1 节的各个 Web API Action 进行测试。编译 StdMngMvc 项目，按“Ctrl+F5”组合键运行程序，将页面导航到学生列表界面，如图 5.11 所示。

教学管理系统　首页　学生管理　教师管理　系别管理　课程管理　关于

学生列表

新建　　请输入学生姓名...　查找

学号	姓名	性别	出生日期	年龄	电子邮件	身份证号	登记照	
2499	Jack-1	男	2000-01-01	20	Jack@123.com			选择 | 修改 | 详细信息 | 删除
2500	张景平	男	1998-04-04	22	llz@123.com			选择 | 修改 | 详细信息 | 删除
2501	胡书琴-1	女	1999-07-15	20	hsq@123.com			选择 | 修改 | 详细信息 | 删除
2502	王文昂	男	1999-06-12	20				选择 | 修改 | 详细信息 | 删除
2503	方佳音	女	1999-05-21	21				选择 | 修改 | 详细信息 | 删除

« 前一页　后一页 »

图 5.11　学生列表界面

(1) 测试 GET，获取学生信息。在 Postman 操作界面点击“+”按钮，增加一个客户端请求，然后设置该请求的谓词为“GET”，URL 为 https://localhost:44303/api/StdWebAPI，点击“Send”按钮，最后查看 Response 相应的 Body 正文。由于没有附加任何参数，故返回的是前 5 个学生的信息。测试 GET 谓词的步骤如图 5.12 所示。

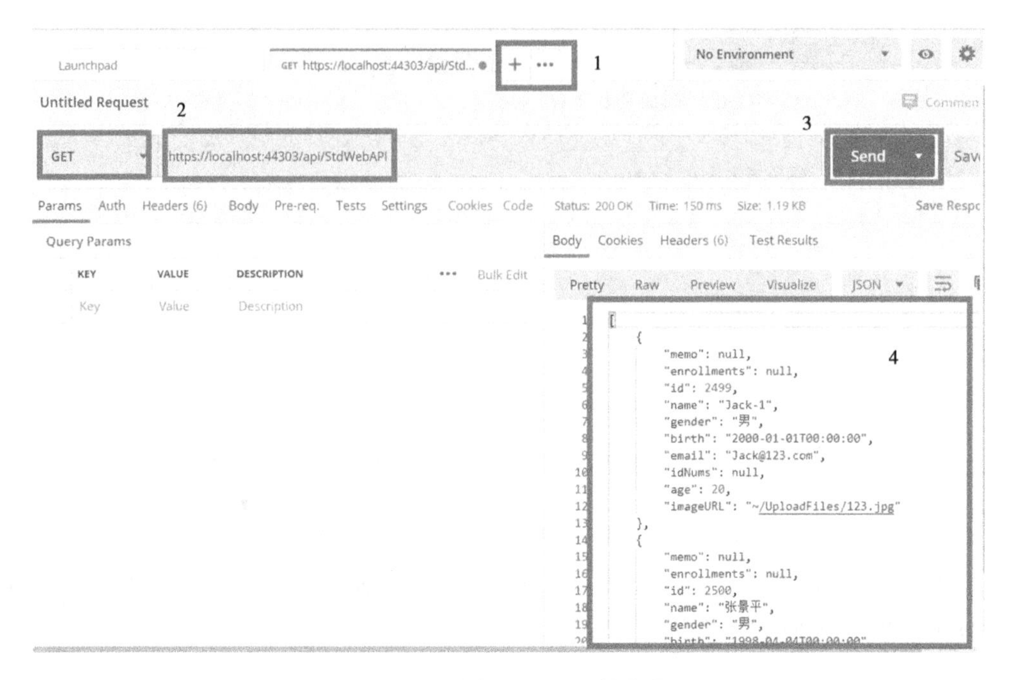

图 5.12　测试 GET 谓词的步骤

修改 URL 为“https://localhost:44303/api/StdWebAPI/2500”，测试按学生的 id 查询学生信息。

修改 URL 为“https://localhost:44303/api/StdWebAPI? stdName=云”，测试查询学生姓名中包含“云”字的学生。

修改 URL 为“https://localhost:44303/api/StdWebAPI? pageSize=8&pageIndex=2”，测试查询第 2 页的 8 个学生的记录。

(2) 测试 POST，添加学生信息。在 Postman 操作界面中添加一个客户端请求，设置谓词为“POST”，URL 为“https://localhost:44303/api/StdWebAPI”，在请求的 Body 部分设置数据格式为 JSON，然后在 Body 正文中输入以下代码：

```
{
    ID:2498,
    Name:"jenny",
    Gender:"女",
    Birth:"1998-04-19",
    Discriminator:"Student"
}
```

点击“Send”按钮后观察 Response 回复的 Body 消息，同时刷新图 5.13 所示的界面，观察 id 为 2488 的学生是否已经正确添加。

(3) 测试 PUT，修改学生信息。在 Postman 操作界面中添加一个客户端请求，设置谓词为“PUT”，URL 为“https://localhost:44303/api/StdWebAPI/2498”，在请求的 Body 部分设置数据格式为 JSON，然后在 Body 正文中输入以下代码：

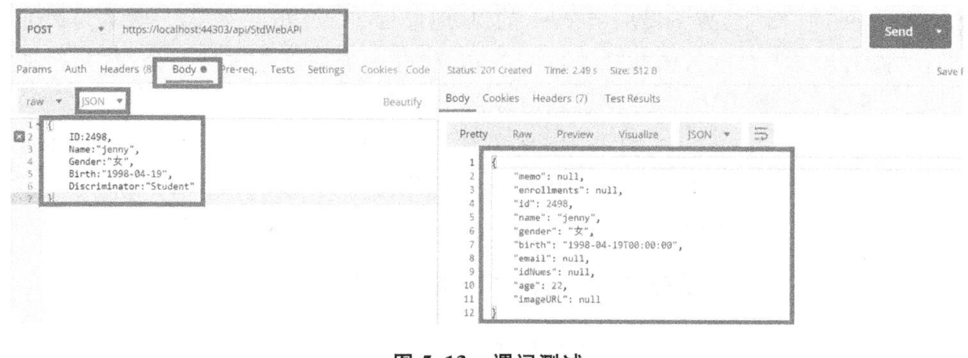

图 5.13　谓词测试

```
{
    ID:2498,
    Name:"Jenny-1",
    Gender:"女",
    Birth:"1997-04-12",
    Discriminator:"Student"
}
```

点击“Send”按钮后观察 Response 回复的 Body 消息，同时刷新图 5.13 所示的界面，检查 id 为 2488 的学生信息是否已经正确更新。

(4) 测试 DELETE，删除学生信息。在 Postman 操作界面中添加一个客户端请求，设置谓词为“DELETE”，URL 为“https://localhost:44303/api/StdWebAPI/2498”，点击“Send”按钮后，刷新图 5.13 所示的界面，确定学生信息是否删除。

(5) 测试上传的学生登记照。在 Postman 操作界面中添加一个客户端请求，设置谓词为“POST”，URL 为“https://localhost:44303/api/StdWebAPI/StdImgFileUpload/”，设置 Request Body 的数据格式为 form-data，上传文件的 KEY 为 stdImgfile，注意与 Action StdImgFileUpload 中的参数 IFormFile 的名称 stdImgfile 保持一致，在本地磁盘选择图片文件 123.jpg。上传学生登记照的 Postman 设置如图 5.14 所示。点击“Send”按钮后，注意观察 Response 返回的信息，同时检查项目 wwwroot/UploadFiles 目录下 123.jpg 是否正确上传。

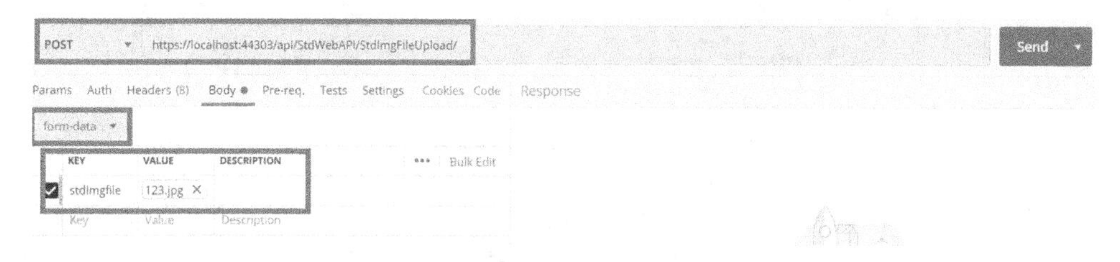

图 5.14　上传学生登记照的 Postman 设置

5.2.3　Web API 的服务器部署

Web API 开发完成后，应该部署到有静态公网 IP 的服务器上，让客户端应用程序可以通过 Internet 进行访问。下面介绍如何将 5.2.2 节对学生表进行操作的 Web API 部署到

Window Server 的 IIS 上，Windows Server 的 IP 地址为 218.199.178.24。大家可以通过申请阿里云、腾讯云或者百度云的虚拟廉价服务器，获得一个可以通过静态公网 IP 地址访问的服务器。下面介绍将 Web API 部署到服务器的步骤。

(1) 在 Windows Server 中，打开 IIS 管理器，选中“Default Web Site”，右击，在出现的快捷菜单中选择“添加应用程序”，将应用程序的名称设置为“StdMngMvc”，应用程序池选择为“ASP. NET v4. 0”，物理路径选择为“D:\StdMngMvc”，如图 5.15 所示。

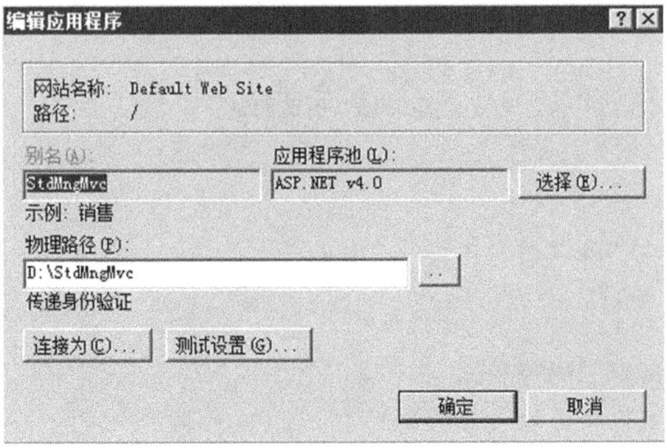

图 5.15　新建应用程序

若服务器没有“ASP. NET v4. 0”的应用程序池可以选择，则需要在服务器上安装 . NET Framework 4. XX 以上的版本。

(2) 配置 IIS 服务器的远程部署，从 VS2017 直接部署项目到 IIS，需要在 IIS 中安装“管理服务”组件，在 Windows Server 中安装 Web Deploy 程序，以及进行一些相关的设置。具体过程在此不做详细说明，大家可以查询相关文档获取这些组件的安装及设置方式。确定在 Windows Server 的服务中出现“Web 部署代理服务”，并正常启动后进入下一步。Web 部署代理服务如图 5.16 所示。

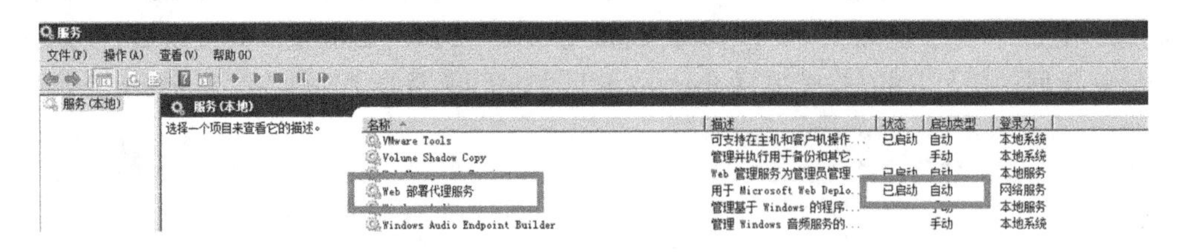

图 5.16　Web 部署代理服务

(3) 在 Visual Studio 2017 中打开 StdMngMvc 项目，选中“StdMngMvc”，右击，在出现的快捷菜单中选择“发布”，在出现的发布界面中点击“新建配置文件”后，在出现的对话框中选择“IIS、FTP 等”，保持其他选项为默认值，点击“创建配置文件”按钮，如图 5.17 所示。

在随后出现的配置文件的连接设置的相应对话框中输入如图 5.18 所示的内容。

设置完成后，点击“验证连接”按钮，如果验证通过，则表示设置正确，否则，请根据错误提示找到解决方法，直到连接正确后，点击“下一页”按钮。请按图 5.19 所示的远程部署进行设置。

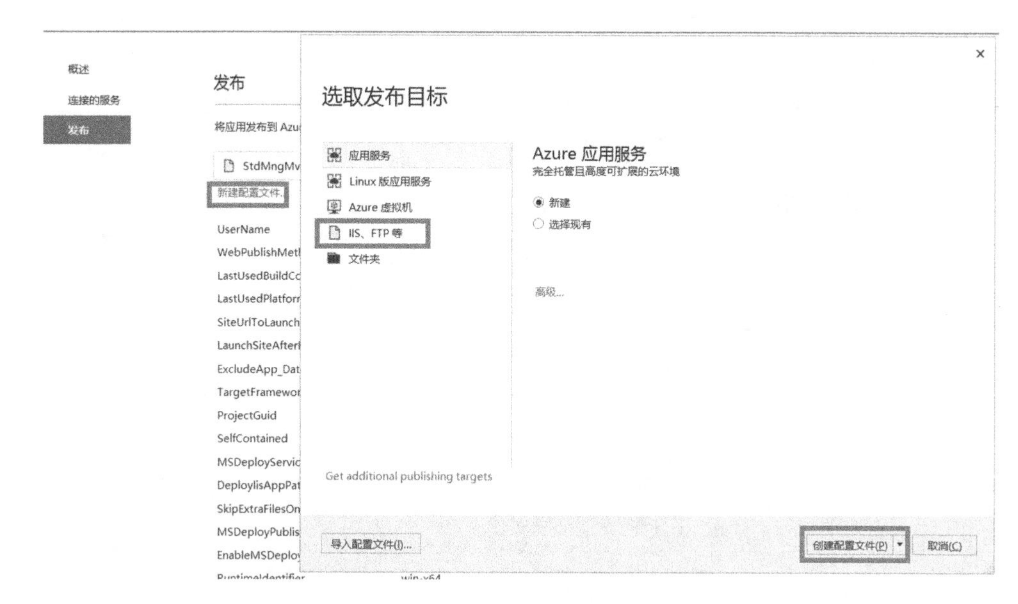

图 5.17　新建发布配置文件

图 5.18　配置文件的连接设置

特别注意在“DefaultConnection”中要保证数据库连接的正确性，关于如何将本地的“StdMngMvc2020”数据集迁移到服务器，可以使用备份/还原，或者使用文件附加的方法，请大家自行查阅相关文档完成。完成设置后点击“保存”按钮，在发布界面点击“发布”按钮，将本地的 StdMngMvc 项目发布到 218.199.178.24 服务器上。如果发布成功，则本地浏览

图 5.19 远程部署设置

器会自动打开“http://218.199.178.24/StdMngMvc”，确认第4章基于本地数据库开发项目的各项功能在服务器上的运行是否正确。将5.2.2节中各个Web API的URL地址中的“https://localhost:44303”修改为“http://218.199.178.24/StdMngMvc”后，在Postman中确认对学生表的增、删、改、查操作是否正确。

5.3 使用Angular开发基于数据库的应用

本节演示如何使用Angular开发对学生表进行增、删、改、查的基于浏览器的客户端应用程序，数据库的访问基于5.2节发布到服务器的Web API来完成，Web API的访问地址为“http://218.199.178.24/StdMngMvc/api/StdWebAPI”。进入命令行界面，切换路径到“D:\Projects\Teaching”目录，输入以下命令：

```
ng new StdMngAngular
```

在提示是否使用“Angular Routing”时选择“y”，在随后的项目样式提示中选择“CSS”。创建StdMngAngular项目成功后，启动VS Code，在文件菜单中选择“打开文件夹”，选择“D:\Projects\Teaching\StdMngAngular”文件夹。进入项目后，在终端菜单中选择“新终端”，在终端的命令提示符后输入如下命令，按回车键执行命令。

```
npm install bootstrap --save
```

上面的命令表示安装bootstrap前端框架，--save命令表示将bootstrap包安装到本地项目而不是全局中。终端的位置和命令输入如图 5.20 所示。

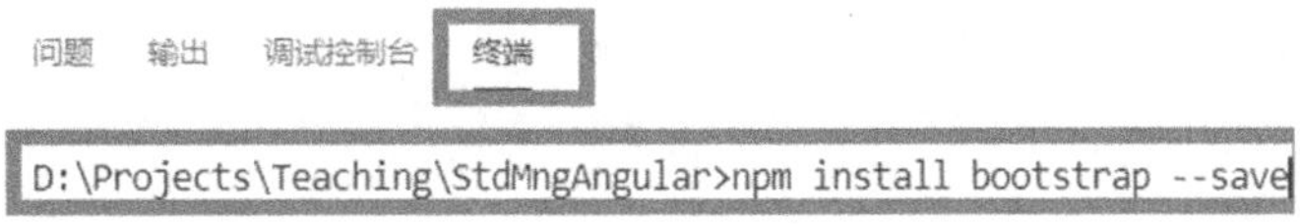

问题　输出　调试控制台　终端

D:\Projects\Teaching\StdMngAngular>npm install bootstrap --save

图 5.20　终端的位置和命令输入

由于 bootstrap 需要使用 jquery,故还需要安装 jquery,输入下面的命令安装 jquery 到本地项目。

```
npm installjquery --save
```

在项目根目录下打开 angular.json 文件,在"architect"→"options"后修改"styles"和"scripts"的内容如下：

```
"architect": {
"build": {
  "builder": "@angular-devkit/build-angular:browser",
  "options": {
    "outputPath": "dist/StdMngAngular",
    "index": "src/index.html",
    "main": "src/main.ts",
    "polyfills": "src/polyfills.ts",
    "tsConfig": "tsconfig.app.json",
    "aot": true,
    "assets": [
      "src/favicon.ico",
      "src/assets"
    ],
    "styles": [
      "node_modules/bootstrap/dist/css/bootstrap.min.css",
      "src/styles.css"
    ],
    "scripts": [
      "node_modules/jquery/dist/jquery.min.js",
      "node_modules/bootstrap/dist/js/bootstrap.min.js"
    ]
  },
  ……
```

5.3.1　应用程序的总体框架

本节简单介绍 Angular 项目的框架结构,项目的初始结构如图 5.21 所示。

项目中的重要文件介绍如下。

(1) app-routing.module.ts:应用程序的路由导航在该文件中配置,Angular 框架使用

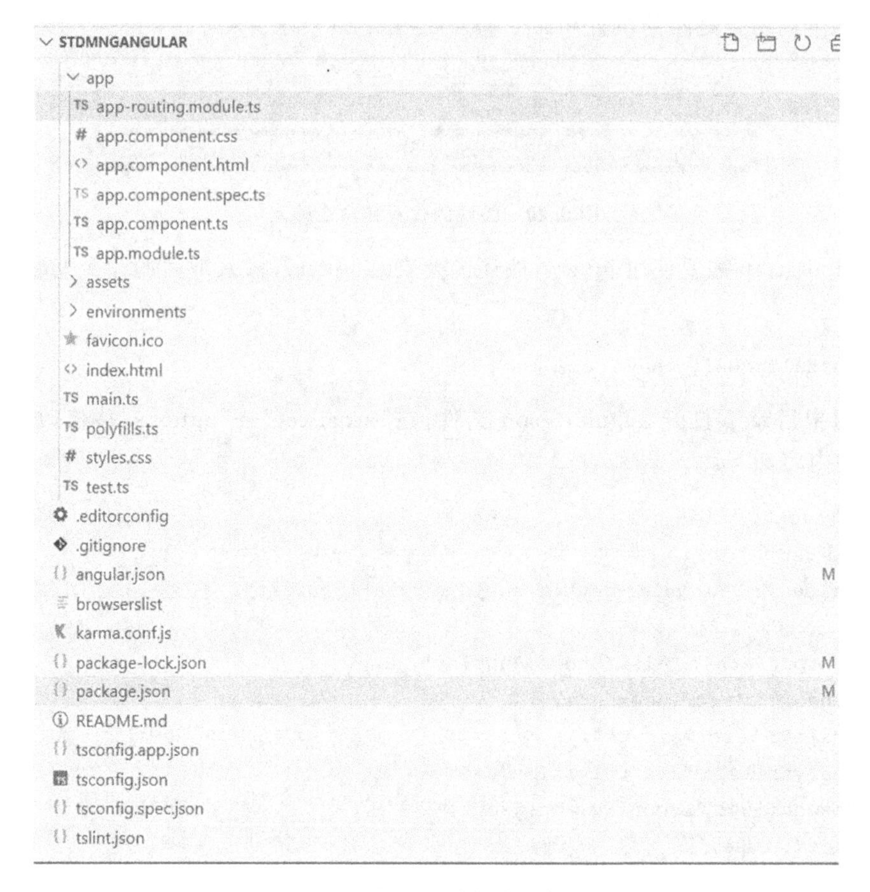

图 5.21 项目的初始结构

路由技术在组件之间进行页面的切换。具体帮助请参见 https://angular.cn/guide/router。

(2) app.component.css、app.component.html、app.component.spec.ts、app.component.ts 表示 angular 组件(Component)默认的四个文件，app 表示应用程序的根组件，名称不能修改。

- app.component.css：表示组件的页面样式文件，在该文件中设置的 CSS 样式仅对 app.component.html 文件中的 HTML 元素起作用。
- app.component.html：表示组件的 HTML 视图文件，在此文件中定义和修改组件的展示界面。
- app.component.spec.ts：表示系统自动生成，在编程过程中不用修改。
- app.component.ts：表示组件的后台业务逻辑控制文件，在此文件中进行编程，语言为 TypeScript，TypeScript 是对原生的 JavaScript 的扩展和改进，具体请参考 https://www.typescriptlang.org/。默认的 app.component.ts 的代码如下：

```
import { Component } from '@angular/core';
@Component({
  selector: 'app-root',
  templateUrl: './app.component.html',
```

```
  styleUrls: ['./app.component.css']
})
export class AppComponent {
  title='StdMngAngular';
}
```

注意,selector:'app-root'表示在其他页面中可以以app-root引用该组件。

(3) app.module:模块声明和导入的文件,使用ng generate命令生成的组件会自动在此文件中声明。HttpClient和Form模块必须在此文件中手动修改并导入。

(4) assets目录:用于存放项目本地的一些配置信息,如图标和配置文件。访问Web API的地址需要以配置文件的形式保存起来,在该目录中添加文件"AppConfig.json"后,输入以下代码后保存:

```
{
    "stdsWebAPIUrl": "http://218.199.178.24/StdMngMvc/api/StdWebAPI",
    "stdWebUrl": "http://218.199.178.24/StdMngMvc",
    "pageSize": 8
}
```

后续开发过程中,会读取配置文件中的信息。其中,stdsWebAPIUrl表示Web API的服务器地址。stdWebUrl为学籍管理系统的服务器地址,由于本章开发的基于Angular的学籍管理系统与第4章开发的B/S结构模式的学籍管理系统共用数据库及一些文件资源(wwwroot/UploadFiles),故需要stdWebUrl来作为文件的定位URL。pageSize为每个分页页面的学生个数。

(5) index.html:项目的首页一般不做修改,app-root组件会在index.html的Body中被导入。由于Bootstrap4已经不自带图标库,所以需要下载第三方图标库。在https://fontawesome.com/下载fontawesome-free-5.13.0-web.zip文件后,解压到项目的src/assets目录中,然后在index.html中加入对图标库的引用,代码如下所示:

```
<!doctype html>
<html lang="en">
<head>
  <meta charset="utf-8">
  <title> StdMngAngular</title>
  <base href="/">
  <meta name="viewport" content="width=device-width, initial-scale=1">
  <link rel="icon" type="image/x-icon" href="favicon.ico">
  <link href="./assets//fontawesome-free-5.12.1-web/css/all.css"rel="stylesheet" />
</head>
<body>
  <app-root> </app-root>
</body>
</html>
```

(6) styles.css:全局样式文件,对项目中的所有页面和组件有效。在样式文件中加入以下代码,在后续开发中需要用到。

```
html { height: 100% ;}

body {
    min-height:100% ;
    position:relative;
}

.ng-valid[required], .ng-valid.required {
    border-left: 5px solid #42A948; /*green*/
  }

.ng-invalid:not(form){
    border-left: 5px solid #a94442; /*red*/
  }

.stdImg{
    max-height:150px;
    max-width:150px;
    object-fit:contain;
  }

.footer {
    position: absolute;
    left: 0 ; right: 0; bottom: 0;
    text-align: center;
    padding:0.2rem ;

  }
```

5.3.2 Web API 访问服务 std.service

本节完成对服务端 Web API 访问的客户端脚本 std.service 的编码,首先写一个记录数据访问操作日志的服务 message.service。在 VS Code 的终端中输入以下命令:

```
ng g service Message
```

在 src/app 文件夹中打开 message.service.ts 文件,修改文件代码如下所示:

```
import { Injectable } from '@angular/core';

@Injectable({
  providedIn: 'root'
})
```

```
export class MessageService {

  constructor() { }
  messages: string[]=[];

  add(message: string) {
    this.messages.push(message);
  }

  clear() {
    this.messages=[];
  }
}
```

在 VS Code 的终端中输入以下命令：

```
ng g service Std
```

将 message. service 注入 std. service 中，打开 std. service. ts 文件，输入如下所示的代码：

```
import { Injectable } from '@angular/core';
import { MessageService } from './message.service';

@Injectable({
  providedIn: 'root'
})
export class StdService {

  constructor(private messageService: MessageService,
  ) { }
}
```

在对 std. service 进一步修改前，先明确以下几个概念。

1. HttpClient 类

大多数前端应用都需要通过 HTTP 协议与服务器进行通信，客户端浏览器支持使用 XMLHttpRequest 接口和 fetch() API 两种不同的 API 发起的 HTTP 请求。@angular/common/http 中的 HttpClient 类为 Angular 应用程序提供了一个简化的 API 来实现 HTTP 客户端功能。HttpClient 类基于浏览器提供的 XMLHttpRequest 接口。

使用 HttpClient 类与 Restful Web API 进行交互时带来的优点：可测试性、强类型的请求和响应对象、发起请求与接收响应时的拦截器支持，以及更好的、基于可观察对象的错误处理机制。使用 HttpClient 类，首先需要在 app. module 文件中导入如下代码：

```
import {BrowserModule} from '@angular/platform-browser';
import {NgModule} from '@angular/core';
```

```
import {AppRoutingModule} from './app-routing.module';
import {HttpClientModule} from '@angular/common/http';
import {AppComponent} from './app.component';

@NgModule({
  declarations: [
    AppComponent
  ],
  imports: [
    BrowserModule,
    AppRoutingModule,
    HttpClientModule,
  ],
  providers: [],
  bootstrap: [AppComponent]
})
export class AppModule { }
```

将 HttpClient 注入 std. service，代码如下所示：

```
import {Injectable} from '@angular/core';
import {MessageService} from './message.service';
import {HttpClient,HttpHeaders,HttpErrorResponse} from '@angular/common/http';

@Injectable({
  providedIn: 'root'
})
export class StdService {

  constructor (private messageService: MessageService,
               private http: HttpClient
  ) { }
}
```

在注入 HttpClient 类的同时引入了 HttpHeaders 和 HttpErrorResponse，它们会在后续方法中用到。使用 HttpClient 类不仅能够向服务端的 Web API 发送 GET、POST、PUT 及 DELETE 请求，也可以读取本地的配置文件。下面演示如何使用 HttpClient 类读取 assets 目录下 AppConfig. json 中的配置项。修改 std. service 文件，加入一个静态的公共属性 stdsUrl，代码如下所示：

```
import {Injectable} from '@angular/core';
import {MessageService} from './message.service';
import {HttpClient, HttpHeaders,HttpErrorResponse} from '@angular/common/http';

@Injectable({
```

```
  providedIn: 'root'
})
export class StdService {

  constructor(private messageService: MessageService,
              private http: HttpClient
  ) { }
  //服务器 Web API 地址
  public static stdsUrl;
}
```

由于app. component组件是程序第一个加载的组件，所以可在app. component. ts中读取配置文件，并将配置文件中的stdsWebAPIUrl赋值给StdService. stdsUrl。首先将app. component. html中的内容全部删除，然后修改app. component. ts文件，代码如下所示：

```
import {Component} from '@angular/core';
import {HttpClient} from '@angular/common/http';
import {StdService} from './std.service';

@Component({
  selector: 'app-root',
  templateUrl: './app.component.html',
  styleUrls: ['./app.component.css']
})
export class AppComponent {
  constructor(private http: HttpClient) { }

  async ngOnInit(): Promise<void>{
    //在配置文件中读取 Web API 的服务器地址
    let res:any=await this.http.get('./assets/AppConfig.json').toPromise();
    StdService.stdsUrl=res.stdsWebAPIUrl
  }
}
```

HttpClient类默认以异步方式返回，以上代码演示以同步方式返回get读取的配置文件中的值，这是因为读取本地的配置文件一般不会考虑有延时的情况发生，但如果是使用HttpClient类调用Web API对远程服务器中的数据进行增、删、改、查操作，则原则上必须使用异步方式处理。下面解释如何以可观察对象来处理HttpClient类的异步返回。

2. 可观察对象

可观察对象支持应用中发布者和订阅者之间的消息传递。当需要进行事件处理、异步编程和多个值处理的时候，可观察对象相对其他技术有着明显优点。可观察对象是声明式的，也就是说，虽然你定义了一个用于发布值的函数，但是在有消费者订阅它之前，这个函数并不会实际执行。订阅之后，当这个函数执行完或取消订阅时，订阅者就会收到通知。

可观察对象可以发送多个任意类型的值，如字面量、消息、事件。无论这些值是同步发送还是异步发送，接收这些值的 API 都是一样的。由于准备(Setup)和清场(Teardown)的逻辑都是由可观察对象自己处理的，因此你的应用代码只管订阅并消费这些值就可，做完之后，取消订阅。无论这个流是击键流、HTTP 响应流还是定时器，对这些值进行监听和停止监听的接口都是一样的。

由于可观察对象具备这些优点，所以在 Angular 中获得了广泛使用。因此，建议应用开发者好好使用它。作为发布者，创建一个可观察对象的实例，其中定义一个订阅者(subscriber)函数。当消费者调用 subscribe()方法时，就会执行这个函数。订阅者函数用于定义“如何获取或生成那些要发布的值或消息”。

用于接收可观察对象通知的处理器要实现 Observer 接口。处理器对象定义了一些回调函数来处理可观察对象可能会发来的三类通知。可观察对象的通知类型如表 5.2 所示。

表 5.2　可观察对象的通知类型

通知类型	说明
next	必要。用来处理每个送达值。开始执行后可能执行零次或多次
error	可选。用来处理错误通知。错误会中断这个可观察对象实例的执行过程
complete	可选。用来处理执行完毕(complete)通知。在执行完毕后，这些值就会继续传给下一个处理器

可观察对象可以定义这三种通知类型的任意组合。如果你不为某种通知类型提供处理器，那么可观察对象就会忽略相应类型的通知。订阅者在使用订阅消费可观察对象时，可以有选择性地对可观察对象的三种通知类型进行处理。我们一般会使用 pipe(管道)对可观察对象记录操作过程和进行错误处理。可以在订阅者处读取可观察对象，也可以在订阅者处进行错误处理。

RxJS(响应式扩展的 JavaScript)是一个使用可观察对象进行响应式编程的库，它让组合异步代码和基于回调的代码变得更简单，RxJS 将异步调用和基于回调的代码组合成函数式(functional)的、响应式(reactive)的风格。很多 Angular API，包括 HttpClient 类都会生成和消费 RxJS 的可观察对象。

RxJS 提供一种对可观察对象类型的实现，直到可观察对象成为 JavaScript 语言的一部分，并且在浏览器支持它之前都是必要的。RxJS 还提供一些工具函数，用于创建和使用可观察对象。这些工具函数可

- 将现有的异步代码转换成可观察对象。
- 迭代流中的各个值。
- 将这些值映射成其他类型。
- 对流进行过滤。
- 组合多个流。

关于可观察对象的更多信息，请参阅 https://angular.cn/guide/observables，RxJS 请参阅 https://angular.cn/guide/rx-library 及 https://rxjs.dev/guide/overview。下面以服务端的 Web API 操作为例，演示 HttpClient、可观察对象及 RxJS 操作的使用。

3. std. service 定义

(1) 在 src/app 中新建一个 student. ts 文件，输入以下代码定义学生类：

```
export interface Student{
    id: number;
    name: string;
    gender:string;
    birth:string;
    email: string;
    idNums: string;
    imageURL: string;
    memo: string;
    discriminator:string;
}
```

由于与第4章的项目共享数据库，而在第4章中，我们使用继承技术将学生和教师合成一张表，故需要设置 discriminator 来区分记录是学生还是教师。本章仅对学生对象进行操作，故 discriminator 的值设置为“Student”。

(2) 打开 std. service，导入以下依赖项：

```
import {Student} from "./student";
import {Observable, of} from 'rxjs';
import {catchError,tap} from 'rxjs/operators';
```

tap 是 RxJS 的操作符，tap 操作符会捕获请求是成功了还是失败了，可使代码检查通过可观察对象的成功值和错误值，而不会干扰它们。我们使用 tap 操作符来记录请求 Web API 的成功信息，并使用 message. service 记录到项目的日志中。catchError 操作符将进行错误处理。

(3) 在 std. service 中定义 httpOptions，设置和 Web API 进行数据交换的内容格式为 JSON，代码如下：

```
httpOptions={
  headers: new HttpHeaders({'Content-Type': 'application/json'})
};
```

(4) 定义记录项目日志的方法，代码如下：

```
//记录数据处理过程中的消息
private log(message: string) {
  this.messageService.add('StdService: ${message}');
}
```

(5) 定义处理错误的方法，代码如下：

```
/**
*处理 httpclient 读取到数据的异常
*@param operation——错误的操作
```

```
*@param result——错误的结果
*/
private handleError<T>(operation='operation', result?: T) {
  return (error: any): Observable<T>=>{
    //在 console 中显示错误
    console.error(error);
    //记录错误到项目日志
    this.log('${operation} failed: ${error.message}');
    //返回一个空结果,让程序继续运行
    return of(result as T);
  };
}
```

(6) HttpClient get 获取学生的信息。

std.service 使用 HttpClient get 调用服务端的 Web API,获取学生的分页列表、获取学生的总数、根据 ID 获取学习信息、根据学生的姓名进行查找。获取学生的分页列表的代码如下所示:

```
getStds(pageSize:number,pageIndex:number): Observable<Student[]>{
  let url='${StdService.stdsUrl}?pageSize=${pageSize}&pageIndex=${pageIndex}';
  return this.http.get<Student[]>(url).pipe(
    tap(_=>this.log('fetched Students')),
    catchError(this.handleError<Student[]>('getStds', []))
  );
}
```

请大家注意,定义 url 所使用的字面量符号为“''”。使用字面量组合字符串时,可以以“${}”引用变量,从而避免了容易用“+”进行常量字符串和变量字符串的拼接操作的错误。如果有订阅(subscribe)发生,将使用 HttpClient 的 get 操作向服务端的 Web API 发出读取数据的请求,并将读取到的学生列表以 Observable〈Student[]〉、可观察对象的方式返回给订阅者,不论读取学生列表成功或者失败,订阅者可以根据表 5.2 所示的通知类型选择其处理的方式。而发布者则以 RxJS 的 tap 操作符记录读取数据成功的信息到项目日志,以 catchError 操作符调用 handleError 方法进行错误处理。获取学生的总数、根据 ID 获取学生信息、根据学生姓名查找学生的方法与获取学生的分页列表类似,下面直接给出代码:

```
//获取学生的总数
getStdCounts(): Observable<number>{
  let url='${StdService.stdsUrl}/GetStdCounts';
  return this.http.get<number>(url).pipe(
    tap(_=>this.log('fetched Students')),
    catchError(this.handleError<number>('getStdCounts', ))
  );
}
```

```
//根据 ID 获取学生信息
getStd(id: number): Observable<Student>{
    const url='${StdService.stdsUrl}/${id}';
    return this.http.get<Student>(url).pipe(
    tap(_=>this.log('fetched Student id=${id}')),
    catchError(this.handleError<Student>('getStudent id=${id}'))
  );
}

//根据学生姓名查找学生
searchStudents(term: string): Observable<Student[]>{
  if (!term.trim()) {
    //如果输入的为空格,则返回空数组
    return of([]);
  }
  return this.http.get<Student[]>('${StdService.stdsUrl}?stdName=${term}').pipe(
    tap(x=>x.length ?
      this.log('found Studentes matching "${term}"') :
      this.log('no Studentes matching "${term}"')),
    catchError(this.handleError<Student[]>('searchStudentes', []))
  );
}
```

(7) HttpClient 使用 Post、Put、Delete 对学生表进行操作。

使用 HttpClient 调用 Web API 对学生表进行 Post 操作,代码如下所示:

```
//Post 操作:添加一个学生
addStudent (Student: Student): Observable<Student>{
  return this.http.post<Student>(StdService.stdsUrl, Student, this.httpOptions).pipe(
    tap((newStudent: Student)=>this.log('added Student w/ d=${newStudent.id}')),
    catchError(this.handleError<Student>('addStudent'))
  );
}
```

注意,post 方法中的 this. httpOptions 参数定义了与 Web API 进行数据交互的格式为 JSON。

更新学生信息的代码如下:

```
//Put: 更新学生信息
updateStudent (Student: Student): Observable<any>{
  const id=typeof Student==='number' ? Student : Student.id;
  const url='${StdService.stdsUrl}/${id}';
  return this.http.put(url, Student, this.httpOptions).pipe(
    tap(_=>this.log('updated Student id=${Student.id}')),
    catchError(this.handleError<any>('updateStudent'))
  );
```

```
}
```

注意 JavaScript 的"==="和"=="运算符的区别。对于同类型的运算,"==="和"=="没有区别,也就是说,如果变量 A 和变量 B 都是数值型,都是字符串,则按数值型比较。如果 A 和 B 为不同类型,则"A===B"一定为 false;而"A==B"会将 A 和 B 转换为数值后进行比较,若值相等,则返回 true。如 A=123,B='123',"A===B"为 false,而"A==B"为 true。

删除学生的代码和更新学生的代码类似,不同之处在于,删除后返回哪个学生的可观察对象。

```
//Delete 操作:删除学生
deleteStudent (Student: Student): Observable<Student>{
  const id=typeof Student==='number'?Student : Student.id;
  const url='${StdService.stdsUrl}/${id}';
  return this.http.delete<Student>(url, this.httpOptions).pipe(
    tap(_=>this.log('deleted Student id=${id}')),
    catchError(this.handleError<Student>('deleteStudent'))
  );
}
```

(8) 使用 HttpClient 上传学生登记照,代码如下所示:

```
//上传学生登记照
upLoadStdImg(selectedFile:File){
  const uploadData=new FormData();
  uploadData.append('stdImgFile', selectedFile, selectedFile.name);
  this.http.post('${StdService.stdsUrl}/StdImgFileUpload',uploadData,
  {responseType:'text'})
      .subscribe(
          (res:any)=>{alert(res);},
          (err:HttpErrorResponse)=>{alert(err.message)}
      );
}
```

selectedFile 为用户在文件上传控件中选择的图片文件;uploadData 是一个 FormData 类型的实例对象,包括图片文件本身、图片文件名称和文件的标识 'stdImgFile'(注意与 Web API 方法的 IFormFile 的名称一致)。图片文件上传成功或者失败的返回值均为字符串类型,故设置 post 方法的第三个参数为{responseType:'text'},表示返回的类型为文本类型。std. service 中的方法定义完成、编译成功后,就可以进入下面的组件开发部分。

5.3.3 学生列表组件 std-lst

1. 应用程序界面布局

在 VS Code 的终端命令提示符后输入以下命令,并添加三个组件:

```
ng g component header
```

```
ng g component footer
ng g component StdLst
```

命令执行完成后，请注意 app. module. ts 文件的变化（系统自动修改），以及 header. component. ts、footer. component. ts、std-lst. component. ts 文件中 selector 项后面的值，这些值定义了在其他组件中如何引入这三个组件。如果在 header. component. ts 文件中的 selector 项的值为' app-header '，footer. component. ts 文件中的 selector 项的值为' app-footer '，则 app. component. html 的内容如下：

```
<app-header></app-header>
<router-outlet></router-outlet>
<app-footer></app-footer>
```

（1）app-header 为程序的共享头部组件，项目中的所有其他组件都使用同一个头部样式，相当于 ASP. NET 中的模板文件。修改 header. component. ts 文件内容如下：

```
import {Component, OnInit} from '@angular/core';


@Component({
  selector: 'app-header',
  templateUrl: './header.component.html',
  styleUrls: ['./header.component.css']
})
export class HeaderComponent implements OnInit {
  title="学生管理 Angular 版";
  constructor() { }
  ngOnInit(): void {
  }
}
```

header. component. ts 定义了一个私有的属性 title，该属性将会在 header. component. html 中被访问。修改 header. component. html 文件内容如下：

```
<nav class="navbar navbar-light bg-light">
    <span class="navbar-brand mb-0 h1"><i class="fa fa-address-card"></i>
    {{title}}</span>
</nav>
```

注意，在 header. component. html 中要显示组件的属性 title。最简单的方式就是通过插值（interpolation）来绑定属性名，即把属性名包裹在双花括号里放进视图模板，如{{title}}。同时注意{{title}}前的〈i class = " fa fa-address-card"〉〈/i〉，表示将 Font Awesome 的图标放在{{title}}前面。header 组件的页面显示如图 5. 22 所示。

（2）router-outlet 表示使用路由导航。修改 app-routing. module. ts 文件内容如下：

```
import {NgModule} from '@angular/core';
import {Routes, RouterModule} from '@angular/router';
```

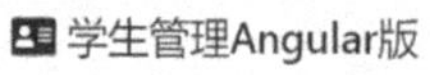

学生管理Angular版

图 5.22 header 组件的页面显示

```
import {StdLstComponent} from './std-lst/std-lst.component';

const routes: Routes=[
  {path:'', redirectTo: '/StdLst', pathMatch: 'full'},
  {path: 'StdLst', component:StdLstComponent},
];

@NgModule({
  imports:[RouterModule.forRoot(routes)],
  exports:[RouterModule]
})
export class AppRoutingModule { }
```

路由定义中的第一行，表示系统默认进入“/StdLst”学生列表页面；第二行定义了学生列表页面对应的组件。std-lst. component 组件由 import 导入。

（3）app-footer 表示程序的共享底部组件。修改 footer. component. html 的内容如下：

```
<footer class="footer text-muted navbar-fixed-bottom">
    <div class="container">
        &copy; 2020 -版权所有:<a href="cs.wit.edu.cn">WITCS</a>
    </div>
</footer>
```

footer 组件的底部页面如图 5.23 所示。

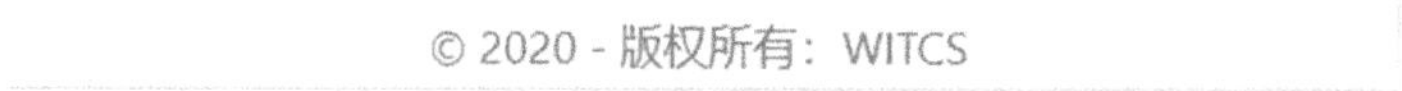

© 2020 - 版权所有：WITCS

图 5.23 footer 组件的底部页面

在终端中输入以下命令：

```
ng server --open
```

在浏览器(推荐使用 Chrome 浏览器)中出现的程序初始页面如图 5.24 所示。

std-lst 组件在 app-routing. module. ts 中定义为程序的默认导航路由，故 app. component. html 中的〈router-outlet〉〈/router-outlet〉被 std-lst 组件取代。用 Angular 框架开发基于浏览器的客户端程序，各不同组件之间的搭建就像搭积木一样，各组件完成自己特定的工作。这种基于组件的系统构建方式，使得代码之间“高内聚、低耦合”，有利于组件的复用和测试，这也是 Angular 框架广泛应用的原因。下面详细介绍 std-lst 组件如何分页展示学生的列表信息并实现按学生姓名查找学生的功能。

2. 后台代码

std-lst 组件将使用 std. service 对服务端的 Web API 进行调用。在开发过程中，建议大家打开 Chrome 浏览器的 F12-开发者工具，如图 5.25 所示。F12-开发者工具能够帮助我们跟踪和调试代码的整个执行过程，调试时使用最多的功能页面是元素(Elements)、控制台(Console)、源代码(Sources)、网络(Network)等。

图 5.24　程序初始页面

- 元素(Elements)：用于查看或修改 HTML 属性、CSS 属性，用于监听事件和设置断点(在 JavaScript 调试中，我们经常用到断点调试。在 DOM 结构的调试中，也可以使用断点方法，这就是 DOM Breakpoint(DOM 断点))。
- 控制台(Console)：控制台一般用于执行一次性代码、查看 JavaScript 对象、调试日志信息或异常信息。
- 源代码(Sources)：该页面用于查看 HTML 文件源代码、JavaScript 源代码、CSS 源代码。此外，最重要的是可以调试 JavaScript 源代码，可以给 JS 代码添加断点等。
- 网络(Network)：网络页面主要用于查看 header 等与网络连接相关的信息。

关于 F12-开发者工具的具体使用，请大家自行查阅相关资料，在此不做详细说明。F12-开发者工具如图 5.25 所示。

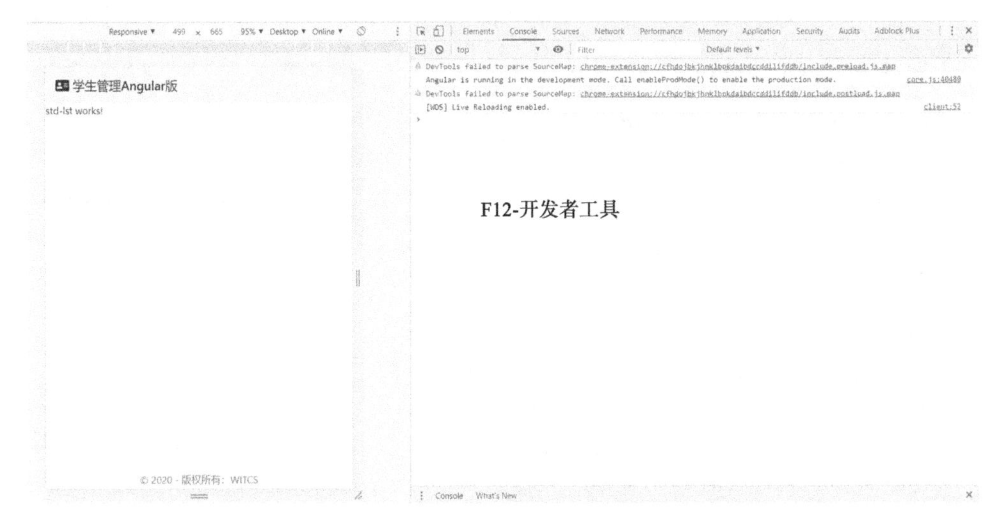

图 5.25　F12-开发者工具

修改学生列表后台的 std-lst.component.ts 文件内容。

1) *初始化*

(1) 导入所需要的服务和学生类的定义，代码如下所示：

```
import {Student} from '../student';
```

```
import {StdService} from '../std.service';
import {HttpClient} from '@angular/common/http';
```

（2）定义组件的属性，代码如下所示：

```
//学生列表数组
Students:Student[];
//学生管理网站的 Web 地址
stdWebUrl:string;
//默认学生列表每页的个数
pageSize:number;
//当前页码
pageIndex:number;
//总页数
totalPages:number;
//查找时，隐藏分页
isSearch:boolean;
//分页导航按钮的前一页样式
prePageClasses:any
//分页导航按钮的后一页样式
nextPageClasses:any;
```

（3）在构造函数中注入 StdService 和 HttpClient，代码如下所示：

```
  constructor(private stdService:StdService,
              private http: HttpClient) { }
```

（4）修改 ngOnInit 方法，代码如下：

```
async ngOnInit(): Promise<void>{
  //同步读取配置文件
  let res:any=await this.http.get('../assets/AppConfig.json').toPromise();
  this.stdWebUrl=res.stdWebUrl,
  this.pageSize=res.pageSize
  this.pageIndex=1;
  //读取学生列表
  this.getStds();
  //调用 Web API 获得分页的总页数
  this.stdService.getStdCounts().subscribe(
       c=>{this.totalPages=Math.ceil(c / this.pageSize);}
    )
}
```

ngOnInit 方法主要完成以下工作。

● 以同步方式使用 HttpClient 读取本地的配置文件，取出学生管理 Web 网站的 URL 地址及列表分页的学生个数，然后赋值给相应的组件属性。

● 根据 pageSize 和 pageIndex 调用 getStds()方法获得第一页的学生类别数值。

● 调用std.service中的getStdCounts()方法，得到学生数据表的学生的总个数，然后根据学生的总个数和每个分页的学生个数pageSize得到总页数，总页数用于控制分页导航的逻辑并显示在前端的html中。

2）分页读取学生列表及分页控制

（1）分页读取学生列表的代码如下所示：

```
//得到分页学生列表
getStds(): void {
  this.isSearch=false;
  //调用 Web API,传入参数 pageSize 和 pageIndex
  this.stdService.getStds(this.pageSize,this.pageIndex)
  .subscribe(stds=>this.Students=stds);
  //分页导航按钮的样式控制
  this.prePageClasses={
    'btn':true,
    'btnDefault':true,
    'disabled': this.pageIndex==1
  };
  this.nextPageClasses={
    'btn':true,
    'btnDefault':true,
    'disabled': this.pageIndex==this.totalPages
  };
}
```

根据组件的pageSize和pageIndex属性，订阅std.service中的Web API方法，将从数据库中得到的学生列表的分页数据异步赋值给组件的Student[]属性。若组件当前的pageIndex值为1，则控制前端页面的“前一页”按钮不能使用'disabled'；若组件当前的pageIndex值与totalPages值相等，则控制前端页面的“后一页”按钮不能使用'disabled'。

（2）前后翻页的逻辑控制代码如下所示：

```
//分页,前一页导航
goPre(event:any){
  event.preventDefault();
  if(this.pageIndex>1)
  {
    this.pageIndex=this.pageIndex-1 ;
    this.getStds();
  }
}

//分页,后一页导航
goNext(event:any){
```

```
    event.preventDefault();
    if(this.pageIndex <this.totalPages)
    {
      this.pageIndex=this.pageIndex+1;
      this.getStds();
    }
  }
```

代码根据组件当前的 pageIndex 值及 totalPages 值来控制用户在前端的 html 页面是否可以向前或者向后翻页。由于前端 html 页面中用于向前和向后翻页的控件为〈a〉〈/a〉连接,故需要使用 event. preventDefault()方法避免连接控件默认事件的发生。

(3) 按学生姓名查找学生。下面的代码订阅 std. service 中的 Web API 方法,将按学生姓名进行模糊查找的结果异步返回给组件的 Student[]属性,通过设置 isSearch 属性来控制查找的结果不分页。

```
//按学生姓名查找学生
searchStd(stdName:string)
{
  this.pageIndex=1;
  if(stdName != "")
   {
      this.isSearch=true;
      this.stdService.searchStudents(stdName)
      .subscribe(stds=>this.Students=stds);
   }
   else
   {
      this.getStds();
   }
}
//学生查找文本框的键盘事件控制
onKey(event: KeyboardEvent) {
  if((event.target as HTMLInputElement).value=="")
  {
    this.pageIndex=1;
    this.getStds();
  }
}
```

通过监听用户在查找文本框中的键盘事件,onKey(event:KeyboardEvent)方法会在用户清空所输入的字符时,让页面还原到初始状态,即 pageIndex=1,页面展示第一页的学生列表。std-lst. component. ts 全部代码如下:

```
import {Component, OnInit} from '@angular/core';
import {Student} from '../student';
```

```
import {StdService} from '../std.service';
import {HttpClient} from '@angular/common/http';

@Component({
  selector: 'app-std-lst',
  templateUrl: './std-lst.component.html',
  styleUrls: ['./std-lst.component.css']
})
export class StdLstComponent implements OnInit {
  //学生列表
  Students:Student[];
  //学生管理网站的 Web 地址
  stdWebUrl:string;
  //默认学生列表每页的个数
  pageSize:number;
  //当前的页码
  pageIndex:number;
  //总的页数
  totalPages:number;
  //当查找时,隐藏分页
  isSearch:boolean;
  //分页导航按钮的前一页样式
  prePageClasses:any
  //分页导航按钮的后一页样式
  nextPageClasses:any;

  constructor(private stdService:StdService,
              private http: HttpClient) { }

  async ngOnInit(): Promise<void>{
    //同步读取配置文件
    let res:any=await this.http.get('../assets/AppConfig.json').toPromise();
    this.stdWebUrl=res.stdWebUrl,
    this.pageSize=res.pageSize
    this.pageIndex=1;
    this.getStds();
    //调用 Web API 获得分页的总页数
    this.stdService.getStdCounts().subscribe(
        c=>{this.totalPages=Math.ceil(c / this.pageSize);}
    )
  }

  //得到分页学生列表
  getStds(): void {
```

```
    this.isSearch=false;
    //调用 Web API,传入参数 pageSize 和 pageIndex
    this.stdService.getStds(this.pageSize,this.pageIndex)
    .subscribe(stds=>this.Students=stds);
    //分页导航按钮的样式控制
    this.prePageClasses={
      'btn':true,
      'btnDefault':true,
      'disabled': this.pageIndex==1
    };
    this.nextPageClasses={
      'btn':true,
      'btnDefault':true,
      'disabled': this.pageIndex==this.totalPages
    };
  }

  //分页,前一页导航
  goPre(event:any){
    event.preventDefault();
    if(this.pageIndex>1)
    {
      this.pageIndex=this.pageIndex-1;
      this.getStds();
    }
  }

  //分页,后一页导航
  goNext(event:any){
    event.preventDefault();
    if(this.pageIndex <this.totalPages)
    {
      this.pageIndex=this.pageIndex+1;
      this.getStds();
    }
  }

  //按学生姓名查找学生
  searchStd(stdName:string)
  {
    this.pageIndex=1;
    if(stdName !="")
     {
        this.isSearch=true;
```

```
        this.stdService.searchStudents(stdName)
        .subscribe(stds=>this.Students=stds);
      }
      else
      {
          this.getStds();
      }
    }

    //控制学生在查找文本框中的键盘事件
    onKey(event: KeyboardEvent) {
      if((event.target as HTMLInputElement).value=="")
      {
        this.pageIndex=1;
        this.getStds();
      }
    }
  }
```

3. 页面视图

学生列表前端的 std-lst. component. html 页面使用 bootstrap 库的 card 样式，页面分为三个部分，即包含学生添加和查找功能的页面头部、包含部分学生信息的学生列表和包含学生列表的导航区。页面头部如图 5.26 所示。

图 5.26　页面头部

html 代码如下所示：

```
<div class="card-header text-white bg-primary">
   <div class="form-inline">
     <h4> 学生列表 </h4> 
      <a class="btn btn-primary border-white btn-sm" role="button">
          <i class="fa fa-plus"></i> 添加
      </a> 
     <input#stdName class="form-control" type="search" placeholder="请输入姓名…"
       name="stdName" style="width: 8em;"
       (keyup)="onKey($event)"(keyup.enter)="searchStd(stdName.value)"> 
     <button class="btn btn-primary border-white btn-sm" type="button"
             (click)="searchStd(stdName.value)">
        <i class="fa fa-search"></i> 查找
      </button>
     </div>
</div>
```

(1) #stdName 为模板引用变量。模板引用变量通常用于引用模板中的 DOM 元素，模板引用变量还可以引用指令(包含组件)、元素、TemplateRef 或 Web Component。可以在组件模板的任何位置引用模板引用变量,如后续键盘和鼠标事件中需要传递给后端代码输入框的值“stdName.value”。模板引用变量大大简化了前端 html 页面获取控件(元素)的引用方式,不论是 JavaScript 原生的 document.getElementBy()还是 jQuery 的 $("")方式,都没有 Angular 的模板引用变量方便、直接。

(2) Angular 使用(事件名)=“事件处理模板语句”的方式对事件进行绑定,如鼠标点击按钮的事件绑定如图 5.27 所示。

<button (click)="onSave()">Save</button>

target event name　　template statement

图 5.27　鼠标点击按钮的事件绑定

keyup 用于监听用户搜索文本框中的键盘事件,keyup.enter 特指对回车键(Enter)的事件处理。keyup.enter 和点击搜索按钮的 click 事件均调用后端代码定义的 searchStd 方法,搜索文本框中用户输入的字符,通过模板引用变量 #stdName.value 传递给方法的参数。从数据绑定的角度来看,事件绑定属于从视图到后端数据源的单向数据绑定。前端视图(html 元素的属性)和后端数据源(组件属性)进行数据交换的方式如表 5.3 所示。

表 5.3　前端视图和后端数据源的数据交换

绑定类型	语　　法	分　　类
插值和模板表达式	{{expression}}	单向从数据源到视图或者表达式的值
Property、Attribute、CSS 类、Style 样式	[target]="expression"	单向从数据源到视图
事件	(target)="statement"	从视图到数据源的单向绑定
表单中的控件和元素	[(target)]="expression"	双向从视图到数据源绑定

从表 5.3 中可以看出,如果希望将后端的数据或组件属性放到前端视图,并用表达式进行操作,就使用“{{}}”。如果只是将后端的数据或者组件属性和前端页面的一些元素进行单向数据绑定,则使用“[]”。注意,[]绑定的是 html 元素的 Property,虽然 Attribute 也可以绑定,但不建议绑定 Attribute。关于 html 元素的 Property 和 Attribute 的区别,请自行查阅相关文档。事件绑定用“()”。表单中元素的值和后端数据源一般需要双向数据绑定,故使用“[()]”。在随后添加和修改的学生代码中,大家就会看到双向数据绑定的方式。关于 Angular 的一些模板语法的细节,请大家参考 https://angular.cn/guide/template-syntax。

学生列表的页面展示如图 5.28 所示。

html 代码如下所示:

```
<div class="card-body">
  <ul class="list-group" >
    <a *ngFor="let std of Students"
        class="list-group-item list-group-item-action">
        <span class="badge badge-primary badge-pill">{{std.id}}</span>
        {{std.name}}
        <img *ngIf="std.imageURL"
        src="{{stdWebUrl}}/{{std.imageURL.substring(2,std.imageURL.length)}}"
```

图 5.28　学生列表的页面展示

```
            style="max-height:25px;max-width:25px;object-fit:contain;">
        </a>
      </ul>
    </div>
```

* ngFor、* ngIf 为 Angular 内置的结构型指令。结构型指令的职责是 HTML 布局。结构型指令用于塑造或重塑 DOM 的结构，通常通过添加、移除和操纵它们所附加的宿主元素来实现。内置结构型指令有以下几个。

- * ngIf：从模板中创建或销毁子视图。
- * ngFor：为列表中的每个条目重复渲染一个节点。
- * ngSwitch：一组在备用视图之间切换的指令。

可以通过将 * ngIf 指令应用在宿主元素上来从 DOM 中添加或删除元素。〈img * ngIf ="std. imageURL" …〉表示当学生的登记照路径不为 Null 时，则在 img 控件中指定 src 属性，显示登记照。否则，在 DOM 中删除 img 元素。注意：

```
src="{{stdWebUrl}}/{{std.imageURL.substring(2,std.imageURL.length)}}"
```

为模板表达式，在第 4 章中，由于学生登记照在数据库中的存储路径为"～/UploadFiles/XXX. jpg"，"～/"的相对绝对路径在 Angular 中不能被正确解析，故需要对存储的登记照图片路径进行处理，模板表达式将图片路径还原为：

```
http://218.199.178.24/StdMngMvc/UploadFiles/XXX.jpg
```

* ngIf 指令判断表达式为假时，不是隐藏元素，而是删除元素。隐藏元素时，该元素及其所有后代仍保留在 DOM 中。这些元素的所有组件都保留在内存中，Angular 会继续做变更检查。* ngIf 指令可能会占用大量计算资源，并且会降低性能。* ngIf 的工作方式有所不同。如果 * ngIf 为 false，则 Angular 将从 DOM 中删除元素及其后代。这销毁了它们的组件，释放了资源，从而带来了更好的用户体验。

* ngIf 指令的另一个优点是可用它来防范空指针错误。当需要防范时，请改用 * ngIf

指令代替。如果其中嵌套的表达式尝试要访问 Null 的属性，那么 Angular 将引发错误。

* ngFor 是 Angular 的一个重复器指令，会为列表中的每项数据覆写它的宿主元素。定义一个 html 块，该 html 块用于如何显示单列表项目，然后告诉 Angular 以该 html 块为模板来渲染列表中的每个列表项。赋给 * ngFor 的文本用来指导重复器的工作。赋给 * ngFor的字符串不是模板表达式，而是一种微语法，由 Angular 解释的一种小型语言。字符串"let std of Students"的意思是，将后端组件中通过访问 Web API 得到的 Student 数组中的每个学生实例存储到局部循环变量 std 中，并使其用于每次迭代的模板 HTML 中。

* ngSwitch 的用法在此不详细讨论，大家可以自行查阅相关文档。

用于学生列表翻页导航的界面如图 5.29 所示。

第1页/共3页　　« 前一页　后一页 »

图 5.29　翻页导航界面

html 的代码如下所示：

```
<div class="row" [hidden]="isSearch">
    <div class="col" style="margin-left: 1em;">
      <span class="btn btn-default"> 第{{pageIndex}}页/共{{totalPages}}页</span>
    </div>
    <div class="col">
    <nav style="margin-right: 1em;">
      <ul class="pagination justify-content-end">
        <li>
        <a[ngClass]="prePageClasses"href="#" (click)="goPre($event)">
            <i class="fa fa-angle-double-left"></i> 前一页
          </a>
      </li>
      <li><a[ngClass]="nextPageClasses" href="#" (click)="goNext($event)">
        后一页   <i class="fa fa-angle-double-right"></i></a></li>
    </ul>
    </nav>
  </div>
</div>
```

[hidden]="isSearch"：表示页面按学生姓名的搜索结果显示时，翻页导航不出现，此时的模板数据绑定语法[hidden]="isSearch"和模板表达式语法 hidden={{isSearch}}等效。当然也可以使用 * ngIf="isSearch"，当列表显示搜索结果时，删除整个用于翻页导航的〈div〉元素。

第{{pageIndex}}页/共{{totalPages}}页：表示使用模板表达式语法显示当前在第几个页面及总的页面数。

(click)="goPre($ event)"：表示事件绑定到后端的处理方法，并以 $ event 传入当前的事件对象参数。

[ngClass]="prePageClasses":ngClass 为 Angular 内置的属性指令，可以灵活地将多个 CSS 的 Class 有选择性地绑定到页面视图的 html 元素。prePageClasses、nextPageClasses 的样式是在后端代码中，根据学生列表页面当前的导航情况确定。当前页为第一页时，不允许向前翻页，当前页和总页数相等时，不允许向后翻页。关于 ngClass 和 ngStyle 的详细使用，请参阅相关文档。

学生列表页面视图的全部 html 代码如下：

```
<div class="card">
    <div class="card-header text-white bg-primary">
      <div class="form-inline">
       <h4>学生列表 </h4>  
        <a class="btn btn-primary border-white btn-sm" role="button">
            <i class="fa fa-plus"></i>添加
        </a>  
       <input #stdName class="form-control" type="search" placeholder="请输入姓名..."
         name="stdName" style="width: 8em;"
        (keyup)="onKey($ event)" (keyup.enter)="searchStd(stdName.value)"> 
       <button class="btn btn-primary border-white btn-sm" type="button"
        (click)="searchStd(stdName.value)">
          <i class="fa fa-search"></i> 查找
        </button>
       </div>
    </div>
    <div class="card-body">
        <ul class="list-group" >
          <a*ngFor="let std of Students"
              class="list-group-item list-group-item-action">
              <span class="badge badge-primary badge-pill">{{std.id}}</span>
              {{std.name}}
              <img*ngIf="std.imageURL"
              src="{{stdWebUrl}}/{{std.imageURL.substring(2,std.imageURL.length)}}"
              style="max-height:25px;max-width:25px;object-fit:contain;">
          </a>
        </ul>
    </div>
    <div class="row" [hidden]="isSearch">
        <div class="col" style="margin-left: 1em;">
         <span class="btn btn-default">第{{pageIndex}}页/共{{totalPages}}页</span>
        </div>
        <div class="col">
        <nav style="margin-right: 1em;">
          <ul class="pagination justify-content-end">
            <li>
            <a [ngClass]="prePageClasses" href="# " (click)="goPre($ event)">
```

```
                <i class="fa fa-angle-double-left"></i> 前一页
              </a>
            </li>
            <li><a [ngClass]="nextPageClasses" href="#" (click)="goNext($event)">
              后一页   <i class="fa fa-angle-double-right"></i> </a> </li>
          </ul>
          </nav>
        </div>
      </div>
</div>
```

4. 组件测试

学生列表视图界面如图 5.30 所示。

请使用以下测试用例对学生列表组件进行测试。

（1）检查学生登记照是否能正确显示。

（2）分别点击“前一页”和“后一页”，检查翻页控制的逻辑是否正确。

（3）在查找框中输入字符，点击“查找”按钮或者按回车键，检查按学生姓名查找的结果是否正确。

（4）将查找框中的字符全部删除，检查学生列表页是否回到了初始状态。

5. 组件调试

在 VS Code 中调试 Angular 组件后台代码的步骤如图 5.31 所示。

图 5.30　学生列表视图界面

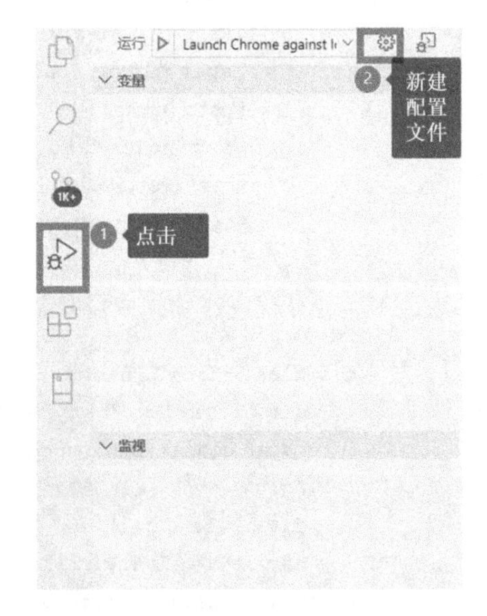

图 5.31　在 VS Code 中调试 Angular 组件后台代码

新建调试配置文件的代码如下所示：

```
{
    "version": "0.2.0",
    "configurations": [
        {
            "type": "chrome",
            "request": "launch",
            "name": "Launch Chrome against localhost",
            "url": "http://localhost:4200",
            "webRoot": "$ {workspaceFolder}"
        }
    ]
}
```

在终端命令行中运行命令 ng serve 后，打开需要调试的后台代码文件，设置断点，按 F5 键开始调试，其他调试的细节与第 4 章 VS 2017 中的调试类似，在此不再赘述。VS Code 中的调试代码请参阅 https://code.visualstudio.com/docs/editor/debugging。

5.3.4　学生添加组件

在 VS Code 的命令提示符下输入以下命令：

```
ng g component StdAdd
```

修改 app-routing.module.ts 文件，代码如下：

```
import {NgModule} from '@angular/core';
import {Routes, RouterModule} from '@angular/router';
import {StdLstComponent} from './std-lst/std-lst.component';
import {StdAddComponent} from'./std-add/std-add.component'

const routes: Routes=[
  {path: '', redirectTo: '/StdLst', pathMatch: 'full'},
  {path: 'StdLst', component:StdLstComponent},
  {path: 'StdAdd', component:StdAddComponent},
];

@NgModule({
  imports: [RouterModule.forRoot(routes)],
  exports: [RouterModule]
})
export class AppRoutingModule { }
```

修改学生列表视图文件 std-lst.component.html 中的“添加”按钮，如下：

```
<a class="btn btn-primary border-white btn-sm" role="button" routerLink="/StdAdd" >
    <i class="fa fa-plus"></i> 添加
```

```
</a>
```

routerLink="/StdAdd"表示当用户点击“添加”按钮时，页面导航跳转到 std-add 组件。因为在 std-add 组件中需要使用表单，故需要在项目中导入 FormModule，打开 app. module. ts 文件，修改代码如下：

```
import {BrowserModule} from '@angular/platform-browser';
import {NgModule} from '@angular/core';
import {AppRoutingModule} from './app-routing.module';
import {HttpClientModule} from '@angular/common/http';
import {AppComponent} from './app.component';
import {FormsModule} from '@angular/forms';
import {HeaderComponent} from './header/header.component';
import {FooterComponent} from './footer/footer.component';
import {StdLstComponent} from './std-lst/std-lst.component';
import {StdAddComponent} from './std-add/std-add.component';
@NgModule({
  declarations: [
    AppComponent,
    HeaderComponent,
    FooterComponent,
    StdLstComponent,
    StdAddComponent
  ],
  imports: [
    BrowserModule,
    AppRoutingModule,
    HttpClientModule,
    FormsModule,
  ],
  providers: [],
  bootstrap: [AppComponent]
})
export class AppModule { }
```

1. 后台代码

修改添加学生后台的 std-add. component. ts 文件内容。

(1) 导入需要的服务和学生类的定义，代码如下：

```
import {Student} from '../student';
import {StdService} from '../std.service';
import {Location} from '@angular/common';
import {HttpClient} from '@angular/common/http';
```

(2) 定义组件的属性，代码如下：

```
//默认添加的学生信息
stdnew={
  id: 1000,
  name: '',
  gender: '男',
  birth:"1999-01-01",
  imageURL:'',
  discriminator:"Student"
};
//学生登记照的 Base64 格式数据
imgDataURL: any;
//在文件选择框中选择的文件
selectedFile: File;
//确定学生的登记照是否已经上传
isNewStdImg:boolean ;
```

由于在添加的前端页面视图中将使用表单和学生对象进行双向数据绑定,故需要在后端中预先定义一个学生对象 stdNew,表示要添加的学生原型。设置 discriminator: "Student",是因为在第 4 章的后续演练中已经将学生对象和教师对象根据继承规则放在了一个数据表中,而使用 discriminator 字段进行区分,表示仅对学生对象进行操作。

(3) 在构造函数中注入 Location、StdService 及 HttpClient,代码如下:

```
constructor(
  private location: Location,
  private stdService:StdService,
  private http: HttpClient
) { }
```

(4) 修改 ngOnInit()方法,代码如下:

```
ngOnInit(): void {
  //新建学生时,登记照默认为 Null
  this.isNewStdImg=false;
}
```

上传学生登记照,代码如下:

```
//前端页面视图文件上传控件后,执行该方法
fileChange(files) {
  if (files.length===0) {
    return;
  }
  //读取选中的图片文件为 Base64 格式,并赋给 imgDataURL 属性
  this.selectedFile=files[0];
  const reader=new FileReader();
  reader.readAsDataURL(this.selectedFile);
```

```
    reader.onload= ()=>{
      this.imgDataURL=reader.result;
    };
  }

  //上传学生登记照
  uploadStdImg(event: any)
  {
    this.stdService.upLoadStdImg(this.selectedFile);
    //设置 isNewStdImg,在提交表单中设置学生登记照的路径
    this.isNewStdImg=true;
  }
```

处理提交表单,添加学生,代码如下:

```
  //处理提交表单,添加学生
  onSubmit():void {
    if(this.isNewStdImg)
      this.stdnew.imageURL="~/UploadFiles/"+this.selectedFile.name;

    let stdAdded=this.stdnew as Student;
    this.stdService.addStudent(stdAdded)
    .subscribe(
      (response)=>{
        console.log(response);
        this.location.back();
      },
      error=>{
        console.log(error);
      });
  }
```

注意,在调用 std. service 添加学生的方法后,程序演示了在订阅(subscribe)中如何对调用成功和调用失败两种情况进行处理。失败的处理在此不是必需的,因为 std. service 中已经定义了 addStudent()方法在调用 Web API 后失败的处理逻辑。

this. location. back();表示在浏览器中返回到上一个页面,等同于浏览器中的返回功能。注意,Angular 框架调用 this. location. back();会再次触发返回页面的 ngOnInit()方法,重新初始化整个返回的页面。std-add. component. ts 的全部代码如下:

```
  import {Component, OnInit} from '@angular/core';
  import {Student} from '../student';
  import {StdService} from '../std.service';
  import {Location} from '@angular/common';
  import {HttpClient} from '@angular/common/http';
```

```
@Component({
  selector: 'app-std-add',
  templateUrl: './std-add.component.html',
  styleUrls: ['./std-add.component.css']
})
export class StdAddComponent implements OnInit {
  //默认添加的学生信息
  stdnew={
    id: 1000,
    name: '',
    gender: '男',
    birth:new Date(1990,1,1),
    imageURL:'',
    discriminator:"Student"
  };
   //学生登记照的Base64格式数据
   imgDataURL: any;
   //在文件选择框中选择的文件
   selectedFile: File;
   //确定学生的登记照是否已经上传
   isNewStdImg:boolean ;

  constructor(
    private location: Location,
    private stdService:StdService,
    private http: HttpClient
  ) { }

  ngOnInit(): void {
    //新建学生时,登记照默认为Null
    this.isNewStdImg=false;
  }

  //前端页面视图文件上传控件后,执行该方法
  fileChange(files) {
   if (files.length===0) {
      return;
    }
    //读取选中的图片文件为Base64格式,并赋给imgDataURL属性
    this.selectedFile=files[0];
    const reader=new FileReader();
    reader.readAsDataURL(this.selectedFile);
    reader.onload= ()=>{
      this.imgDataURL=reader.result;
```

```
    };
  }

  //上传学生登记照
  uploadStdImg(event: any)
  {
    this.stdService.upLoadStdImg(this.selectedFile);
    //设置 isNewStdImg,在提交表单中设置学生登记照的路径
    this.isNewStdImg=true;
  }

  //处理提交表单,添加学生
  onSubmit():void {
    if(this.isNewStdImg)
      this.stdnew.imageURL="~/UploadFiles/" +this.selectedFile.name;
    let stdAdded=this.stdnew as Student;
    this.stdService.addStudent(stdAdded)
    .subscribe(
      (response)=>{
        console.log(response);
        this.location.back();
      },
      error=>{
        console.log(error);
      });
  }
}
```

2. 页面视图

添加学生的前端页面视图 std-add. component. html 仍然使用 bootstrap 的 card 样式，下面分别展开讨论。

页面头部视图界面如图 5.32 所示。

图 5.32　页面头部视图界面

页面头部视图的 html 代码如下：

```
<div class="card-header text-white bg-primary">
    <h4> 添加学生
        <a class="btn btn-primary border-white btn-sm"routerLink="/StdLst"
        role="button">
            <i class="fa fa-angle-double-left"></i>返回
        </a>
```

```
    </h4>
</div>
```

注意使用 routerLink="/StdLst"，点击“返回”按钮时，返回到学生列表组件。

添加学生表单部分的界面如图 5.33 所示。

图 5.33　添加学生表单部分的界面

添加学生表单部分的代码如下：

```
<form (ngSubmit)="onSubmit()"#stdForm="ngForm" enctype="multipart/form-data">
  ……
</form>
```

(1) 表单的定义。

- Angular 同时支持响应式表单和模板驱动表单。本节演示如何使用模板驱动表单，响应式表单将在第 6 章中讨论。关于响应式表单和模板驱动表单，请参考 https://angular.cn/guide/forms。
- ngSubmit：Angular 内置的表单提交事件，与后端代码中的 onSubmit 方法绑定。点击页面底部 type=submit 的“提交”按钮后，表单提交到后台代码，并执行 onSubmit 方法。
- #stdForm：表单的模板引用变量，被赋值为“ngForm”。ngForm 指令为表单增补了一些额外特性。#stdForm 会控制那些带有 ngModel 指令和 name 属性的元素，监听它们的属性(包括其有效性)。#stdForm 还有自己的 valid 属性，这个属性只有在其包含的每个控件都有效时才为真。表单的模板引用变量 #stdForm，使得前端页面视图的任何位置都可以访问到该表单，如页面底部的“提交”按钮，代码如下：

```
<button type="submit"class="btn btn-primary"[disabled]="!stdForm.form.valid" >
  <i class="fa fa-save"></i> 添加
</button>
```

其中,[disabled]="!stdForm.form.valid"表示控制在表单验证通过前是不能点击的。

- enctype:由于需要在表单中上传学生登记照,故需设置表单类型为 multipart/form-data。

(2) 学号、姓名、出生日期的输入框控制。三个属性都要求用户在客户端必须输入值,如果输入为空,则出现提示信息。下面以学号为例,说明对其输入框的控制,html 代码如下:

```
<div class="form-group">
    <label for="stdID">学号</label>
    <input type="text" class="form-control" id="stdID" required placeholder=
    "请输入学号"
        [(ngModel)]="stdnew.id" name="stdID" #stdID="ngModel">
    <div [hidden]="stdID.valid || stdID.pristine" class="alert alert-danger">
        学号不能为空
    </div>
</div>
```

- required:表示该输入框必须输入字符,不能为空。
- [(ngModel)]="stdnew.id":表示双向数据绑定,用户在输入框中输入的字符将会传递到后端代码的 stdnew.id 属性中,而后端代码对 stdnew.id 的修改也会被传递回前端页面视图的输入框中。
- #stdID="ngModel":表示定义模板引用变量,并赋值为"ngModel",同上面的"ngForm"指令。输入框使用 ngModel 指令后,会增加一些 Angular 的特有属性和功能。
- 状态跟踪与有效性验证:当用户在学号输入框中没有输入任何字符时,点击"添加"按钮提交表单,提示用户必须填写学号。

对学号输入框进行状态跟踪和有效性验证的代码如下:

```
<div [hidden]="stdID.valid || stdID.pristine" class="alert alert-danger">
    学号不能为空
</div>
```

在表单中使用 ngModel 指令可以获得比仅使用双向数据绑定更多的控制权。ngModel 指令还会告诉你很多信息:用户碰过此控件吗?它的值变化了吗?数据变得无效了吗?ngModel 指令不仅跟踪状态,还使用特定的 Angular CSS 类来更新控件,以反映当前状态。可以利用 CSS 类来修改控件的外观,显示或隐藏消息。ngModel 指令的状态跟踪如表 5.4 所示。

表 5.4 ngModel 指令的状态跟踪

状　　态	为真时的 CSS 类	为假时的 CSS 类
控件被访问过	ng-touched	ng-untouched
控件的值变化了	ng-dirty	ng-pristine
控件的值有效	ng-valid	ng-invalid

● [hidden]="stdID.valid||stdID.pristine"：表示当学号输入文本框中有字符时，stdID.valid为True，或者当第一次添加页面视图，没有做任何修改时，stdID.pristine为True，隐藏错误提示信息，否则在输入文本框下会出现提示信息“学号不能为空”，如图5.34所示。

添加用于视觉反馈的自定义CSS。视觉反馈效果如图5.35所示。

图5.34　模型验证错误提示信息

图5.35　视觉反馈效果

视觉反馈效果使得用户在输入信息时，根据输入框前面的颜色就能知道所输入的值是否有效。视觉反馈效果是通过在styles.css中定义相关的CSS类确定的，CSS类定义的代码如下：

```
.ng-valid[required],.ng-valid.required {
    border-left: 5px solid #42A948; /*green*/
  }

.ng-invalid:not(form){
    border-left: 5px solid #a94442; /*red*/
  }
```

姓名和出生日期的输入框验证与学号的类似，在此不再详细说明。本章仅对必须输入的情况进行验证，对输入框为Email、身份证号的正则表达式验证，将在第6章介绍。

(3) 性别选择使用Radio单选按钮，与后台的stdnew对象进行双向数据绑定，代码如下：

```
<div class="form-group">
     <label for="gender">性别</label>
      
     <input type="radio" name="gender" value="男" [(ngModel)]="stdnew.gender" />男
      
     <input type="radio" name="gender" value="女" [(ngModel)]="stdnew.gender" />女
</div>
```

(4) 学生登记照上传与第4章使用Ajax异步上传类似，首先定义一个文件上传控件，代码如下：

```
<div class="form-group">
```

```
    <label for="name"> 登记照</label><br>
    <input type="file" accept="image/png,image/jpg"
           (change)="fileChange($event.target.files)"><br>
    <img *ngIf="imgDataURL" [src]="imgDataURL" class="stdImg">
</div>
```

● accept 属性:表示文件上传控件接受的文件类型,在此定义仅以“.png,.jpg”为扩展名的图片文件允许选择。

● change 事件:在用户选择图片文件后,会触发该事件。该事件和后台的 fileChange 方法绑定,并将用户选择的图片文件作为参数进行传递。

● img 控件:img 控件通过结构化指令 *ngIf 来确定是否出现在视图的 DOM 树中。如果用户选择了图片文件,后台的 fileChange 方法会对 std-add 组件的 imgDataURL 属性进行赋值,此时 imgDataURL 不为空,则 img 控件出现在页面视图的 DOM 树中,并且 src 属性和 Base64 格式的 imgDataURL 进行绑定,显示学生登记照图片。若 imgDataURL 为空,则 img 控件不会出现在页面视图的 DOM 树中。

上传学生登记照的按钮定义如下:

```
<button type="button" class="btn btn-primary"
  [disabled]="!imgDataURL" (click)="uploadStdImg( $event)">
     <i class="fa fa-upload"></i> 上传登记照
</button>
```

当用户没有选择上传登记照文件时,按钮为禁用状态,若用户选择了图片,则此时按钮为可用状态,点击按钮会调用后台的 uploadStdImg 方法上传图片。std-add.component.html 的所有代码如下:

```
<div class="card">
    <div class="card-header text-white bg-primary">
        <h4>添加学生
            <a class="btn btn-primary border-white btn-sm" routerLink="/StdLst"
            role="button">
                <i class="fa fa-angle-double-left"></i>返回
            </a>
        </h4>
    </div>
    <div class="card-body">
        <form (ngSubmit)="onSubmit()" #stdForm="ngForm" enctype="multipart/
        form-data">
            <div class="form-group">
                <label for="stdID">学号</label>
                <input type="text" class="form-control" id="stdID"
                    required placeholder="请输入学号"
                    [(ngModel)]="stdnew.id" name="stdID"
                    #stdID="ngModel">
```

```
    <div [hidden]="stdID.valid || stdID.pristine"
        class="alert alert-danger">
        学号不能为空
    </div>
</div>

<div class="form-group">
    <label for="name">姓名</label>
    <input type="text" class="form-control" id="name"
        required placeholder="请输入姓名"
        [(ngModel)]="stdnew.name" name="name"
        #name="ngModel">
    <div [hidden]="name.valid || name.pristine"
        class="alert alert-danger">
        姓名不能为空
    </div>
</div>

<div class="form-group">
    <label for="gender">性别</label>
     
    <input type="radio" name="gender" value="男"
            [(ngModel)]="stdnew.gender"/>男
     
    <input type="radio" name="gender" value="女"
            [(ngModel)]="stdnew.gender"/>女
</div>

<div class="form-group">
    <label for="birth">出生日期</label>
    <input type="date" class="form-control" id="birth"
            required[(ngModel)]="stdnew.birth" name="birth"
            #birth="ngModel">
    <div[hidden]="birth.valid || birth.pristine"
        class="alert alert-danger">
        出生日期不能为空
    </div>
</div>

<div class="form-group">
    <label for="name">登记照</label><br>
    <input type="file" accept="image/png,image/jpg"
            (change)="fileChange($event.target.files)"><br>
    <img*ngIf="imgDataURL"[src]="imgDataURL" class="stdImg">
```

```
        </div>

        <button type="button" class="btn btn-primary"
                [disabled]="! imgDataURL" (click)="uploadStdImg($event)">
        <i class="fa fa-upload"></i>上传登记照</button> 
        <button type="submit" class="btn btn-primary"
              [disabled]="! stdForm.form.valid" >
        <i class="fa fa-save"></i> 添 加</button>
    </form>
  </div>
</div>
```

3. 组件测试

添加学生组件，其界面如图 5.36 所示。

图 5.36　添加学生组件的界面

对添加学生组件进行测试。

(1) 进入添加学生界面，不输入任何值，直接点击“添加”按钮，观察界面出现的模型验证错误提示。

(2) 将学号输入框中的内容全部删除，观察模型验证的错误提示。

(3) 选择图片文件后，观察 img 控件是否会自动出现，点击“上传登记照”按钮，是否会出现“上传学生登记照成功”的提示。

(4) 点击“添加”按钮，返回到学生列表页面，检查添加的学生是否出现在列表中。

5.3.5　学生详细信息组件

在 VS Code 的命令提示符下输入以下命令：

```
ng g component StdDetails
```

修改 app-routing.module.ts 文件，代码如下：

```
import {NgModule} from '@angular/core';
import {Routes, RouterModule} from '@angular/router';
import {StdLstComponent} from './std-lst/std-lst.component';
import {StdAddComponent} from './std-add/std-add.component'
import {StdDetailsComponent} from './std-details/std-details.component';

const routes: Routes=[
  {path: '', redirectTo: '/StdLst', pathMatch: 'full'},
  {path: 'StdLst', component:StdLstComponent},
  {path: 'StdAdd', component:StdAddComponent},
  {path: 'StdDetail/:id', component:StdDetailsComponent}
];

@NgModule({
  imports: [RouterModule.forRoot(routes)],
  exports: [RouterModule]
})
export class AppRoutingModule{ }
@NgModule({
  imports: [RouterModule.forRoot(routes)],
  exports: [RouterModule]
})
export class AppRoutingModule{ }
```

注意，StdDetail/:id 表示路由接收一个学生 id 的参数，因为该组件仅显示一个学生的详细信息。修改学生列表页面视图 std-lst.component.html 文件中学生项的 <a></a> 元素部分，如下：

```
<a*ngFor="let std of Students" routerLink="/StdDetail/{{std.id}}"
   class="list-group-item list-group-item-action">
   <span class="badge badge-primary badge-pill">{{std.id}}</span>
   {{std.name}}
   <img*ngIf="std.imageURL"
   src="{{stdWebUrl}}/{{std.imageURL.substring(2,std.imageURL.length)}}"
   style="max-height:25px;max-width:25px;object-fit:contain;">
</a>
```

routerLink="/StdDetail/{{std.id}}"表示当用户点击学生列表项后，页面导航跳转到

std-details 组件。

1. 后台代码

修改添加学生后台的 std-details. component. ts 文件代码。

1）初始化

(1) 导入所需要的服务和学生类的定义，代码如下：

```
import {ActivatedRoute,Router} from '@angular/router';
import {Student} from '../student';
import {StdService} from '../std.service';
import {HttpClient, HttpErrorResponse} from '@angular/common/http';
```

(2) 定义组件的属性，代码如下：

```
//当前学生实例
curStd:Student;
//学生管理网站 Web URL 地址
stdWebUrl:string ;
```

(3) 在构造函数中注入 ActivatedRoute、StdService、HttpClient 及 Router，代码如下：

```
constructor(
  private route: ActivatedRoute,
  private stdService:StdService,
  private http: HttpClient,
  private router: Router
) { }
```

(4) 修改 ngOnInit 方法，代码如下：

```
ngOnInit(): void {
   this.http.get('../assets/AppConfig.json')
     .subscribe((data:any)=>{
     this.stdWebUrl=data.stdWebUrl
  });
  this.getCurStd();
}
```

ngOnInit 用于读取 assets 目录中的配置文件，得到学生管理网站的 Web URL，并以订阅的方式异步赋值给组件的 stdWebUrl 属性，然后调用 getCurStd 方法，获取当前学生的信息。

2）获取学生信息

获取学生信息，代码如下：

```
//调用 std-service，根据学生的 id 调用 Web API，得到当前学生
getCurStd(): void {
  //获取由学生项连接传递的路由参数 id
  const id=+this.route.snapshot.paramMap.get('id');
  this.stdService.getStd(id)
```

```
        .subscribe(s=>{ this.curStd=s;
                        this.curStd.discriminator="Student";
                      });
}
```

注意，+this. route. snapshot. paramMap. get('id')前面的“+”表示将id参数转换为整型值，这是Angular的特有语法特点。

3) 删除学生信息

删除学生信息，代码如下：

```
//删除学生
deleteStd(std:Student)
{
  //弹出删除确认框
  if(window.confirm("确认删除该学生吗?"))
    {
      this.stdService.deleteStudent(std).subscribe
      (
        ()=>{//如果删除成功,则导航返回 std-lst 组件
            this.router.navigateByUrl("/StdLst")},
            (err:HttpErrorResponse)=>alert(err.message)
      )
    }
}
```

JavaScript的window. confirm()函数会弹出一个确认对话框，提示用户是否确认删除该学生，如果用户选择“确定”，则函数返回True，执行后续的代码，如果用户选择“取消”，则函数返回False。this. router. navigateByUrl("/StdLst")}在调用Web API删除学生成功后，导航到std-lst组件，路由导航返回到std-lst组件，并导致其ngOnInit方法被执行，显示最新的学生列表。std-details. component. ts的全部代码如下：

```
import {Component, OnInit} from '@angular/core';
import {ActivatedRoute,Router} from '@angular/router';
import {Student} from '../student';
import {StdService} from '../std.service';
import {HttpClient,HttpErrorResponse} from '@angular/common/http';

@Component({
  selector: 'app-std-details',
  templateUrl: './std-details.component.html',
  styleUrls: ['./std-details.component.css']
})
export class StdDetailsComponent implements OnInit {
  //当前学生信息
  curStd:Student;
```

```
//学生管理网站 Web URL 地址
stdWebUrl:string ;

constructor(
  private route: ActivatedRoute,
  private stdService:StdService,
  private http: HttpClient,
  private router: Router
) { }

ngOnInit(): void {
  this.http.get('../assets/AppConfig.json')
  .subscribe((data:any)=>{
     this.stdWebUrl=data.stdWebUrl
});
  this.getCurStd();
}

//调用 std-service,根据学生的 id 调用 Web API,得到当前学生信息
getCurStd(): void {
  //获取由学生项连接传递的路由参数 id
  const id=+ this.route.snapshot.paramMap.get('id');
  this.stdService.getStd(id)
    .subscribe(s=>{ this.curStd=s;
                          this.curStd.discriminator="Student";
                   });
}

//删除学生
deleteStd(std:Student)
{
  //弹出删除确认框
  if(window.confirm("确认删除该学生吗?"))
    {
      this.stdService.deleteStudent(std).subscribe
      (
        ()=> {//如果删除成功,则导航返回到 std-lst 组件
                 this.router.navigateByUrl("/StdLst")},
                 (err:HttpErrorResponse)=>alert(err.message)
      )
    }
 }
}
```

2. 页面视图

学生详细信息的前端页面视图 std-details. component. html 仍然使用 Bootstrap 的

card 样式进行设计。std-details 组件的页面视图比较简单，大部分技术在前面已经介绍过，故在此不再进行说明，直接给出全部的 html 代码，如下：

```
<div class="card" >
    <div class="card-header text-white bg-primary">
      <h4> 学生详细信息
        <a class="btn btn-primary border-white btn-sm" routerLink ="/StdLst" role
        ="button">
            <i class="fa fa-angle-double-left"></i> 返回
        </a>
      </h4>
    </div>
    <div *ngIf='curStd' class="card-body">
       <dl class="row">
          <dt class="col-sm-2">
              学号
          </dt>
          <dd class="col-sm-10">
              {{curStd.id}}
          </dd>
          <dt class="col-sm-2">
              姓名
          </dt>
          <dd class="col-sm-10">
              {{curStd.name}}
          </dd>
          <dt class="col-sm-2">
              性别
          </dt>
          <dd class="col-sm-10">
              {{curStd.gender}}
          </dd>
          <dt class="col-sm-2">
              出生日期
          </dt>
          <dd class="col-sm-10">
              {{curStd.birth|date:'yyyy-MM-dd'}}
          </dd>
          <dt class="col-sm-2">
              登记照
          </dt>
          <dd class="col-sm-10">
              <img*ngIf="curStd.imageURL"
                src="{{stdWebUrl}}/{{curStd.imageURL.substring(2,curStd.imageURL.
                length)}}"
              class="stdImg">
```

```
            </dd>
        </dl>
        <a class="btn btn-primary" role="button">
        <i class="fa fa-pencil-alt"></i> 修改</a> 
        <button type="submit" class=
        "btn btn-primary" (click)="deleteStd(curStd)">
        <i class="fa fa-times"></i> 删除</button>
    </div>
</div>
```

(1) routerLink="/StdLst":表示用户点击组件头部的“返回”按钮时，返回到学生列表组件。

(2) *ngIf='curStd':表示对当前学生进行数据绑定前，确认组件的 curStd 属性不为 Null 值。

(3) {{curStd.birth|date:'yyyy-MM-dd'}}:表示使用管道对学生的出生日期进行格式化处理。

(4) (click)="deleteStd(curStd)":为用户点击“删除”按钮的事件绑定，执行后台的 deleteStd 方法。

(5) “修改”按钮在下面会连接到学生修改组件。

3. 组件测试

学生详细信息页面如图 5.37 所示。

图 5.37　学生详细信息页面

对学生详细信息组件进行以下测试。

（1）点击“返回”按钮，确认返回到学生列表组件。

（2）确定学生出生日期格式化的效果。

（3）点击“删除”按钮，在出现的确认框中点击“取消”按钮，确认对话框消失；点击“确认”按钮，确认返回到学生列表组件，且当前学生被删除。

5.3.6　学生修改组件 std-edit

在 VS Code 的命令提示符下输入以下命令：

```
ng g component StdEdit
```

修改 app-routing. module. ts 文件，代码如下：

```
import {NgModule} from '@angular/core';
import {Routes, RouterModule} from '@angular/router';
import {StdLstComponent} from './std-lst/std-lst.component';
import {StdAddComponent} from './std-add/std-add.component'
import {StdDetailsComponent} from './std-details/std-details.component';
import {StdEditComponent} from './std-edit/std-edit.component';


const routes: Routes=[
  {path: '', redirectTo: '/StdLst', pathMatch: 'full'},
  {path: 'StdLst', component:StdLstComponent},
  {path: 'StdAdd', component:StdAddComponent},
  {path: 'StdDetail/:id', component:StdDetailsComponent},
  {path: 'StdEdit/:id', component:StdEditComponent},
];

@NgModule({
  imports: [RouterModule.forRoot(routes)],
  exports: [RouterModule]
})
export class AppRoutingModule { }
```

注意，StdEdit/:id 表示路由接收一个学生 id 的参数，因为 std-edit 组件修改了一个学生的信息。修改学生详细信息页面视图文件 std-details. component. html 中学生项的“修改”按钮，代码如下：

```
<a class="btn btn-primary" role="button" routerLink="/StdEdit/{{curStd.id}}">
    <i class="fa fa-pencil-alt"></i> 修改
</a> 
```

routerLink="/StdEdit/{{curstd. id}}"表示当用户点击“修改”按钮时，页面导航跳转到 std-edit 组件。

1. 后台代码

修改添加学生信息的后台的 std-edit. component. ts 文件代码。

1）初始化

（1）导入所需要的服务和学生类的定义，代码如下：

```
import {Location} from '@angular/common';
import {ActivatedRoute,Router} from '@angular/router';
import {Student} from '../student';
import {StdService} from '../std.service';
import {HttpClient, HttpErrorResponse} from '@angular/common/http';
```

（2）定义组件的属性，代码如下：

```
//当前正在编辑的学生
curStd:Student;
//学生管理网站的 Web URL 地址
stdWebUrl:string;
//是否修改学生的登记照
isNewStdImg:boolean;
//学生登记照的 Base64 格式值
imgDataURL: any;
//文件上传控件选定的文件
selectedFile: File;
```

（3）在构造函数中注入 ActivatedRoute、StdService、HttpClient 及 Router，代码如下：

```
constructor(
  private route: ActivatedRoute,
  private stdService:StdService,
  private http: HttpClient,
  private router: Router
) { }
```

（4）修改 ngOnInit 方法，代码如下：

```
ngOnInit(): void {
   this.http.get('../assets/AppConfig.json')
     .subscribe((data:any)=>{
     this.stdWebUrl=data.stdWebUrl
  });
  this.getCurStd();
this.isNewStdImg=false;
}
```

ngOnInit 读取 assets 目录中的配置文件，得到学生管理网站的 Web URL 并以订阅的方式异步赋值给组件的 stdWebUrl 属性，然后调用 getCurStd 方法，获取当前的学生信息。由于当前正在编辑的学生的登记照在进入组件时没有修改，故设置 isNewStdImg 属性为 false。

2）获取当前学生信息

获取当前学生信息的代码如下：

```
//调用 std-service,根据学生 id 调用 Web API,得到当前学生的信息
getCurStd(): void {
  //获取由学生项连接传递的路由参数 id
  const id=+this.route.snapshot.paramMap.get('id');
  this.stdService.getStd(id)
    .subscribe(s=>{ this.curStd=s;
                    //Chrome 日期输入框控件的显示问题
                    this.curStd.birth=this.curStd.birth.substring(0,10);
                    this.curStd.discriminator="Student";
                 });
}
```

注意,+this. route. snapshot. paramMap. get('id')前面的“+”表示将 id 参数转换为整型值,这是 Angular 的特有语法特点。由于出生日期存储到数据库中会自动加上时分秒的信息,如“2000-01-01 00:00:00. 0000000”,如果直接赋值给 curStd. birth,则前端的 Chrome 日期输入框控件无法正常显示,故需要进行字符串处理,仅取出字符串的前 10 位,即“YYYY-MM-DD”。

3) 处理表单提交

提交修改的信息到 std-service,代码如下:

```
onSubmit():void {
    if(this.isNewStdImg)
      this.curStd.imageURL="~/UploadFiles/"+this.selectedFile.name;

    this.stdService.updateStudent(this.curStd)
    .subscribe(
      (response)=>{
          this.router.navigateByUrl('/StdDetail/ ${this.curStd.id}');
      },
      (error:HttpErrorResponse)=>{
          alert(error.message);
    });
}
```

注意,修改成功后,路由导航回学生的详细信息组件。上传学生登记照的代码和添加学生信息的代码类似,在此不再列出,直接给出 std-edit. component. ts 文件的全部代码,如下:

```
import {Component, OnInit} from '@angular/core';
import {Location} from '@angular/common';
import {ActivatedRoute,Router} from '@angular/router';
import {Student} from '../student';
import {StdService} from '../std.service';
import {HttpClient, HttpErrorResponse} from '@angular/common/http';
@Component({
  selector: 'app-std-edit',
```

```
  templateUrl: './std-edit.component.html',
  styleUrls: ['./std-edit.component.css']
})
export class StdEditComponent implements OnInit {
  //当前正在编辑的学生
  curStd:Student;
  //学生管理网站的 Web URL 地址
  stdWebUrl:string;
  //是否修改学生的登记照
  isNewStdImg:boolean;
  //学生登记照的 Base64 格式值
  imgDataURL: any;
  //文件上传控件选定的文件
  selectedFile: File;
  constructor(
    private route: ActivatedRoute,
    private stdService:StdService,
    private http: HttpClient,
    private router:Router
  ) { }
  ngOnInit(): void {
    this.http.get('../assets/AppConfig.json')
    .subscribe((data:any)=>{
        this.stdWebUrl=data.stdWebUrl
    });
    this.getCurStd();
    this.isNewStdImg=false;
  }
    //调用 std-service,根据学生的 id 调用 Web API,得到当前学生的信息
    getCurStd(): void {
      //获取由学生项连接传递的路由参数 id
      const id=+this.route.snapshot.paramMap.get('id');
      this.stdService.getStd(id)
        .subscribe(s=>{ this.curStd=s;
                        //Chrome 日期输入框控件的显示问题
                        this.curStd.birth=this.curStd.birth.substring(0,10);
                        this.curStd.discriminator="Student";
                      });
    }

    onSubmit():void {
      if(this.isNewStdImg)
        this.curStd.imageURL="~/UploadFiles/" +this.selectedFile.name;

      this.stdService.updateStudent(this.curStd)
      .subscribe(
```

```
        (response)=>{
            this.router.navigateByUrl('/StdDetail/$ {this.curStd.id}');
        },
        (error:HttpErrorResponse)=>{
            alert(error.message);
        });
    }

    fileChange(files) {
      if (files.length===0) {
        return;
      }
      this.selectedFile=files[0];
      const reader=new FileReader();
      reader.readAsDataURL(this.selectedFile);
      reader.onload= ()=>{
        this.imgDataURL=reader.result;
      };
    }

    uploadStdImg(event: any)
    {
        this.stdService.upLoadStdImg(this.selectedFile);
        this.isNewStdImg=true;
    }
}
```

2. 页面视图

学生修改的前端页面视图 std-edit. component. html 仍然使用 Bootstrap 的 card 样式进行页面设计，大部分技术已经在前面介绍过，在此不再进行说明，直接给出全部的 html 代码，如下：

```
<div class="card" >
    <div class="card-header text-white bg-primary">
      <h4>修改学生信息
          <a class="btn btn-primary border-white btn-sm" routerLink=
                   "/StdLst" role="button">
              <i class="fa fa-angle-double-left"></i>返回
          </a>
      </h4>
    </div>
    <div class="card-body" *ngIf='curStd' style="margin-bottom: 0.5em;">
      <form (ngSubmit)="onSubmit()" #stdForm="ngForm" enctype="multipart/form-data">
        <div class="form-group">
            <label for="stdID">学号</label>
            <input type="text" class="form-control" id="stdID"
```

```
    [value]="curStd.id" name="stdID" readonly>
</div>
<div class="form-group">
    <label for="name">姓名</label>
    <input type="text" class="form-control" id="name"
        required placeholder="请输入姓名"
        [(ngModel)]="curStd.name" name="name"
        #name="ngModel">
    <div [hidden]="name.valid || name.pristine"
        class="alert alert-danger">
         姓名不能为空
    </div>
</div>
<div class="form-group">
  <label for="gender">性别</label>
   
  <input type="radio" name="gender" value="男" [(ngModel)]=
  "curStd.gender"/>男
   
  <input type="radio" name="gender" value="女" [(ngModel)]=
  "curStd.gender"/>女
</div>
<div class="form-group">
    <label for="birth">出生日期</label>
    <input class="form-control" id="birth" type="date"
            required [(ngModel)]="curStd.birth" name="birth"
            #birth="ngModel">
    <div [hidden]="birth.valid || birth.pristine" class="alert alert-danger">
       出生日期不能为空
    </div>
</div>
<div class="form-group">
    <label for="name">登记照</label><br>
    <input type="file" accept="image/png,image/JPEG"
       (change)="fileChange($event.target.files)"><br>
    <img *ngIf="!imgDataURL && curStd.imageURL"
    src="{{stdWebUrl}}/{{curStd.imageURL.substring(2,curStd.imageURL.length)}}"
    class="stdImg">
    <img *ngIf="imgDataURL" [src]="imgDataURL" class="stdImg">
</div>
<button type="button" class="btn btn-primary" [disabled]="!imgDataURL"
(click)="uploadStdImg($event)">
<i class="fa fa-upload"></i>上传登记照</button> 
<button type="submit" class="btn btn-primary" [disabled]=
"!stdForm.form.valid" >
 <i class="fa fa-save"></i> 保存</button> 
```

```
        <a class="btn btn-primary" routerLink="/StdDetail/{{curStd.id}}" role=
        "button">
          <i class="fa fa-pencil-alt"> </i> 取消</a> 
    </form>
   </div>
</div>
```

(1) *ngIf=curStd,确认组件的当前学生实例不为空。

(2) 学号不能修改,故设置为只读状态。

(3) 若当前学生的登记照的 URL 不为空,且没有新上传的学生登记照时,则显示学生已有的登记照,如果用户选择上传了新的登记照,则显示上传的登记照。

(4) 用户取消编辑后,返回到用户详细信息组件。

3. 组件测试

修改学生信息的页面如图 5.38 所示。

图 5.38　修改学生信息的页面

对修改学生信息的组件进行以下测试。

(1) 点击“返回”按钮,确认返回到学生列表组件。

(2) 点击“取消”按钮,返回到学生详细信息组件。

(3) 选择新的登记照文件后,确认“上传登记照”按钮为可用状态,点击上传登记照,确认登记照上传成功。

(4) 点击“保存”按钮,返回到学生详细信息组件,确认学生修改信息是否成功。

第 6 章　使用 Angular+Ionic+Cordova 开发跨平台移动端 APP

随着移动互联网的兴起，手机 APP 已经逐步取代传统桌面应用，成为人们进行信息交流的主要手段。手机使用的 CPU、内存、可擦写的 ROM 的性能在提高，而价格却在下降，让手机的处理能力也迅速增强。高性能 CPU+8 GB 内存+256 GB ROM 已经成为目前大众手机的标准配置。随着 5G 网络的逐步普及，网络数据交换的速度甚至强于百兆字节的宽带光纤的速度。可以这样说，我们现在手上拿的手机，就是一个可移动、高性能的个人计算机，完全可以将一些传统的桌面应用系统移植到手机上，给我们全新的、快捷的、可移动的使用体验。

目前主流的手机操作系统有 Android、iOS 和 Windows。其中 Android 和 iOS（苹果公司的移动操作系统）是我国主流的手机操作系统。微软公司虽然试图用 Windows 统一桌面（Desktop）、平板（Tablet）和移动端（Mobile）的操作系统，借助 Windows 在全球桌面操作系统中的霸主地位抢占移动端市场的份额，但在我国始终没有太大起色。三大操作系统的软件架构、开发模式、硬件环境都有很大的区别。因此，手机 APP 的开发者会面临一个难题，一款 APP 必须组建三个不同的开发团队，分别为不同的操作系统开发应用，大公司可以这么做，而中小型公司却不能承受这么高的人力成本。解决这个问题的途径是使用跨平台的技术。

什么技术可以跨平台？这个技术必须是各种操作系统都支持、每部手机都会默认安装和不可卸载的标准模块，且这个标准必须是 ISO 公认的全球标准。那是什么技术呢？答案显而易见，是基于 HTML 协议的 Web 浏览器组件。也就是说，如果 APP 能够封装成为一个能在手机的 WebView 组件中运行的客户端应用，则可实现一套程序在不同的手机操作系统中运行，从而实现跨平台。我们在第 5 章开发的基于 Angular 的学生管理界面就是一个在 Web 浏览器中的客户端应用，但仅使用 Angular 无法进行跨平台的移动端 APP 的开发，还需要 Cordova 和 Ionic 的支持。

6.1　Apache Cordova 简介

Apache Cordova（https://cordova.apache.org/docs/en/6.x/guide/overview/index.html）是一个开源的移动开发框架，使用标准的 Web 技术，如 HTML5、CSS3 和 JavaScript 进行跨平台开发。应用在每个平台的具体执行被封装了起来，并依靠符合标准的 API 绑定去访问每个设备的功能，比如，传感器、加速计、摄像头、地理位置（GPS）等。Apache Cordova 可以与前端框架（Angular）和前端 UI 框架（Ionic）结合起来开发跨平台的移动端 APP。Apache Cordova 的架构图如图 6.1 所示。

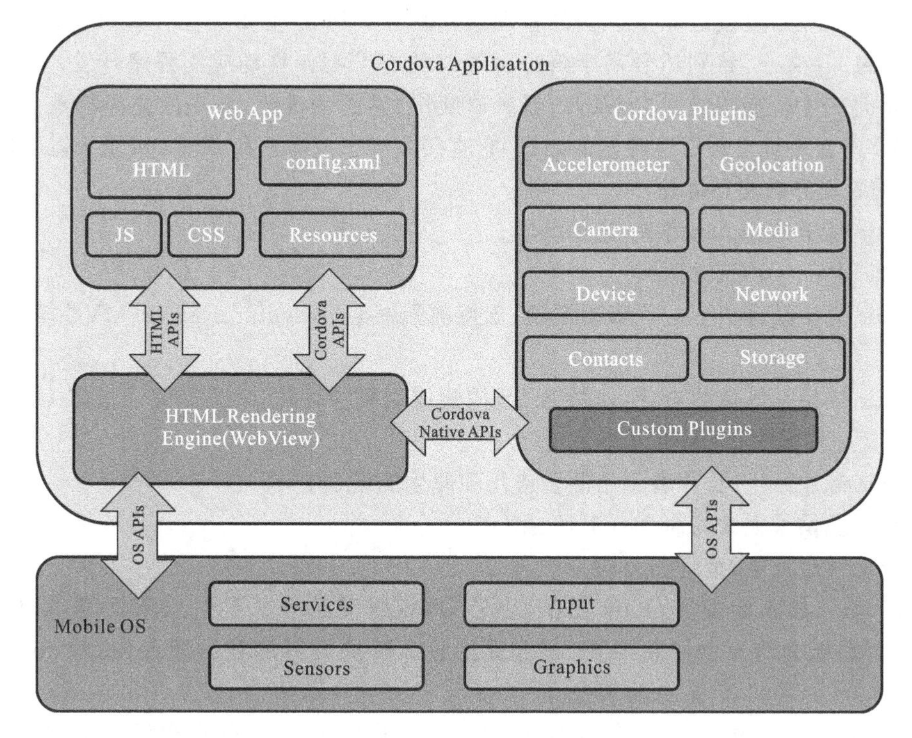

图 6.1　Apache Cordova **的架构图**

● WebView：给移动端 APP 提供完整用户访问界面的功能。在一些平台中，WebView 也可以作为组件和平台原生的控件进行混合应用。

● Web App：是应用程序代码存放的地方。应用程序的实现主要通过：① HTML 界面，包含用户界面（UI）元素、图片、媒体文件等。② 前端框架（Angular、Vue、React），为 HTML 界面进行数据绑定，访问服务端 Web API，实现应用的业务逻辑。③ 前端 UI 框架（Ionic），对 HTML 界面进行优化封装，让应用程序更加接近原生的应用界面，而不是像一个网页。Web App 包含一个非常重要的文件 config. xml，该文件提供 APP 所需要的重要的信息和特定的参数，比如应用程序的初始界面是横屏还是竖屏。

● 插件：插件是 Cordova 生态系统的重要组成部分，提供 Cordova 和原生组件相互通信的接口并绑定到标准的设备 API 上，从而使得你能够通过 JavaScript 调用原生代码。Apache Cordova 项目维护的插件称为核心插件，这些核心插件可以让应用程序访问设备，如电源、相机、联系人等。除了核心插件，还有第三方插件提供一些附加功能，但这些功能不一定在每个平台都能使用，可以通过 npm 搜索和安装第三方的 Cordova 插件使用这些附加功能。程序员也可以开发自己的插件，进行特殊的应用。

6.2　Ionic 简介

Ionic（https://ionicframework. com/）是一个开源的用于构建高性能移动端 APP 的 UI 工具集，可以使用 Web 技术，如 HTML5、CSS3 和 JavaScript，结合前端流行开发框架

(Angular、React)构建接近原生体验的移动应用程序。Ionic 主要关注外观和体验、用户和应用程序的 UI 交互,特别适合基于跨平台模式的 HTML5 移动应用程序开发。

Ionic 是一个轻量级的手机 UI 库,具有速度快、界面现代化、外观漂亮等特点。为了解决其他 UI 库在手机上运行速度慢的问题,它直接放弃了 iOS 6 和 Android 4.1 以下版本的支持,以获取更好的使用体验。

● Ionic 基于 Angular 语法,简单易学。

● Ionic 是一个轻量级框架。

● Ionic 完美融合了下一代移动框架,支持前端框架(Angular、React)、MVC 模式,代码易维护。

● Ionic 提供了漂亮的设计,通过 SaSS 构建应用程序。Ionic 还提供了很多 UI 组件来帮助开发者开发强大、美观的应用。

● Ionic 专注原生,让你看不出混合应用和原生的区别。

● Ionic 提供了强大的命令行工具。

● Ionic 性能优越,运行速度快。

随着 Ionic 的不断发展,Ionic 团队已经不再仅仅满足于只是一个移动端 APP 的 UI 提供商,而是能为跨平台手机 APP 开发提供整体解决方案的技术服务商,故 Ionic 团队针对 Cordova 的手机设备的插件进行了优化和封装,形成自己的 Native APIs。同时 Ionic 也提供了强大的 CLI(命令行),方便程序员进行开发。在本章后续的讲解中,一般不再使用 Cordova 的 CLI 和插件进行开发,而是使用 Ionic 优化后的 CLI 和 Native APIs 进行开发。

6.3 Android SDK 及虚拟机

由于 iOS 使用的范围没有 Android 使用的范围广泛,且苹果电脑价格昂贵,故本章仅介绍如何使用跨平台技术在 Windows 桌面操作系统中针对 Android 进行开发。要进行 Android 开发,必须先安装 Android SDK,在国内的镜像站点(https://www.androiddevtools.cn/)下载并安装最新稳定版的 Android Studio。打开 Android Studio,在 Tools 菜单中选择“Appearance & Behavior”→“System Settings”→“Android SDK”→“SDK Manager”,会出现如图 6.2 所示的界面。

在“SDK Platforms”选项卡中选择安装“Android 8.0(Oreo)”,在“SDK Tools”选项卡中选择安装“Android Emulator”和“Intel x86 Emulator Accelerator(HAXM installer). rev 7.5.6”,如图 6.3 所示。

在 Tools 菜单中选择“AVD Manager”,会出现如图 6.4 所示的“Your Virtual Devices”界面。

点击“+ Create Virtual Device”按钮,会出现如图 6.5 所示的“Select Hardware”界面。

选择“Phone”→“Pixel 3 XL”,点击“Next”按钮,会出现如图 6.6 所示的“Select a system image”界面。

选择“Android 8.0(Google APIs)”作为虚拟机的镜像文件,点击“Next”按钮,在出现的

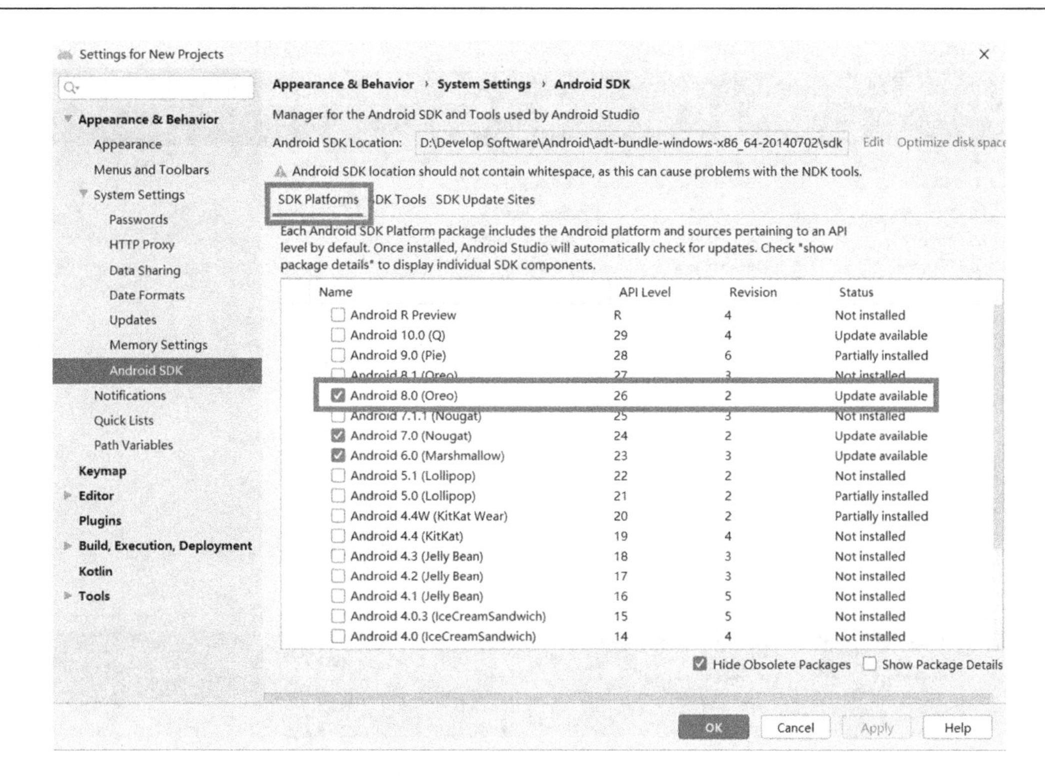

图 6.2　选择"SDK Manager"后的界面

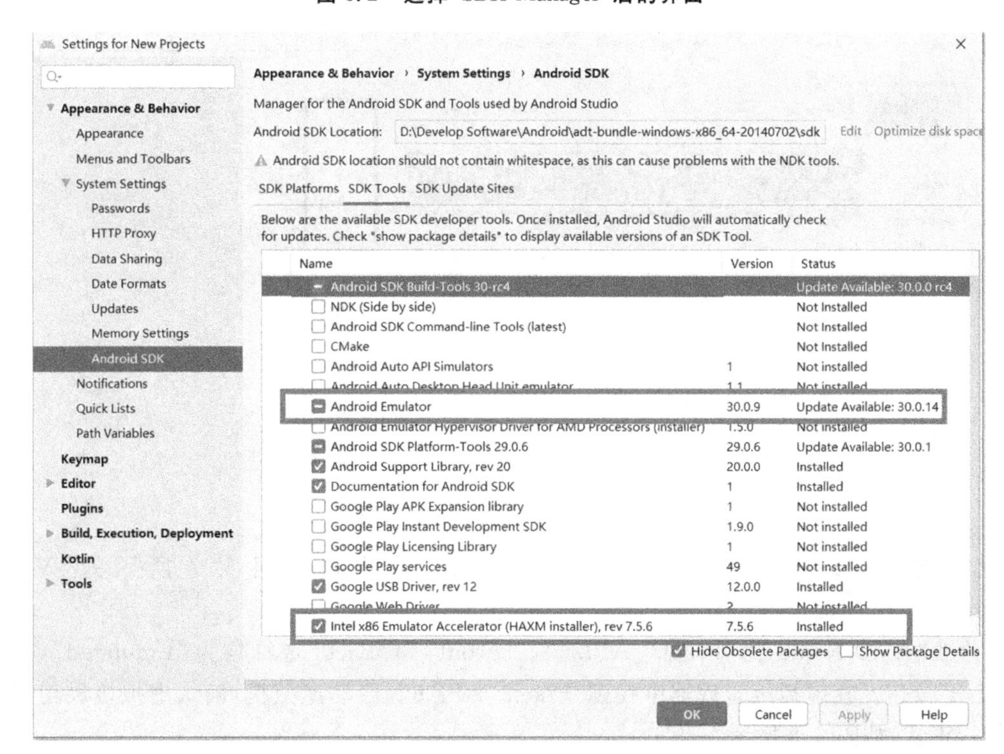

图 6.3　"SDK Tools"选项卡

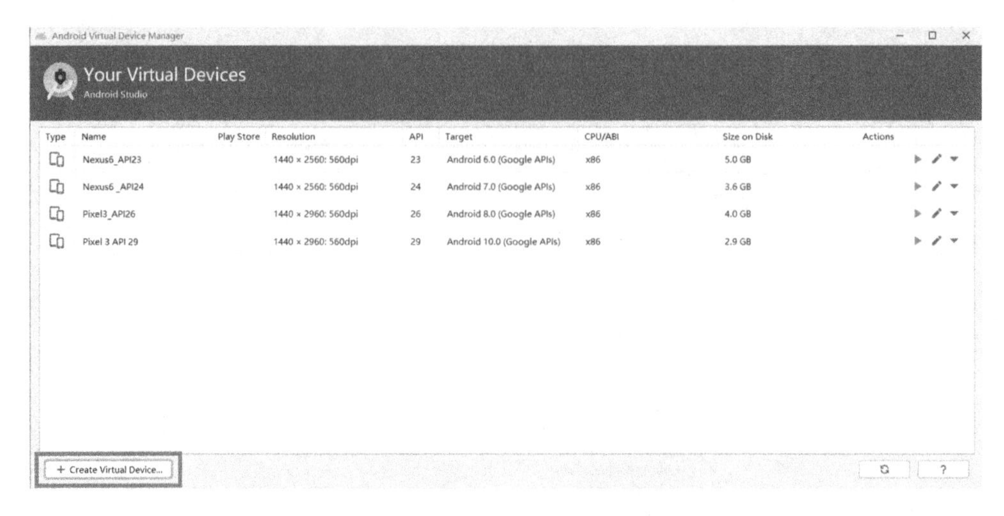

图 6.4 “Your Virtual Devices”界面

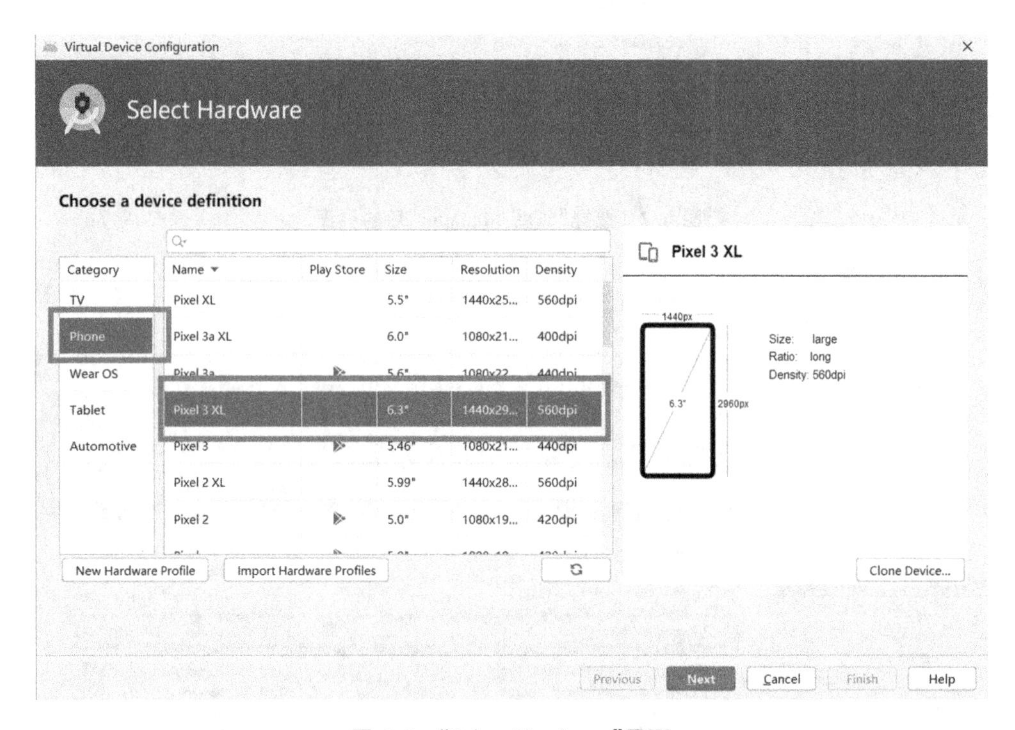

图 6.5 “Select Hardware”界面

界面中点击“Show Advanced Settings”按钮后，会出现如图 6.7 所示的“Verify Configuration”界面。

修改“AVD Name”为“Pixel3_API26”，“Front”和“Back”选择均为“Emulated”，点击“Finish”按钮。在虚拟机管理器中找到“Pixel3_API26”，启动虚拟机，确认虚拟机成功启动并运行正常，如图 6.8 所示。

Select a system image
Recommended x86 Images Other Images
Release Name API Level ABI Target
R Download R x86 Android 10.0+ (Google APIs)
Q 29 x86 Android 10.0 (Google APIs)
Oreo 26 x86 Android 8.0 (Google APIs)
Nougat 24 x86 Android 7.0 (Google APIs)
Marshmallow 23 x86 Android 6.0 (Google APIs)
Lollipop Download 22 x86 Android 5.1 (Google APIs)
Oreo
API Level
26
Android
8.0
Google Inc.
System Image
x86
We recommend these images because they run the fastest and support Google APIs.
Questions on API level?
See the API level distribution chart
Previous Next Cancel Finish Help

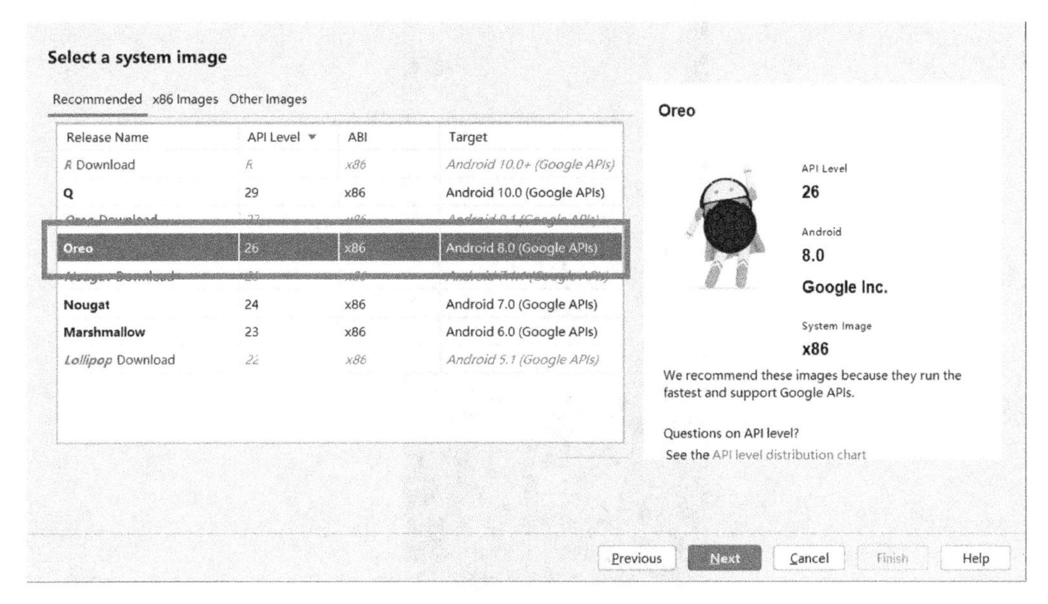

图 6.6　"Select a system image"界面

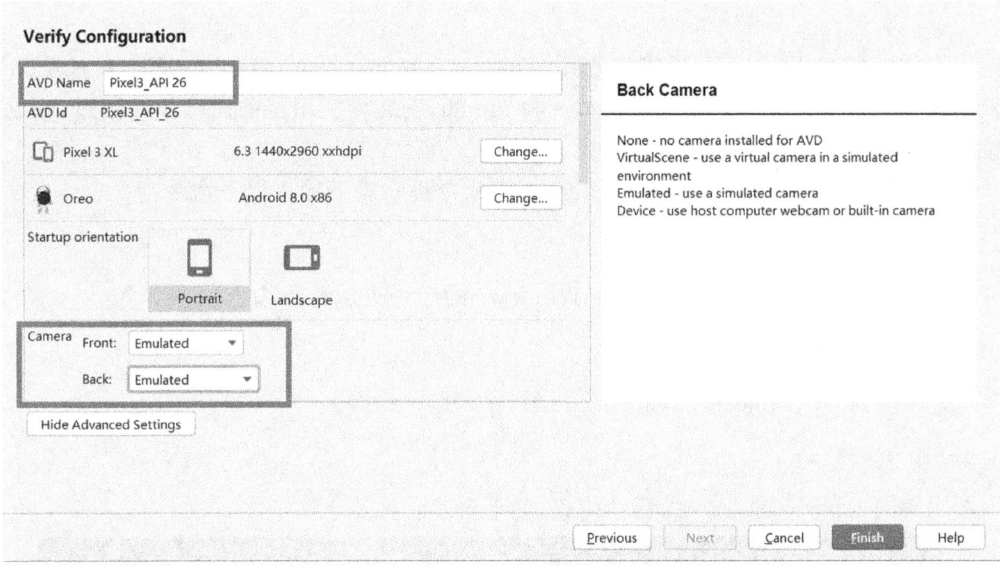

Verify Configuration
AVD Name Pixel3_API 26
AVD Id Pixel3_API_26
Pixel 3 XL 6.3 1440x2960 xxhdpi Change...
Oreo Android 8.0 x86 Change...
Startup orientation
Portrait
Landscape
Camera Front: Emulated
Back: Emulated
Hide Advanced Settings
Back Camera
None - no camera installed for AVD
VirtualScene - use a virtual camera in a simulated environment
Emulated - use a simulated camera
Device - use host computer webcam or built-in camera
Previous Next Cancel Finish Help

图 6.7　"Verify Configuration"界面

图 6.8 启动虚拟机

6.4 开发环境的配置

下面就如何在 Windows 环境中使用 Angular＋Ionic＋Cordova 进行跨平台移动 APP 开发的环境设置作出说明。由于 Node.js 和 npm 的安装和使用在前面已经介绍过，在此不再说明。

（1）安装 Apache Cordova，在 Windows 的命令提示符下输入以下命令：

```
npm install -g cordova
```

（2）安装 ionic/cli 命令行工具，在 Windows 的命令提示符下输入以下命令：

```
npm install -g @ionic/cli
```

（3）切换到 D:\Projects\Teaching 目录，输入以下命令：

```
ionic start -help
```

会出现对 ionic start 命令的帮助信息，如下所示。

```
Starters for @ionic/angular (--type=angular)

name          | description
--------------------------------------------------------------------------------
tabs          | A starting project with a simple tabbed interface
sidemenu      | A starting project with a side menu with navigation in the content area
blank         | A blank starter project
list          | A starting project with a list
my-first-app  | An example application that builds a camera with gallery
conference    | A kitchen-sink application that shows off all Ionic has to offer
```

帮助信息显示 ionic 当以 Angular 作为前端框架时，其所支持的应用程序的模板及其说明。在此我们选择 list 模板。在 Windows 的命令提示符下输入以下命令：

```
ionic start StdMngMobile list --type=angular --cordova
```

以上命令表示新建一个"StdMngMobile"项目。该项目使用 ionic 的 list 模板，前端框架为 Angular，基于 Cordova 技术对手机设备进行开发。选择"Y"，回车后，等待几分钟，直到项目初始化完成。注意，初始化完成后，在出现的"Create Ionic Account"提示符下，可以选择"N"。

（4）打开 VS Code，在"文件"菜单中选择"打开文件夹"，选择"D:\Projects\Teaching\StdMngMobile"，确认。新建一个终端，在 VS Code 的命令提示符下输入以下命令：

```
ionic cordova platform add android
```

以上命令表示为 StdMngMobile 项目添加一个 Android 平台。

（5）在 VS Code 的命令提示符下输入以下命令：

```
ionic cordova run android --target Pixel3_API26
```

在 6.3 节安装的 Pixel3_API26 虚拟机中运行 StdMngMobile 项目，如图 6.9 所示。

图 6.9　在虚拟机中运行 StdMngMobile 项目

6.5 跨平台学生管理 APP 开发

本节详细介绍如何使用 Angular+Ionic+Cordova 开发移动端的 APP。

6.5.1 应用程序总体框架

Ionic 在 Angular 框架的基础上进行了一些开发移动端 APP 所必需的扩充，下面比较原生的 Angular 框架和 Ionic 的不同。

- platforms：为 Ionic 应用程序添加的平台，因为在 6.4 节仅添加了 Android，故在此只能看到对 Android 的支持。当然，也可以再添加对 iOS 的支持。
- plugins：表示支持应用程序对手机设备进行编程的 Cordova 插件。
- www：Cordova Web App，系统自动生成，一般不进行修改。
- config. xml：应用程序的配置文件，与原生的 Android 开发类似。

图 6.10 列出了原生的 Angular 应用程序和 Ionic 应用程序在根目录中的不同之处。

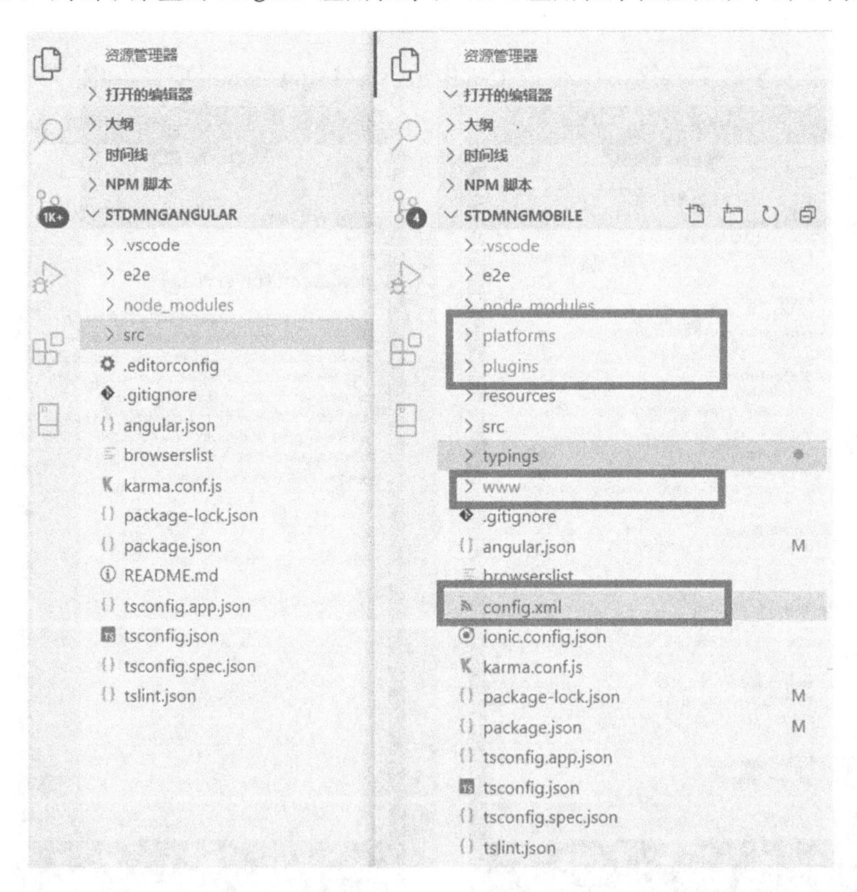

图 6.10 Angular **应用程序和** Ionic **应用程序在根目录中的区别**

再展开“/src”及“/src/app”目录，比较两者的不同，这里不再赘述其细节。下面列出 Angular 和 Ionic 的几点不同之处。

(1) Ionic 使用 Page，Angular 使用 Component，两者的区别在于 Component 默认使用 CSS 设置组件的样式，而 Page 默认使用 SCSS 设置页面的样式。Page 比 Component 多出 XXX. module. ts 及 XXX-routing. module. ts 文件，表示可以为每个 Page 添加局部的 module 和路由；而原生的 Angular 框架只能在 app. module. ts 及 app-routing. module. ts 中添加全局的 module 和路由。

(2) 打开 app-routing. module. ts 文件，可以发现路由导航的方式，代码如下：

```
{
  path: 'home',
  loadChildren: ()=>import('./home/home.module').then(m=>m.HomePageModule)
},
```

loadChildren 表示 Ionic 使用其独有的惰性加载路由(Lazy Loading Routes)方式。惰性加载路由方式仅对 Page 有效。

(3) app 目录下默认有 service 子目录，表示服务组件的存储位置，而 Angular 原生框架的 service 默认放在 app 目录下。

6.5.2　Web API 访问服务 std. service

跨平台的移动端 APP 仍然使用 Web API 对远程数据库进行访问，与第 5 章类似，首先在项目中定义访问 Web API 的 std. service。在此之前，请将配置文件 AppConfig. json 添加到“assets”目录中，AppConfig. json 的代码如下：

```
{
    "stdsWebAPIUrl": "http://218.199.178.24/StdMngMvc/api/StdWebAPI",
    "stdWebUrl": "http://218.199.178.24/StdMngMvc",
    "pageSize": 12
}
```

AppConfig. json 的代码与第 5 章介绍的代码基本相同，唯一的区别就是 pageSize 变成 12。在 VS Code 终端命令提示符下输入以下命令：

```
ionic g service services/Std
```

在“app/services”目录下添加 std. service. ts 文件。打开 std. service. ts 文件，添加 stdsUrl 静态属性，代码如下：

```
import {Injectable} from '@angular/core';
@Injectable({
  providedIn: 'root'
})
export class StdService {
//Web API 的默认地址
  public static stdsUrl;
  constructor() { }
}
```

修改 app. module. ts 文件，代码如下：

```
import {NgModule} from '@angular/core';
import {BrowserModule} from '@angular/platform-browser';
import {RouteReuseStrategy} from '@angular/router';
import {HttpClientModule} from '@angular/common/http';
import {IonicModule, IonicRouteStrategy} from '@ionic/angular';
import {SplashScreen} from '@ionic-native/splash-screen/ngx';
import {StatusBar} from '@ionic-native/status-bar/ngx';
import {AppComponent} from './app.component';
import {AppRoutingModule} from './app-routing.module';

@NgModule({
  declarations: [AppComponent],
  entryComponents: [],
  imports: [BrowserModule,
            IonicModule.forRoot(),
            AppRoutingModule,
            HttpClientModule],
  providers: [
    StatusBar,
    SplashScreen,
    { provide: RouteReuseStrategy, useClass: IonicRouteStrategy }
  ],
  bootstrap: [AppComponent]
})
export class AppModule {}
```

添加 HttpClientModule，修改 app. component. ts 文件，代码如下：

```
import {Component} from '@angular/core';
import {Platform} from '@ionic/angular';
import {SplashScreen} from '@ionic-native/splash-screen/ngx';
import {StatusBar} from '@ionic-native/status-bar/ngx';
import {HttpClient} from '@angular/common/http';
import {StdService} from './services/std.service';

@Component({
  selector: 'app-root',
  templateUrl: 'app.component.html',
  styleUrls: ['app.component.scss']
})
export class AppComponent {
  constructor(
    private platform: Platform,
    private splashScreen: SplashScreen,
```

```
    private statusBar: StatusBar,
    private http: HttpClient
  ) {
    this.initializeApp();
  }

  async ngOnInit(): Promise<void>{
    //读取 Web API 的地址
    let res:any=await this.http.get('./assets/AppConfig.json').toPromise();
    //webapi url
    StdService.stdsUrl=res.stdsWebAPIUrl
  }

  initializeApp() {
    this.platform.ready().then(()=>{
      this.statusBar.styleDefault();
      this.splashScreen.hide();
    });
  }
}
```

以上代码的含义与第 5 章的代码类似，当应用程序初始化时，访问 Web API 的 std.service 提供部署 Web API 的 URL 地址。在 std.service 中对学生列表进行增、删、改、查的操作与第 5 章中的类似，下面直接给出代码：

```
import {Injectable} from '@angular/core';
import {HttpClient, HttpHeaders} from '@angular/common/http';
import {Observable, of} from 'rxjs';
import {catchError} from 'rxjs/operators';

export interface Student {
  id: number;
  name: string;
  gender:string;
  age:number;
  birth: string;
  email: string;
  idNums: string;
  imageURL: string;
  memo: string;
  discriminator:string;
}

@Injectable({
  providedIn: 'root'
```

```
})
export class StdService {

  //Web API 的默认地址
  public static stdsUrl;
  //以 JSON 格式进行数据交互
  httpOptions={
      headers: new HttpHeaders({ 'Content-Type': 'application/json',})
  };

  constructor(private http: HttpClient,) { }
  /**
   *httpclient 读取和处理数据的异常
   *@param operation -错误的操作
   *@param result -错误的结果
  */
private handleError<T>(operation='operation', result?: T) {
    return (error: any): Observable<T>=>{
      //在 console 中显示错误
      console.error(error);
      //返回一个空结果,让程序继续运行
      return of(result as T);
    };
  }

  //得到分页的学生列表
  getStds(pageSize:number,pageIndex:number): Observable<Student[]>{
    let url='${StdService.stdsUrl}? pageSize=${pageSize}&pageIndex=${pageIndex}';
    return this.http.get<Student[]>(url).pipe(
        catchError(this.handleError<Student[]>('getStds', []))
    );
  }

  //得到学生的总数
  getStdCounts(): Observable<number>  {
    let url='${StdService.stdsUrl}/GetStdCounts';
    return this.http.get<number>(url).pipe(
      catchError(this.handleError<number>('getStdCounts', ))
    );
  }

  //根据 id 得到学生的信息
  getStd(id: number): Observable<Student>  {
    const url='${StdService.stdsUrl}/${id}';
```

```
    return this.http.get<Student> (url).pipe(
        catchError(this.handleError<Student> ('getStudent id=${id}'))
    );
  }

  //根据学生的姓名查找学生
  searchStudents(term: string): Observable<Student[]>{
    if (!term.trim()) {
      //如果输入的为空格,则返回空数组
      return of([]);
    }
    return this.http.get<Student[]> ('${StdService.stdsUrl}? stdName=${term}').pipe(
      catchError(this.handleError<Student[]> ('searchStudentes', []))
    );
  }

  //Post 操作:添加一个学生
  addStudent (Student: Student): Observable<Student>{
    return this.http.post<Student> (
    StdService.stdsUrl,Student,this.httpOptions).pipe(
      catchError(this.handleError<Student> ('addStudent'))
    );
  }

  //Put 操作:更新学生信息
  updateStudent (Student: Student): Observable<any>{
    const id=typeof Student==='number' ? Student : Student.id;
    const url='${StdService.stdsUrl}/${id}';
    return this.http.put(url, Student, this.httpOptions).pipe(
      catchError(this.handleError<any> ('updateStudent'))
    );
  }

  //Delete 操作:删除学生
  deleteStudent (Student: Student): Observable<Student>{
    const id=typeof Student==='number' ? Student : Student.id;
    const url='${StdService.stdsUrl}/${id}';
    return this.http.delete<Student> (url, this.httpOptions).pipe(
      catchError(this.handleError<Student> ('deleteStudent'))
    );
  }
}
```

以上代码将 Student 类直接定义在 std. service. ts 文件中，不用再单独设置一个

Student. ts 文件;以上代码返回 Observable〈T〉对象的 HttpClient 的管道操作中没有再使用 tap 记录操作成功的项目日志,仅对访问 Web API 出错的情况进行了记录。

以上代码与第 5 章中 std. service 的区别在于学生登记照的上传,由于程序运行在手机中,且获取学生登记照的方式是使用手机中的相机拍摄或者从手机相册中进行选择,故文件上传必须使用 Cordova 的文件传输插件完成。在 VS Code 的终端命令提示符下输入以下命令:

```
ionic cordova plugin add cordova-plugin-file-transfer
npm install @ionic-native/file-transfer
```

安装文件传输组件成功后,修改 app. module. ts 文件,代码如下:

```
import {NgModule} from '@angular/core';
import {BrowserModule} from '@angular/platform-browser';
import {RouteReuseStrategy} from '@angular/router';
import {HttpClientModule} from '@angular/common/http';
import {IonicModule, IonicRouteStrategy} from '@ionic/angular';
import {SplashScreen} from '@ionic-native/splash-screen/ngx';
import {StatusBar} from '@ionic-native/status-bar/ngx';
import {AppComponent} from './app.component';
import {AppRoutingModule} from './app-routing.module';
import {FileTransfer} from '@ionic-native/file-transfer/ngx';

@NgModule({
  declarations: [AppComponent],
  entryComponents: [],
  imports: [BrowserModule,
            IonicModule.forRoot(),
            AppRoutingModule,
            HttpClientModule],
  providers: [
    StatusBar,
    SplashScreen,
    FileTransfer,
    {provide: RouteReuseStrategy, useClass: IonicRouteStrategy}
  ],
  bootstrap: [AppComponent]
})
export class AppModule {}
```

修改 std. service 的代码,如下:

```
import {FileTransfer, FileUploadOptions, FileTransferObject}
from '@ionic-native/file-transfer/ngx';
……
constructor (private http: HttpClient,
```

```
            private transfer:FileTransfer,) { }
……
```

在 std. service 中导入 File Transfer 组件，然后在构造函数中注入该组件。添加上传学生登记照的代码到 std. service 中，如下：

```
//上传学生登记照
upLoadStdImg(imgUpdFileUrl:string){
  const fileTransfer: FileTransferObject=this.transfer.create();

  let options: FileUploadOptions={
       fileKey: 'stdImgfile',
       fileName: imgUpdFileUrl.substr( imgUpdFileUrl.lastIndexOf('/')+1),
       mimeType : "image/jpeg"
  }
  let apiUrl='${StdService.stdsUrl}/StdImgFileUpload'

  fileTransfer.upload(imgUpdFileUrl, apiUrl, options)
    .then((data)=>{
          alert(data.response);
      }, (err)=>{
            alert(err);
      })
}
```

从手机 APP 上传学生登记照仍然采用 Web API 中的 StdImgFileUpload 方法。注意，FileUploadOptions 中的 fileKey:'stdImgfile'必须与 StdImgFileUpload 方法中的参数名一致。关于 File Transfer 组件的详细使用，请参考 https://ionicframework.com/docs/native/file-transfer。

6.5.3　学生列表页面

1. 页面视图

移动端 APP 受屏幕大小、用户输入习惯、用户操作等的影响，在设计时不能完全按照 Web 页面的设计思路，而要考虑用户的操作习惯。比如分页列表，不宜按照 Web 页面设置向前及向后翻页的按钮来控制，而是当用户拖动列表到屏幕底部时，触发程序，加载下一页的学生。学生列表页面如图 6.11 所示。

下面就学生列表页面进行详细讨论。打开 app/home 目录下的 home.html 文件，删除默认的内容。

(1) 页面头部的 html 代码如下：

```
<ion-header>
  <ion-toolbar color="primary">
    <ion-title size="large">
      <ion-icon name="logo-buffer"></ion-icon> 学生管理移动版
```

图 6.11　学生列表页面

```
    </ion-title>
    <ion-buttons slot="end">
      <ion-button routerLink="/std-add">
        <ion-icon name="person-add" size="large"></ion-icon>
      </ion-button>
    </ion-buttons>
  </ion-toolbar>
</ion-header>
```

● color="primary"：表示页面头部的工具栏的颜色，可选的颜色有"primary"、"secondary"、"tertiary"、"success"、"warning"、"danger"、"light"、"medium"、"dark"。具体请参见 https://ionicframework.com/docs/api/button 中各个按钮的颜色示例。

● size="large"：表示工具栏中文字的大小，可选的值有"large"和"small"。

● <ion-icon name="logo-buffer"></ion-icon>：表示工具栏的图标。Ionic 内置了一系列图标供开发者选择，进入 https://ionicons.com/，Ionic 为同一套图标提供了"Outline"、"Filled"、"Sharp"三种样式。选择一个图标后，会在页面的底部弹出一个窗口，如图 6.12 所示。点击图标代码，显示已经复制到剪贴板，在 VS Code 编辑器中要使用图标的位置直接粘贴就可。

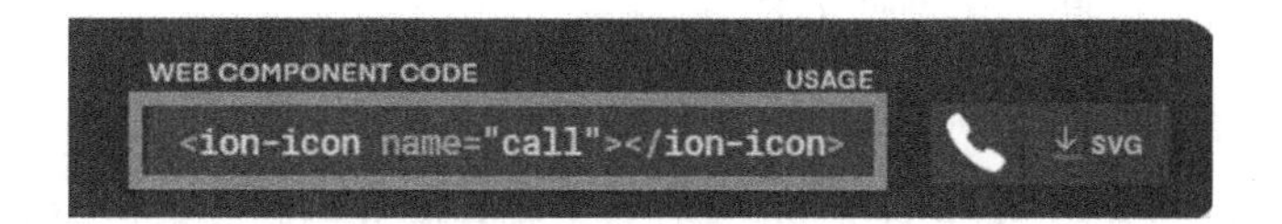

图 6.12　图标选择

- slot="end":表示工具栏按钮在工具栏中的位置,在此可选的位置有“left”——靠左,“right”——靠右。
- routerLink="/std-add":表示点击“”时,路由导航到 std-add 页面。由于 std-add 页面尚未添加,故先不要点击。

(2) 搜索工具栏的 html 代码,如下:

```
<ion-toolbar>
  <ion-searchbar placeholder="请输入学生姓名" color="light" debounce=500
    (ionClear)="clearSearch()" #stdName name="stdName"
    (ionChange)="searchStd(stdName.value)">
  </ion-searchbar>
  </ion-searchbar>
</ion-toolbar>
```

- debounce=500:手机 APP 搜索的特点是根据用户在搜索框中输入字符之间的时间间隔来确定是否开始搜索。debounce 属性用于设置这个时间间隔,单位为毫秒,debounce=500 表示当用户输入字符的时间间隔大于 500 毫秒时,触发 ionChange 事件,开始按输入的学生姓名查找学生。
- (ionClear)="clearSearch()":当用户在搜索框中清空搜索内容时触发的事件,该事件与后台的 clearSearch 方法绑定。
- #stdName:模板引用变量,方便在 html 代码中引用控件对象。
- (ionChange)="searchStd(stdName.value)":debounce 间隔触发的查找事件,与后台的 searchStd 方法绑定,传入用户的输入字符 stdName.value。

由于(ionClear)和(ionChange)所绑定的后台事件还没有定义,故此时编译查看页面会出现错误信息,待后续部分的代码补充完整后,错误信息会消失。

(3) 学生列表部分的 html 代码分为以下三个部分。

① 刷新学生列表信息。其代码如下:

```
<ion-refresher slot="fixed"(ionRefresh)="refresh($event)">
  <ion-refresher-content></ion-refresher-content>
</ion-refresher>
```

当用户在学生列表顶部用手指向下拉动时,将触发页面刷新的 ionRefresh 事件,该事件绑定后台的 refresh 方法,并传入所触发的事件实例对象作为参数。由于 APP 实质上是一个客户端应用,当服务器中的数据修改后,服务器一般不会将修改后的数据主动推送到客户端,用户需要主动获取服务器的最新数据。在 ion-refresher-content 中添加一些内容,以丰富用户的体验。此处使用系统的默认设置,没有输入任何内容。

② 展示学生列表信息。其代码如下：

```
<ion-list id="stdlist" #stdlist></ion-list>
```

移动端 APP 的列表和 Web 页面的一样，为了减轻服务器和网络传输的压力，一般使用分页的方式来展示学生列表信息。与 Web 页面不同的是，手机 APP 一般不再使用前后翻页按钮的方式来实现分页，而是使用无限滚动条（infinite-scroll）来实现。当用户的手指拖动列表到手机屏幕底部时，如果再往下继续拖动，范围将超过 infinite-scroll 指定的阈值，会触发 infinite-scroll 控件的 ionInfinite 事件，并在该事件中加载下一页数据。以此类推，用户不断拖动列表，数据逐步分页加载，直到全部数据读取完毕。由于需要在后台加载数据的方法中动态添加学生列表项，故展示学生列表信息的 ion-list 控件在页面视图中没有任何内容，仅设置模板引用变量 stdlist 供后台代码取得列表控件的实例。注意在./assets 目录中添加的 avatar.svg 文件，表示当没有上传学生登记照时，学生列表项的默认图标为 。

③ 无限滚动条，其代码如下：

```
<ion-infinite-scroll threshold="15 %" (ionInfinite)="loadData($event)">
     <ion-infinite-scroll-content
   loadingSpinner="bubbles"
   loadingText="加载学生信息…">
  </ion-infinite-scroll-content>
</ion-infinite-scroll>
```

● threshold="15%"：表示触发 ionInfinite 事件的阈值，当用户拖动列表超过屏幕底部的 15%时触发。

● (ionInfinite)="loadData($event)"：表示 infinite-scroll 的滚屏触发事件，与后台的 laodData 方法绑定，并传入事件本身的实例对象。

● loadingSpinner="bubbles"：表示当 infinite-scroll 的滚屏事件触发时出现的图标。

● loadingText="加载学生信息..."：表示当 infinite-scroll 的滚屏事件触发时出现的提示信息。

学生列表页面的全部 html 代码如下：

```
<!--页面头部-->
<ion-header>
  <ion-toolbar color="primary">
    <ion-title size="large" >
      <ion-icon name="logo-buffer"></ion-icon> 学生管理移动版
    </ion-title>
    <ion-buttons slot="end">
      <ion-button routerLink="/std-add">
        <ion-icon name="person-add" size="large"></ion-icon>
      </ion-button>
    </ion-buttons>
  </ion-toolbar>
</ion-header>
```

```
<!--搜索工具栏-->
<ion-toolbar>
  <ion-searchbar placeholder="请输入学生姓名" color="light" debounce=500
     (ionClear)="clearSearch()" #stdName name="stdName"
     (ionChange)="searchStd(stdName.value)">
  </ion-searchbar>
  </ion-searchbar>
</ion-toolbar>
<!--学生列表部分-->
<ion-content [fullscreen]="true">
  <!--刷新学生列表信息-->
  <ion-refresher slot="fixed" (ionRefresh)="refresh($ event)">
    <ion-refresher-content></ion-refresher-content>
  </ion-refresher>
  <!--展示学生列表信息-->
  <ion-list id="stdlist" #stdlist></ion-list>
  <!--无限滚动条-->
  <ion-infinite-scroll threshold="15%" (ionInfinite)="loadData($event)">
    <ion-infinite-scroll-content
      loadingSpinner="bubbles"
      loadingText="加载学生信息...">
    </ion-infinite-scroll-content>
  </ion-infinite-scroll>
</ion-content>
```

2. 后台代码

学生列表页面的后台代码(home. page. ts)说明如下。

1) *初始化*

(1) 导入所需要的服务和学生类的定义,代码如下:

```
import {Component, ViewChild,ElementRef} from '@angular/core';
import {StdService,Student} from '../services/std.service';
import {HttpClient} from '@angular/common/http';
import {IonInfiniteScroll} from '@ionic/angular';
```

(2) 定义页面的属性,代码如下:

```
//页面视图中的 infinite-scroll 控件实例对象
@ViewChild(IonInfiniteScroll,{static:true})
infiniteScroll: IonInfiniteScroll;
//页面视图中的 on-list 控件实例对象
@ViewChild("stdlist",{read:ElementRef,static:true})
stdlist:ElementRef;
//学生列表数组
Students:Student[];
```

```
//学生管理网站的 Web URL
stdWebUrl:string;
//学生登记照的默认图标
noneStdImg:string;
//每个页面的记录个数
pageSize:number;
//当前的分页页码
pageIndex:number;
//总的学生记录个数
totalStdNums:number;
//记录已经加载的学生记录个数
length:number;
```

@ViewChild 为 Angular 替代 document. getElementById 方法在后台 JavaScript 中获取页面视图中控件实例的方式，注意 IonInfiniteScroll 和 stdlist 引入方式的不同。Ionic5 对引入方式进行了一些改进，主要是加入了 static:true 选项。学习开源框架的最大烦恼是升级后文档的缺乏。笔者在使用@ViewChild 引入前端页面视图的控件实例时，在网络上查阅到的都是 Ionic3、Ionic4 的引入方式，没有 static:true 选项，而笔者安装的是 Ionic5，故语法出错，一番折腾后，笔者仔细查看@ViewChild 的选项输入方式，才知道需要加入 static:true 选项。所以使用开源的一些框架时最好不要使用最新版本，而要使用稳定版，从而避免一些不必要的麻烦。

(3) 在构造函数中注入 StdService 和 HttpClient，代码如下：

```
constructor(private stdService:StdService,
            private http: HttpClient){}
```

(4) 修改 ngOnInit 和 ionViewWillEnter 方法，代码如下：

```
async ngOnInit(): Promise<void>{
  //同步读取配置文件，并返回
  let res:any=await this.http.get('../assets/AppConfig.json').toPromise();
  this.stdWebUrl=res.stdWebUrl,
  this.pageSize=res.pageSize;
  this.length=0;
  this.pageIndex=1;
  //设置默认的学生登记照图标
  this.noneStdImg="../assets/avatar.svg";
}

ionViewWillEnter(){
  this.initStdLst();
  this.getStds();
  this.stdService.getStdCounts().subscribe(
    c=>{this.totalStdNums=c;}
  )
```

```
}

initStdLst(){
  this.length=0;
  this.pageIndex=1;
  //清空学生列表
  this.stdlist.nativeElement.innerHTML="";
  //启用无限滚动条
  this.infiniteScroll.disabled=false;
}
```

Ionic 页面对原生的 Angular 组件的生命周期进行了改进。Angular 组件只触发 ngOnInit 和 ngOnDestroy 两个生命周期事件，而 Ionic 页面会添加 ionViewWillEnter、ionViewDidEnter、ionViewWillLeave 及 ionViewDidLeave 四个生命周期事件。Ionic 页面的生命周期如图 6.13 所示。

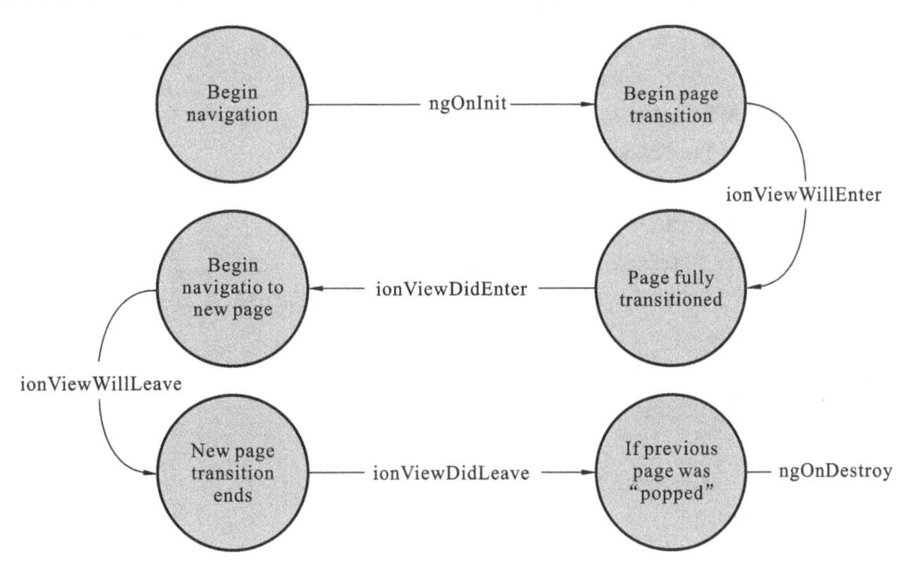

图 6.13　Ionic 页面的生命周期

对于 ngOnInit 事件，Ionic 页面只在第一次生成的时候触发一次，而对于 ionViewWillEnter 事件，则在每次进入页面的时候都会触发。最典型的就是当使用 window.location.back()方法返回到上一级页面时，上一级页面的 ngOnInit 事件不会触发，而 ionViewWillEnter 事件则会触发。对于 Ionic 页面，将初始化一次的页面属性放到 ngOnInit 事件中处理，而将页面每次返回和刷新时都需要处理的业务逻辑放到 ionViewWillEnter 事件中处理，是比较合适的选择。

2）读取和填充学生列表

（1）调用 std.service 中的方法，分页读取学生信息的代码如下：

```
getStds(): void {
  this.stdService.getStds(this.pageSize,this.pageIndex).subscribe
```

```
  (
    std=>{
      this.Students=std;
      //填充学生列表
      this.appendItems(this.Students.length)}
  )
}
```

在订阅学生列表数组中观察读取学生信息成功后，调用 appendItems()方法，填充 stdlist 列表控件。

(2) appendItems()方法填充的代码如下：

```
appendItems(stdNums:number) {
  //记录学生列表填充的个数
  console.log('length is', this.length);
  for (var i=0; i<stdNums; i++) {
    //创建 ion-item 对象
    const el=document.createElement('ion-item');
    let curStd:Student=this.Students[i];
    let stdImgHtml:string="";
    //学生登记照
    if(curStd.imageURL !=null){
      stdImgHtml='<img src="${this.stdWebUrl}'+
                 '/${curStd.imageURL.substring(2,curStd.imageURL.length)}">'
    }
    else{
      stdImgHtml='<img src=${this.noneStdImg}>'
    }
    el.setAttribute("detail","false");
    //生成学生列表项
    el.innerHTML='
     <ion-avatar slot="start">
        ${stdImgHtml}
      </ion-avatar>
      <ion-label>
        <h2> ${curStd.name}</h2>
        <p> 学号:${curStd.id} 年龄:${curStd.age}</p>
      </ion-label>
    ';
    //将生成的学生列表项添加到 stdlist 控件
    this.stdlist.nativeElement.appendChild(el);
    this.length++;
  }
}
```

appendItems()方法根据返回的学生列表数组将每个学生的信息以后台代码的形式生成一个ion-item对象，然后将学生的登记照、姓名、学号、年龄等属性绑定到ion-item对象内部的各个Html元素中，最后将ion-item对象添加到stdlist列表控件。根据从数据源读取的数据，并以代码的方式生成前端页面视图中的全部或者部分内容，是Web编程的常用方式，希望读者尽快掌握。

3）使用无限滚动条加载数据

使用无限滚动条加载数据的事件代码如下：

```
async loadData(event) {
  setTimeout(()=>{
    //读取下一页学生数据
    this.pageIndex++;
    this.getStds();
    console.log('Done');
    event.target.complete();
    //判断是否禁用无限滚动条
    if (this.length >=this.totalStdNums) {
      this.infiniteScroll.disabled=true;
    }
  }, 500);
}
```

当用户拖动学生列表超过手机屏幕底部15%时，会触发ionInfinite事件，从而导致下一页学生数据的加载。

4）按学生姓名查找学生

按学生姓名查找学生的代码如下：

```
searchStd(stdName:string){
    //初始化页面参数
     this.initStdLst();

     if(stdName !="")
     {
        this.stdService.searchStudents(stdName).subscribe
        (
            stds=>{this.Students=stds;
                    //填充学生列表控件
                    this.appendItems(this.Students.length)});
     }
     else
     {
         this.getStds();
     }
}
```

```
  //当用户清空查找框时,初始化回到学生列表的第一页
  clearSearch(){
    this.initStdLst();
    this.getStds();
}
```

5) 用户在学生列表顶部

在学生列表顶部向下拖动时,重新从数据库读取数据,刷新学生列表信息,代码如下:

```
//在学生列表顶部向下拖动时,重新从数据库读取数据,刷新学生列表信息
refresh(ev){
  setTimeout(()=>{
    this.initStdLst();
    this.getStds();
    this.stdService.getStdCounts().subscribe(
      c=>{this.totalStdNums=c;}
    );
    ev.detail.complete();
  }, 3000);
}
```

home.page.ts 的整体代码如下:

```
import {Component, ViewChild,ElementRef} from '@angular/core';
import {StdService,Student} from '../services/std.service';
import {HttpClient} from '@angular/common/http';
import {IonInfiniteScroll} from '@ionic/angular';

@Component({
  selector: 'app-home',
  templateUrl: 'home.page.html',
  styleUrls: ['home.page.scss'],
})

export class HomePage {
  //页面视图中的 infinite-scroll 控件实例对象
  @ViewChild(IonInfiniteScroll,{static:true})
  infiniteScroll: IonInfiniteScroll;
  //页面视图中的 on-list 控件实例对象
  @ViewChild("stdlist",{read:ElementRef,static:true})
  stdlist:ElementRef;
  //学生列表数组
  Students:Student[];
  //学生管理网站的 Web URL
  stdWebUrl:string;
```

```
//学生登记照的默认图标
noneStdImg:string;
//每个页面的记录个数
pageSize:number;
//当前的分页页码
pageIndex:number;
//总的学生记录个数
totalStdNums:number;
//记录已经加载的学生个数
length:number;

constructor(private stdService:StdService,
            private http: HttpClient) {}

async ngOnInit(): Promise<void>{
  //同步读取配置文件,并返回
  let res:any=await this.http.get('../assets/AppConfig.json').toPromise();
  this.stdWebUrl=res.stdWebUrl,
  this.pageSize=res.pageSize;
  this.length=0;
  this.pageIndex=1;
  //设置默认的学生登记照图标
  this.noneStdImg="../assets/avatar.svg";
}

ionViewWillEnter(){
  this.initStdLst();
  this.getStds();
  this.stdService.getStdCounts().subscribe(
    c=>{this.totalStdNums=c;}
  )
}

initStdLst(){
  this.length=0;
  this.pageIndex=1;
  //清空学生列表
  this.stdlist.nativeElement.innerHTML="";
  //启用无限滚动条
  this.infiniteScroll.disabled=false;
}

getStds(): void {
  this.stdService.getStds(this.pageSize,this.pageIndex).subscribe
```

```
    (
      std=>{
        this.Students=std;
        //填充学生列表
        this.appendItems(this.Students.length)}
    )
}

appendItems(stdNums:number) {
  //记录学生列表填充的个数
  console.log('length is', this.length);
  for (var i=0; i <stdNums; i++) {
    //创建 ion-item 对象
    const el=document.createElement('ion-item');
    let curStd:Student=this.Students[i];
    let stdImgHtml:string="";
    //学生登记照
    if(curStd.imageURL !=null){
      stdImgHtml='<img src="${this.stdWebUrl}'+
                  '/${curStd.imageURL.substring(2,curStd.imageURL.length)}"> '
    }
    else{
      stdImgHtml='<img src=${this.noneStdImg}>'
    }
    el.setAttribute("detail","false");
    //生成学生列表项
    el.innerHTML='
     <ion-avatar slot="start">
        ${stdImgHtml}
      </ion-avatar>
      <ion-label>
        <h2>${curStd.name}</h2>
        <p> 学号:${curStd.id} 年龄:${curStd.age}</p>
      </ion-label>
    ';
    //将生成的学生列表项添加到 stdlist 控件
    this.stdlist.nativeElement.appendChild(el);
    this.length++;
  }
}

async loadData(event){
  setTimeout(()=> {
    //读取下一页学生数据
```

```
      this.pageIndex+ + ;
      this.getStds();
      console.log('Done');
      event.target.complete();
      //判断是否禁用无限滚动条
      if (this.length >=this.totalStdNums) {
        this.infiniteScroll.disabled=true;
      }
    }, 500);
  }

  searchStd(stdName:string){
    //初始化页面参数
     this.initStdLst();

     if(stdName !="")
     {
        this.stdService.searchStudents(stdName).subscribe
        (
            stds=>{this.Students=stds;
                   //填充学生列表控件
                   this.appendItems(this.Students.length)});
     }
     else
     {
         this.getStds();
     }
  }

  //当用户清空查找框时,初始化回到学生列表的第一页
  clearSearch(){
    this.initStdLst();
    this.getStds();
  }

  //在学生列表顶部向下拖动时,重新从数据库读取数据,刷新学生列表信息
  refresh(ev){
    setTimeout(()=>{
      this.initStdLst();
      this.getStds();
      this.stdService.getStdCounts().subscribe(
        c=>{this.totalStdNums=c;}
      );
      ev.detail.complete();
```

```
    }, 3000);
  }
}
```

3. 页面测试

1) 在 Chrome 浏览器中测试

在 VS Code 终端命令提示符下输入以下命令:

```
ionic serve
```

在 Chrome 浏览器中打开程序,按 F12 键启动开发者工作,效果如图 6.14 所示。

图 6.14 在 Chrome 浏览器中运行程序

(1) 调整 Chrome 设备模式为"Mobile",注意 Console 中显示的 length=0,拖动学生列表,观察 Console 中 length 值的变化情况。验证拖动学生列表控件时,分页加载学生数据的情况。

(2) 在浏览器中打开"http://218.199.178.24/StdMngMvc/Students",修改学号 2499 的学生姓名为 Jack,在学生列表顶部向下拖动学生列表,检查重新读取数据、刷新学生列表的情况。

(3) 在查找输入框中输入学生的姓名,如"云",检查查找的结果,清空查找框,检查学生列表重新初始化的情况。

2) 在 Android 虚拟机中测试

在 VS Code 终端命令提示符下输入以下命令:

```
ionic cordova run android --target Pixel3_API26
```

在 Pixel3_API26 虚拟机中打开程序,按前面在 Chrome 浏览器中的测试步骤进行测试。

4. 页面调试

Ionic 应用程序在 Chrome 中的配置过程与第 5 章 Angular 的程序类似,如果需要在

Android 虚拟机中进行配置，请按图 6.15 所示添加一个配置类型。

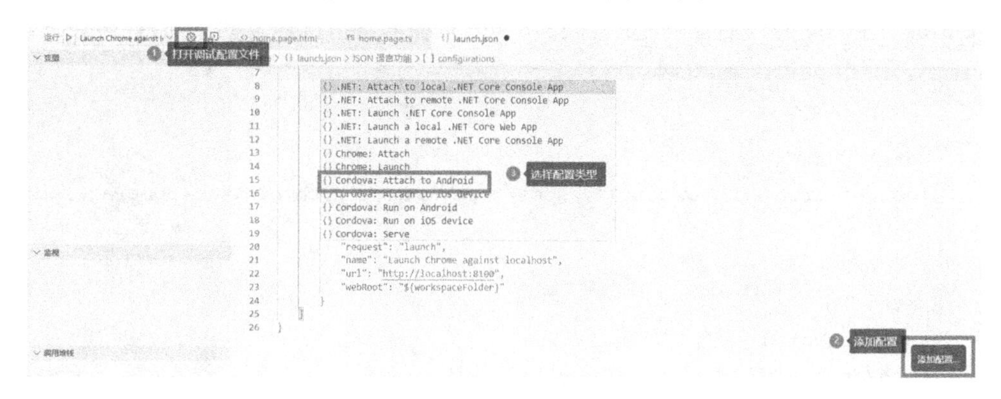

图 6.15　添加配置类型

选择“Cordova：Attach to Android”，修改默认出现在 launch.json 文件中的配置类型，如下：

```
{
    "name": "Attach to android on device|emulator",
    "type": "cordova",
    "request": "attach",
    "platform": "android",
    "target": "emulator",
    "cwd": "${workspaceFolder}",
    "sourceMaps": true
},
```

首先在 VS Code 终端命令提示符下输入以下命令：

```
ionic cordova run android --target Pixel3_API26
```

程序在虚拟机中运行后，按图 6.16 所示的步骤连接到虚拟机上进行调试。

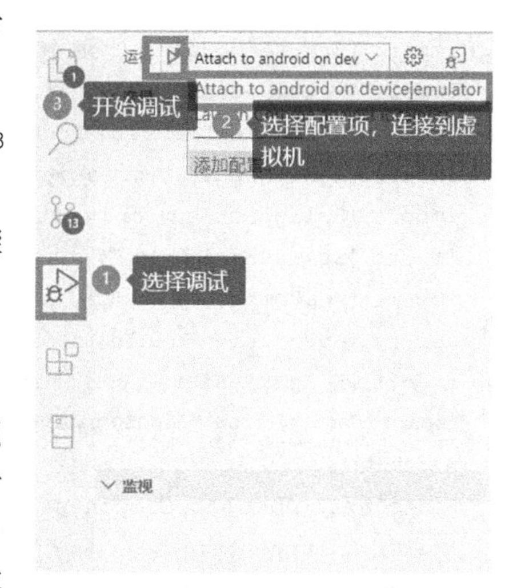

图 6.16　连接到虚拟机上进行调试

6.5.4　添加学生页面

添加学生页面与第 5 章介绍的上传学生登记照类似，主要区别在于学生登记照来自手机拍摄或者手机相册，需要用到 Cordova 的 Camera 插件。另外，表单使用了 Angular 的响应式表单进行了字段验证。在 VS Code 的终端命令提示符下输入以下命令：

```
Ionic g page StdAdd
```

添加 std-add 页面时，由于使用了 Ionic 的 Page，故路由模式默认为惰性模式。打开 app-routing. module. ts 文件，可以观察到 std-add 页面的路由已经自动添加，代码如下：

```
const routes: Routes=[
  {
    path: 'home',
    loadChildren: ()=>import('./home/home.module').then( m=>m.HomePageModule)
  },
  {
    path: '',
    redirectTo: 'home',
    pathMatch: 'full'
  },
  {
    path: 'std-add',
    loadChildren:()=>import('./std-add/std-add.module').then(m=>m.StdAddPageModule)
  }
];
```

安装 Cordova 的 Camera 插件。注意，此处安装的是 Ionic Native 版的 Camera 插件。在 VS Code 终端的命令提示符下输入以下命令：

```
ionic cordova plugin add cordova-plugin-camera
npm install @ionic-native/camera
```

打开 app. module. ts 文件，引入 Camera 插件，代码如下：

```
import {NgModule} from '@angular/core';
import {BrowserModule} from '@angular/platform-browser';
import {RouteReuseStrategy} from '@angular/router';
import {HttpClientModule} from '@angular/common/http';
import {IonicModule, IonicRouteStrategy} from '@ionic/angular';
import {SplashScreen} from '@ionic-native/splash-screen/ngx';
import {StatusBar} from '@ionic-native/status-bar/ngx';
import {AppComponent} from './app.component';
import {AppRoutingModule} from './app-routing.module';
import {FileTransfer} from '@ionic-native/file-transfer/ngx';
import {Camera} from '@ionic-native/camera/ngx';
@NgModule({
  declarations: [AppComponent],
  entryComponents: [],
  imports: [BrowserModule,
           IonicModule.forRoot(),
           AppRoutingModule,
           HttpClientModule,
           ],
```

```
  providers: [
    StatusBar,
    SplashScreen,
    FileTransfer,
    Camera,
    {provide: RouteReuseStrategy, useClass: IonicRouteStrategy}
  ],
  bootstrap: [AppComponent]
})
export class AppModule {}
```

打开 std-add. module. ts 文件,添加响应式表单的模块,代码如下:

```
import {NgModule} from '@angular/core';
import {CommonModule} from '@angular/common';
import {FormsModule,ReactiveFormsModule} from '@angular/forms';
import {IonicModule} from '@ionic/angular';
import {StdAddPageRoutingModule} from './std-add-routing.module';
import {StdAddPage} from './std-add.page';
@NgModule({
  imports: [
    CommonModule,
    FormsModule,
    ReactiveFormsModule,
    IonicModule,
    StdAddPageRoutingModule
  ],
  declarations: [StdAddPage]
})
export class StdAddPageModule {}
```

1. 页面视图

添加学生的页面如图 6.17 所示。

(1) 页面头部的 html 代码如下:

```
<ion-header>
  <ion-toolbar color="primary">
    <ion-buttons slot="start">
      <ion-button (click)="goBack()">
        <ion-icon name="arrow-back-circle" size="large"></ion-icon>
      </ion-button>
    </ion-buttons>
    <ion-title class="ion-text-center">添加学生</ion-title>
  </ion-toolbar>
</ion-header>
```

图 6.17 添加学生的页面

当用户点击“返回”按钮时，返回到上一级 home 页面。

(2) 表单项及其验证。

在手机 APP 上添加学生页面采用的是 Angular 的响应式表单技术。响应式表单的表单项及其验证均在后台代码中完成，前端页面视图只定义表单项的输入控件及表单项的验证信息，学生学号表单项的 html 代码如下：

```
<ion-item>
  <ion-input type="text" required formControlName="id" placeholder=
 "学号"></ion-input>
</ion-item>
<!-错误信息->
<ion-text class="ion-padding" color="danger"
*ngIf="isSubmitted && errorControl.id.errors?.required">
  必须输入 4 位数的学号!
</ion-text>
<ion-text class="ion-padding" color="danger"
*ngIf="isSubmitted && (errorControl.id.errors?.maxlength||errorControl.id.errors?.
minlength)">
  学号的长度必须为 4 位!
```

```
</ion-text>
<ion-item>
```

学号表单项在后台代码中的定义如下：

```
id: ["",[Validators.required,Validators.minLength(4),Validators.maxLength(4)]],
```

因此，在前端页面视图，用于输入学号的 input 控件的 formControlName 必须为"id"。后台代码为 id 定义了两个验证器：① required 表示学号不能为空，必须输入。② 定义了学号的最短和最长的长度均为 4，即验证学号只能为 4 位的数字。因此，在前端页面视图，需要为两个验证器分别定义错误提示信息。*ngIf="isSubmitted && errorControl. id. errors?. required"表示当用户点击“提交”按钮时，若学号输入框为空，则出现错误提示信息“必须输入 4 位数的学号！”。学号长度的验证与之类似。学生姓名和电子邮件的验证与学号类似，在此不再赘述。值得注意的是，电子邮件是采用正则表达式验证。

(3) 性别选择 Radio Buttons 的 html 代码如下：

```
<ion-radio-group formControlName="gender">
   <ion-grid>
     <ion-row>
       <ion-col size="3">
         <ion-item><ion-label>性别</ion-label></ion-item>
       </ion-col>
       <ion-col size="4">
         <ion-item>
         <ion-label>男</ion-label>
         <ion-radio slot="start" color="primary" value="男"></ion-radio>
       </ion-item>
       </ion-col>
      <ion-col>
         <ion-item>
           <ion-label>女</ion-label>
           <ion-radio slot="start" color="success" value="女"></ion-radio>
         </ion-item>
       </ion-col>
     </ion-row>
   </ion-grid>
</ion-radio-group>
```

由于 ion-item 默认为纵向布局，为了让性别选择 Radio Button 横向摆放，所以使用 ion-grid、ion-row、ion-col 进行类似于 Bootstrap Table 的响应式布局。关于 Ionic Grid 的响应式布局可参考：https://ionicframework.com/docs/api/grid、https://ionicframework.com/docs/layout/grid。

(4) 拍摄及上传学生登记照的 html 代码如下：

```
<ion-grid>
```

```
  <ion-row>
    <ion-col size="3">
     <ion-item><ion-label>登记照</ion-label></ion-item>
    </ion-col>
    <ion-col>
      <ion-row>
        <ion-col size="3">
          <ion-fab-button (click)="getPhoto(false)">
            <ion-icon name="camera"></ion-icon>
          </ion-fab-button>
        </ion-col>
        <ion-col size="3">
          <ion-fab-button (click)="getPhoto(true)" color="success">
            <ion-icon name="document"></ion-icon>
          </ion-fab-button>
        </ion-col>
        <ion-col>
          <ion-fab-button (click)="upLoadStdImg()" color="danger"
                         [disabled]="!isUploadable">
            <ion-icon name="cloud-upload" ></ion-icon>
          </ion-fab-button>
        </ion-col>
      </ion-row>
    </ion-col>
  </ion-row>
</ion-grid>
<ion-item>
  <ion-img*ngIf="imgFileUrl" [src]="imgFileUrl" class="stdImg"></ion-img>
</ion-item>
```

学生登记照可以用相机拍摄(getPhoto(false))或者在手机相册中选择(getPhoto(true)),登记照确认后,可以上传到 Web 服务器,以文件的形式保存在学生数据表中。学生登记照的详细处理将在下面详细解释。将 None1.jpg 文件复制到./assets 目录下,作为学生登记照的默认图片,在 global.scss 中定义学生登记照的样式,代码如下:

```
.stdImg{
    height:150px;
    width:150px;
    object-fit:contain;
}
```

std-add.page.html 的全部代码如下:

```
<!--页面头部-->
<ion-header>
  <ion-toolbar color="primary">
```

```
        <ion-buttons slot="start">
          <ion-button (click)="goBack()">
            <ion-icon name="arrow-back-circle" size="large" ></ion-icon>
          </ion-button>
        </ion-buttons>
        <ion-title class="ion-text-center">添加学生</ion-title>
      </ion-toolbar>
    </ion-header>
    <ion-content[fullscreen]="true">
      <form (ngSubmit)="processForm($event)" [formGroup]="stdForm" novalidate>
        <ion-list lines="full">
          <!--学号-->
          <ion-item>
             <ion-input type="text" required formControlName="id" placeholder=
            "学号"></ion-input>
          </ion-item>
          <!--错误提示-->
          <ion-text class="ion-padding" color="danger"
          *ngIf="isSubmitted && errorControl.id.errors?.required">
            必须输入 4 位数的学号!
          </ion-text>
          <ion-text class="ion-padding" color="danger"
           *ngIf="isSubmitted && (errorControl.id.errors?.maxlength||
           errorControl.id.errors?.minlength)">
           学号的长度必须为 4 位!
          </ion-text>
          <!--姓名-->
          <ion-item>
            <ion-input type="text" required formControlName="name" placeholder=
           "姓名"></ion-input>
          </ion-item>
          <ion-text class="ion-padding" color="danger"
          *ngIf="isSubmitted && errorControl.name.errors?.required">
            必须输入学生姓名!
          </ion-text>
          <!--电子邮件-->
          <ion-item>
            <ion-input type="text" formControlName="email" placeholder="电子邮件">
           </ion-input>
          </ion-item>
          <ion-text class="ion-padding" color="danger"
          *ngIf="isSubmitted && errorControl.email.errors?.required">
            必须输入电子邮件地址!
          </ion-text>
```

```
<ion-text class="ion-padding" color="danger"
*ngIf="isSubmitted && errorControl.email.errors?.pattern">
  请输入正确格式的电子邮件地址!
</ion-text>
<!--性别-->
<ion-radio-group formControlName="gender">
  <ion-grid>
    <ion-row>
      <ion-col size="3">
        <ion-item><ion-label>性别</ion-label></ion-item>
      </ion-col>
      <ion-col size="4">
        <ion-item>
        <ion-label>男</ion-label>
        <ion-radio slot="start" color="primary" value="男"></ion-radio>
      </ion-item>
      </ion-col>
     <ion-col>
        <ion-item>
          <ion-label>女</ion-label>
          <ion-radio slot="start" color="success" value="女"></ion-radio>
        </ion-item>
      </ion-col>
    </ion-row>
  </ion-grid>
</ion-radio-group>
<!--出生日期-->
<ion-item>
  <ion-label>出生日期</ion-label>
</ion-item>
<ion-item>
  <ion-input type="date" required [value]="defaultBirth"
             formControlName="birth" ></ion-input>
</ion-item>
<ion-text class="ion-padding" color="danger"
*ngIf="isSubmitted && errorControl.birth.errors?.required">
  必须输入学生出生日期!
</ion-text>
<!--学生登记照-->
<ion-grid>
  <ion-row>
     <ion-col size="3">
      <ion-item><ion-label> 登记照</ion-label></ion-item>
     </ion-col>
```

```
          <ion-col>
            <ion-row>
              <ion-col size="3">
                <ion-fab-button (click)="getPhoto(false)">
                  <ion-icon name="camera"></ion-icon>
                </ion-fab-button>
              </ion-col>
              <ion-col size="3">
                <ion-fab-button (click)="getPhoto(true)" color="success">
                  <ion-icon name="document"></ion-icon>
                </ion-fab-button>
              </ion-col>
              <ion-col>
                <ion-fab-button (click)="upLoadStdImg()" color="danger"
                                              [disabled]="!isUploadable">
                  <ion-icon name="cloud-upload" ></ion-icon>
                </ion-fab-button>
             </ion-col>
            </ion-row>
          </ion-col>
        </ion-row>
      </ion-grid>
      <ion-item>
        <ion-img*ngIf="imgFileUrl" [src]="imgFileUrl" class="stdImg"></ion-img>
      </ion-item>
    </ion-list>
    <!--提交按钮-->
    <div class="ion-padding">
      <ion-button expand="block" type="submit" class="ion-no-margin">
        <ion-icon name="checkmark-circle" size="large"></ion-icon>  <h4>
        确定</h4>
      </ion-button>
    </div>
  </form>
</ion-content>
```

2. 后台代码

添加学生页面的后台代码(std-add. page. ts)描述如下。

1) *初始化*

(1) 导入所需要的服务和学生类的定义,代码如下:

```
import {Location} from '@angular/common';
import {StdService,Student} from '../services/std.service';
import {FormGroup, FormBuilder, Validators} from "@angular/forms";
```

```
import {Router} from '@angular/router';
import {Camera, CameraOptions} from '@ionic-native/camera/ngx';
import {HttpClient} from '@angular/common/http';
```

（2）定义页面的属性，代码如下：

```
//响应式表单
stdForm: FormGroup;
//表单是否提交
isSubmitted:boolean;
//相机拍摄照片的路径或者从手机相册中选择图片的路径
imgFileUrl:any;
//登记照上传的路径
imgFileUpdUrl:any;
//登记照是否能上传
isUploadable:boolean;
//得到响应式表单定义的控件列表
get errorControl() {
  return this.stdForm.controls;
}
```

（3）在构造函数中注入必要的服务实例，代码如下：

```
constructor (private location: Location,
            private formBuilder: FormBuilder,
            private stdService:StdService,
            private router:Router,
            private camera: Camera,
            private http: HttpClient,
) { }
```

（4）修改 ngOnInit 和 ionViewWillEnter 方法，代码如下：

```
ngOnInit(){
  //默认的学生登记照图片
  this.imgFileUrl="../assets/None1.jpg";
  //响应式表单的定义
  this.stdForm=this.formBuilder.group({
      id: ["",[Validators.required, Validators.minLength(4),Validators.maxLength(4)]],
      name: ['', [Validators.required, ]],
      email: ['', [Validators.required,
            Validators.pattern('^[a-zA-Z0-9_-]+@[a-zA-Z0-9_-]+ (\.[a-zA-Z0-9_-]+)+$')]],
      birth: ['1999-01-01',[Validators.required, ]],
      gender:['男']
    })
}
//每次进入页面时，设置登记照为不可上传状态
```

```
ionViewWillEnter(){
  this.isUploadable=false;
}
```

响应式表单定义了学生的id、name、email、birth、gender这5个属性，除去gender属性外，每个属性均设置了验证方式，与前端页面视图的验证对应。关于响应式表单的详细信息，请参考https://angular.cn/guide/reactive-forms。

2）处理学生登记照

处理学生登记照需要用到Cordova的Camera插件。首先需要对Camera插件的一些选项进行设置，如表6.1所示。

表6.1　Camera插件设置项

选项名称	类型	默认值	说明
quality	number	50	照片的质量，分辨率在(0～100)像素之间，100表示按原始照片的分辨率，不进行任何压缩操作
destinationType	枚举	FILE_URI	确定图片的返回格式，以文件FILE_URI或以Base64格式DATA_URI的形式
sourceType	枚举	CAMERA	照片的来源，相机拍摄或者从手机相册选择
allowEdit	Boolean	false	是否允许编辑
encodingType	枚举	JPEG	图片的格式为JPEG或者PNG
targetWidth	number	—	目标图片的宽
targetHeight	number	—	目标图片的高
mediaType	枚举	PICTURE	媒体类型，是图片还是录像
correctOrientation	Boolean	—	拍摄图片时，修正图片为正确的方向
saveToPhotoAlbum	Boolean	—	将拍摄的图片放到手机相册
cameraDirection	Direction	back	选择摄像头，前面(front)或者后面(back-facing)

定义选项的代码如下：

```
const options: CameraOptions={
  quality: 100,
  destinationType: this.camera.DestinationType.FILE_URI,
  encodingType: this.camera.EncodingType.JPEG,
  mediaType: this.camera.MediaType.PICTURE,
  sourceType :isFromFile? this.camera.PictureSourceType.PHOTOLIBRARY:
             this.camera.PictureSourceType.CAMERA
}
```

以上代码表示拍摄的图片不进行压缩，以JPEG的格式存储，拍摄成功后，返回文件的路径(方便上传到服务器)，根据方法的参数isFromFile来确定是使用相机进行拍摄还是直接在手机相册中选择文件。选项设置完成后，调用Camera的getPicture方法获取学生登记照图片，如果成功，则返回图片文件的路径。由于 Ionic5 中的 Web View 有缺陷，需要将返回的文件路径进行处理，再和页面视图的 img 控件的 src 属性进行绑定，代码如下：

```
this.imgFileUrl=(window as any).Ionic.WebView.convertFileSrc(imageData);
```

原始的文件路径在上传登记照图片到 Web 服务器时使用。Cordova 插件的详细信息请参考 https://cordova.apache.org/docs/en/latest/reference/cordova-plugin-camera/index.html 和 https://ionicframework.com/docs/native/camera。

处理学生登记照的全部代码如下：

```
//用手机拍摄或者从手机相册中选择图片
getPhoto(isFromFile:boolean){
  //定义相机选项
  const options: CameraOptions={
    quality: 100,
    destinationType: this.camera.DestinationType.FILE_URI,
    encodingType: this.camera.EncodingType.JPEG,
    mediaType: this.camera.MediaType.PICTURE,
    sourceType :isFromFile? this.camera.PictureSourceType.
             PHOTOLIBRARY:this.camera.PictureSourceType.CAMERA
  }
  //获得拍摄或者选择的图片
  this.camera.getPicture(options).then((imageData)=>{
    //文件上传路径为返回的原始路径
    this.imgFileUpdUrl=imageData;
    //Ionic 中的 Web View 的 Bug 必须进行路径转换
    this.imgFileUrl=(window as any).Ionic.WebView.convertFileSrc(imageData);
    //设置登记照可以上传
    this.isUploadable=true;
   }, (err)=>{
      alert(err)
   });
}

//调用 std.service 服务,上传登记照
upLoadStdImg() {
  if(this.isUploadable)
  {
    this.stdService.upLoadStdImg(this.imgFileUpdUrl);
  }
}
```

3) 处理表单提交

添加学生到数据库的逻辑和第 5 章中使用 Angular 程序添加学生的逻辑类似，在此不再单独列出代码。请直接参阅以下给出的 std-add.page.ts 的全部代码：

```
import {Component, OnInit} from '@angular/core';
import {Location} from '@angular/common';
import {StdService,Student} from '../services/std.service';
import {FormGroup, FormBuilder, Validators} from "@angular/forms";
import {Router} from '@angular/router';
import {Camera, CameraOptions} from '@ionic-native/camera/ngx';
import {HttpClient} from '@angular/common/http';

@Component({
  selector: 'app-std-add',
  templateUrl: './std-add.page.html',
  styleUrls: ['./std-add.page.scss'],
})
export class StdAddPage implements OnInit {

  //响应式表单
  stdForm: FormGroup;
  //表单是否提交
  isSubmitted:boolean;
  //相机拍摄照片的路径或者从相册中选择图片的路径
  imgFileUrl:any;
  //登记照上传的路径
  imgFileUpdUrl:any;
  //登记照是否能上传
  isUploadable:boolean;
  //得到响应式表单定义的控件列表
  get errorControl() {
    return this.stdForm.controls;
  }

  constructor(private location: Location,
                private formBuilder: FormBuilder,
                private stdService:StdService,
                private router:Router,
                private camera: Camera,
                private http: HttpClient,
  ) { }

  ngOnInit(){
    //默认的学生登记照图片
    this.imgFileUrl="../assets/None1.jpg";
    //响应式表单的定义
    this.stdForm=this.formBuilder.group({
         id: ["", [Validators.required, Validators.minLength(4), Validators.
```

```
        maxLength(4)]],
      name: ['', [Validators.required, ]],
      email: ['', [Validators.required,
                  Validators.pattern('^[a-zA-Z0-9_-]+@[a-zA-Z0-9_-]+(\.[a-zA-Z0-9_-]
                  +)+$')]],
      birth: ['1999-01-01',[Validators.required, ]],
      gender:['男']
    })
  }
  //每次进入页面时,设置登记照为不可上传状态
  ionViewWillEnter(){
    this.isUploadable=false;
  }
  //返回到上一级页面
  goBack(){
    this.location.back();
  }
  //用手机拍摄或者从手机相册中选择图片
  getPhoto(isFromFile:boolean){
    //定义相机选项
    const options: CameraOptions={
      quality: 100,
      destinationType: this.camera.DestinationType.FILE_URI,
      encodingType: this.camera.EncodingType.JPEG,
      mediaType: this.camera.MediaType.PICTURE,
      sourceType :isFromFile? this.camera.PictureSourceType.PHOTOLIBRARY
                 :this.camera.PictureSourceType.CAMERA
    }
    //获得拍摄或者选择的图片
    this.camera.getPicture(options).then((imageData)=>{
      //文件上传路径为返回的原始路径
      this.imgFileUpdUrl=imageData;
      //Ionic 中的 Web View 的 Bug 必须进行路径转换
      this.imgFileUrl=(window as any).Ionic.WebView.convertFileSrc(imageData);
      //设置登记照可以上传
      this.isUploadable=true;
    }, (err)=>{
        alert(err)
    });
  }

  //调用 std.service 服务,上传登记照
  upLoadStdImg() {
    if(this.isUploadable)
```

```
        {
          this.stdService.upLoadStdImg(this.imgFileUpdUrl);
        }
      }

      //处理表单提交,添加学生信息到数据库
      processForm(event) {
        this.isSubmitted=true;
        //验证表单的各输入是否正确
        if (! this.stdForm.valid) {
          console.log('请输入正确的字段值!')
          return false;
        }
        else {
          console.log(this.stdForm.value)
          let stdAdded=this.stdForm.value as Student;
          stdAdded.discriminator="Student";

          if(this.isUploadable){
              stdAdded.imageURL="~/UploadFiles/"
              +this.imgFileUpdUrl.substr( this.imgFileUpdUrl.lastIndexOf('/')+1);
          }

          this.stdService.addStudent(stdAdded)
          .subscribe(
            (response)=>{
              console.log(response);
              this.router.navigateByUrl("/home");
            },
            error=>{
              console.log(error);
            });
        }
      }
    }
```

3. 页面测试

在 VS Code 的终端命令提示符下输入以下命令：

```
ionic cordova run android --target Pixel3_API26
```

在 Pixel3_API26 虚拟机中运行程序，点击“⊙”按钮，出现如图 6.17 所示的界面后，进行以下测试。

(1) 确认学号、姓名、电子邮件、出生日期等输入框的各项表单验证(Required、最长(短)字符长度、正则表达式)是否正确。

(2) 分别使用模拟相机拍摄学生登记照和使用手机相册选择学生登记照，然后上传图片文件到服务器，检查结果是否正确。

(3) 正确填写学生的各项信息后，点击“确定”按钮，确定添加一个学生，程序会返回到home页面，验证新添加的学生是否出现在列表中，且数据是否正确。同时，思考一个问题，重新进入home页面，所触发的是ngOnInit事件还是ionViewWillEnter事件。

6.5.5 学生详细信息页面

在VS Code的终端命令提示符下输入以下命令：

```
ionic g page StdDetails
```

添加std-details页面，由于使用了Ionic的Page，故路由模式默认为惰性模式。打开app-routing.module.ts文件，可以观察到std-details页面的路由已经自动添加，修改默认生成的路由，代码如下：

```
{
  path: 'std-details/:id',
  loadChildren: ()=>import('./std-details/std-details.module').then(m=>
                              m.StdDetailsPageModule)
}
```

在home.page.ts的appendItems方法中加入以下语句：

```
el.setAttribute("href",'/std-details/${curStd.id}')
```

以上语句表示用户点击学生列表项时，根据学生的id路由导航到std-details页面。

1. 页面视图

学生详细信息的页面视图如图6.18所示。

学生详细信息页面视图的设计较简单，相关技术在前面已经介绍过，在此不再分段介绍，直接给出全部的html代码，如下：

```
<!--页面头部-->
<ion-header>
  <ion-toolbar color="primary">
    <ion-buttons slot="start">
      <ion-button (click)="goBack()">
        <ion-icon name="arrow-back-circle" size="large" ></ion-icon>
      </ion-button>
    </ion-buttons>
    <ion-title class="ion-text-center">学生详细信息</ion-title>
  </ion-toolbar>
</ion-header>
<!--学生信息展示-->
<ion-content*ngIf="curStd">
  <ion-card>
```

图 6.18　学生详细信息页面

```
<ion-card-header>
  <ion-card-title>{{curStd.name}}</ion-card-title>
</ion-card-header>
<ion-card-content>
  <ion-item>
    <ion-text slot="start">学号       </ion-text>
    <ion-label> {{curStd.id}}</ion-label>
  </ion-item>
  <ion-item>
    <ion-text slot="start">性别       </ion-text>
    <ion-label> {{curStd.gender}}</ion-label>
  </ion-item>
  <ion-item>
    <ion-text slot="start">出生日期</ion-text>
    <ion-label>{{curStd.birth | date:'yyyy-MM-dd'}}</ion-label>
  </ion-item>
  <ion-item>
    <ion-text slot="start">电子邮件</ion-text>
    <ion-label>{{curStd.email}}</ion-label>
```

```
        </ion-item>
        <ion-item>
          <ion-text slot="start">登记照</ion-text>
        </ion-item>
        <ion-img*ngIf="curStd.imageURL"
          src="{{stdWebUrl}}/{{curStd.imageURL.substring(2,curStd.imageURL.length)}}"
              class="stdImg">
        </ion-img>
        <ion-img*ngIf="!curStd.imageURL" [src]="nonImgUrl" class="stdImg"></ion-img>
        <!--功能按钮-->
        <ion-grid >
          <ion-row>
            <ion-col>
             <ion-chip outline color="primary" class="ion-float-right"
                       routerLink="/std-edit/{{curStd.id}}">
               <ion-icon name="pencil"></ion-icon>
               <ion-label style="font-size:larger;">修改</ion-label>
             </ion-chip>
           </ion-col>
            <ion-col>
             <ion-chip outline color="danger" class="ion-float-left"
                       (click)="presentAlertConfirm()">
               <ion-icon name="close-circle"></ion-icon>
               <ion-label style="font-size:larger;">删除</ion-label>
             </ion-chip>
            </ion-col>
          </ion-row>
        </ion-grid>
      </ion-card-content>
    </ion-card>
  </ion-content>
```

2. 后台代码

学生详细信息页面的后台代码的相关技术在前面也已经介绍过，在此不再分开讨论，直接给出全部代码，如下：

```
import {Component, OnInit} from '@angular/core';
import {ActivatedRoute,Router} from '@angular/router';
import {StdService,Student} from '../services/std.service';
import {HttpClient} from '@angular/common/http';
import {AlertController} from '@ionic/angular';

@Component({
  selector: 'app-std-details',
  templateUrl: './std-details.page.html',
```

```
  styleUrls: ['./std-details.page.scss'],
})
export class StdDetailsPage implements OnInit {
  //当前学生实例
  curStd:Student;
  //学生管理网站的 Web URL 地址
  stdWebUrl:string ;
  //默认的学生登记照
  nonImgUrl:string;

  constructor(
    private route: ActivatedRoute,
    private stdService:StdService,
    private http: HttpClient,
    private router: Router,
    private alertCtl: AlertController
  ) { }

  //根据学生的 id 调用 Web API,获取当前学生实例
  getCurStd(): void {
    const id=+ this.route.snapshot.paramMap.get('id');
    this.stdService.getStd(id)
      .subscribe(s=>{ this.curStd=s;
                      this.curStd.discriminator="Student";
                      });
  }

  ngOnInit() {
    //读取配置文件,获得学生管理网站的 Web URL 地址
    this.http.get('../assets/AppConfig.json')
    .subscribe((data:any)=> {
      this.stdWebUrl=data.stdWebUrl
    });
    //设置学生默认登记照
    this.nonImgUrl="../assets/None1.jpg";
  }

  ionViewWillEnter()
  {
    //获取当前学生实例
    this.getCurStd();
  }

  //返回 home 页面
```

```
    goBack(){
      this.router.navigateByUrl("/home")
    }

    //删除确认对话框
    async presentAlertConfirm() {
      const alertconfirm=await this.alertCtl.create({
        header: '确认信息',
        message: '确认删除该学生吗？',
        buttons: [
          {
            text: '确认',
            handler: ()=>{
              //如果点击确认,则删除当前的学生并返回 home 页面
              this.stdService.deleteStudent(this.curStd).
              subscribe(()=>{this.router.navigateByUrl("/home")});
            }
          },
          {
            text: '取消', role: 'cancel',
          },
        ]
      });
      await alertconfirm.present();
    }
  }
```

代码中使用了 ion-alert 代替第 5 章的 window. confirm 方法来实现用户确认删除对话框，两者的原理是类似的，只不过 ion-alert 提供给了程序员更多的选择和控制，样式也比原生的 confirm 对话框美观。关于 ion-alert，请参阅 https://ionicframework. com/docs/api/alert。

3. 页面测试

在 Android 虚拟机中运行程序，对学生详细信息页面进行以下测试。

(1) 在学生列表页面，任意点击一个学生列表项，确认进入 std-details 页面，并确认信息显示正确。

(2) 点击“返回”按钮，回到学生列表页面。

(3) 点击“删除”按钮，确认对话框的弹出，分别测试点击“确定”和“取消”的程序运行结果。点击“取消”，回到当前页面，点击“确定”，则删除当前学生，回到学生列表页面，确认学生被删除。

6.5.6 学生修改页面

在 VS Code 的终端命令提示符下输入以下命令：

```
ionic g page StdEdit
```

添加 std-edit 页面，由于使用了 Ionic 的 Page，故路由模式默认为惰性模式。打开 app-routing. module. ts 文件，可以观察到 std-edit 页面的路由已经自动添加，修改默认生成的路由，代码如下：

```
{
  path: 'std-edit/:id',
  loadChildren:()=>import('./std-edit/std-edit.module').then(m=>m.StdEditPageModule)
}
```

打开 std-edit. module. ts 添加响应式表单的模块，代码如下：

```
import {NgModule} from '@angular/core';
import {CommonModule} from '@angular/common';
import {FormsModule,ReactiveFormsModule} from '@angular/forms';
import {IonicModule} from '@ionic/angular';
import {StdEditPageRoutingModule} from './std-edit-routing.module';
import {StdEditPage} from './std-edit.page';

@NgModule({
  imports:[
    CommonModule,
    FormsModule,
    ReactiveFormsModule,
    IonicModule,
    StdEditPageRoutingModule
  ],
  declarations:[StdEditPage]
})
export class StdEditPageModule {}
```

1. 页面视图

修改学生信息的页面视图如图 6. 19 所示。

修改学生信息的页面视图和添加学生信息的页面视图基本相同，不同点主要有以下几点。

(1) 学号为只读，不能修改，也不需要验证。

(2) 需要使用 *ngIf="curStd"来确定当前学生不为空。

(3) 点击“返回”按钮，返回学生详细信息页面，而不是学生列表页面。

修改学生信息页面视图的全部 html 代码如下：

```
<!--页面头部-->
<ion-header>
  <ion-toolbar color="primary">
    <ion-buttons slot="start">
```

图 6.19 修改学生信息的页面视图

```
      <ion-button (click)="goBack()">
        <ion-icon name="arrow-back-circle" size="large"></ion-icon>
      </ion-button>
    </ion-buttons>
    <ion-title class="ion-text-center">修改学生信息</ion-title>
  </ion-toolbar>
</ion-header>
<!--*ngIf="curStd"确认 curStd 不为空-->
<ion-content *ngIf="curStd" [fullscreen]="true">
  <form (ngSubmit)="processForm($event)" [formGroup]="stdForm" novalidate>
    <ion-list lines="full">
      <!--学号为只读-->
      <ion-row>
        <ion-col size="3">
          <ion-item>
            <ion-label>学号</ion-label>
          </ion-item>
        </ion-col>
        <ion-col>
```

```
      <ion-item>
    <ion-input type="text" formControlName="id" readonly></ion-input>
    </ion-item>
    </ion-col>
</ion-row>
<!--学生姓名-->
<ion-row>
  <ion-col size="3">
    <ion-item><ion-label>姓名</ion-label></ion-item>
  </ion-col>
  <ion-col>
    <ion-item>
      <ion-input type="text" required formControlName="name"></ion-input>
   </ion-item>
   <!--验证错误提示-->
   <ion-text class="ion-padding" color="danger"
     *ngIf="isSubmitted && errorControl.name.errors?.required">
   必须输入学生姓名!
   </ion-text>
  </ion-col>
</ion-row>
<!--电子邮件-->
<ion-row>
  <ion-col size="3">
    <ion-item><ion-label>电子邮件</ion-label></ion-item>
  </ion-col>
  <ion-col>
    <ion-item>
      <ion-input type="text" formControlName="email"></ion-input>
   </ion-item>
   <!--验证错误提示-->
   <ion-text class="ion-padding" color="danger"
     *ngIf="isSubmitted && errorControl.email.errors?.required">
   必须输入电子邮件地址!
   </ion-text>
   <ion-text class="ion-padding" color="danger"
     *ngIf="isSubmitted && errorControl.email.errors?.pattern">
   请输入正确格式的电子邮件地址!
   </ion-text>
  </ion-col>
</ion-row>
<!--学生性别-->
<ion-radio-group formControlName="gender">
  <ion-grid>
```

```
        <ion-row>
          <ion-col size="3">
            <ion-item>
              <ion-label>性别</ion-label>
            </ion-item>
          </ion-col>
          <ion-col size="4">
            <ion-item>
            <ion-label>男</ion-label>
            <ion-radio slot="start" color="primary" value="男"></ion-radio>
          </ion-item>
        </ion-col>
          <ion-col>
            <ion-item>
              <ion-label>女</ion-label>
              <ion-radio slot="start" color="success" value="女"></ion-radio>
            </ion-item>
          </ion-col>
        </ion-row>
      </ion-grid>
    </ion-radio-group>
    <!--出生日期-->
    <ion-item>
      <ion-label>出生日期</ion-label>
    </ion-item>
    <ion-item>
      <ion-input type="date" required formControlName="birth"></ion-input>
    </ion-item>
    <ion-text class="ion-padding" color="danger"
      * ngIf="isSubmitted && errorControl.birth.errors?.required">
      必须输入学生出生日期!
    </ion-text>
    <!--登记照-->
    <ion-grid>
      <ion-row>
         <ion-col size="3">
          <ion-item>
            <ion-label>登记照</ion-label>
          </ion-item>
         </ion-col>
         <ion-col>
           <ion-row>
             <ion-col size="3">
               <!--直接使用相机拍摄-->
```

```
              <ion-fab-button (click)="getPhoto(false)">
                <ion-icon name="camera"></ion-icon>
              </ion-fab-button>
            </ion-col>
            <ion-col size="3">
             <!--从手机相册选取-->
              <ion-fab-button (click)="getPhoto(true)" color="success">
                <ion-icon name="document"></ion-icon>
              </ion-fab-button>
            </ion-col>
            <ion-col>
              <ion-fab-button (click)="upLoadStdImg()" color="danger"
              [disabled]="!isUploadable">
                <ion-icon name="cloud-upload"></ion-icon>
              </ion-fab-button>
           </ion-col>
          </ion-row>
        </ion-col>
      </ion-row>
    </ion-grid>
   <ion-item>
      <ion-img *ngIf="imgFileUrl" [src]="imgFileUrl" class="stdImg"></ion-img>
   </ion-item>
  </ion-list>
  <div class="ion-padding">
    <ion-button expand="block" type="submit" class="ion-no-margin">
      <ion-icon name="checkmark-circle" size="large"></ion-icon> <h4>确定</h4>
    </ion-button>
  </div>
  </form>
</ion-content>
```

2. 后台代码

更新学生信息的代码和添加学生信息的代码类似，不同之处在于，加载页面时，在 ngOnInit 事件中根据学生的 id(从 std-details 页面传入)获得当前学生的实例对象 curStd，使用 curStd 进行响应式表单的构造，处理表单提交时，调用 Web API 的 Put 操作更新学生信息，std-edit. page. ts 的全部代码如下：

```
import {Component, OnInit} from '@angular/core';
import {ActivatedRoute,Router} from '@angular/router';
import {StdService,Student} from '../services/std.service';
import {HttpClient} from '@angular/common/http';
import {FormGroup, FormBuilder, Validators} from "@angular/forms";
import {Camera, CameraOptions} from '@ionic-native/camera/ngx';
```

```
@Component({
  selector: 'app-std-edit',
  templateUrl: './std-edit.page.html',
  styleUrls: ['./std-edit.page.scss'],
})
export class StdEditPage implements OnInit {
  //当前学生实例
  curStd:Student;
  //响应式表单
  stdForm: FormGroup;
  //是否回复表单
  isSubmitted:boolean;
  //使用相机拍摄照片的路径或者从相册中选择图片的路径
  imgFileUrl:any;
  //登记照上传的路径
  imgFileUpdUrl:any;
  //登记照是否可以上传
  isUploadable:boolean;
  //学生管理网站的 URL 地址从配置文件中读取
  stdWebUrl:string;
  //得到响应式表单定义的控件列表
  get errorControl() {
    return this.stdForm.controls;
  }

  constructor(
    private route: ActivatedRoute,
    private stdService:StdService,
    private http: HttpClient,
    private formBuilder: FormBuilder,
    private router:Router,
    private camera: Camera,
  ) { }

  getCurStd(): void {
    const id=+ this.route.snapshot.paramMap.get('id');
    this.stdService.getStd(id).subscribe(s=>
      {this.curStd=s;
      //日期控件特殊处理
       this.curStd.birth=this.curStd.birth.substring(0,10);
       this.curStd.discriminator="Student";
       //构造响应式表单
       this.stdForm=
       this.formBuilder.group({
```

```
            id: [this.curStd.id,[Validators.required,
                    Validators.minLength(4),Validators.maxLength(4)]],
            name: [this.curStd.name, [Validators.required, ]],
            email: [this.curStd.email, [Validators.required,
                    Validators.pattern('^[a-zA-Z0-9_-]+@[a-zA-Z0-9_-]+(\.[a-zA-Z0-9_-]+)+$')]],
            birth: [this.curStd.birth,[Validators.required, ]],
            gender:[this.curStd.gender]
        });
        //登记照
        if(this.curStd.imageURL)
          this.imgFileUrl='${this.stdWebUrl}/'
          +'${this.curStd.imageURL.substring(2,this.curStd.imageURL.length)}'
        else
          this.imgFileUrl="../assets/None1.jpg";
        });
}

async ngOnInit(): Promise<void>{
  //读取配置文件,获得 stdWebUrl
  let res:any=await this.http.get('./assets/AppConfig.json').toPromise();
  this.stdWebUrl=res.stdWebUrl;
  this.getCurStd();
}

ionViewWillEnter(){
  //设置登记照不可上传
  this.isUploadable=false;
}

//回到学生详细信息页面
goBack(){
  this.router.navigateByUrl('/std-details/$ {this.curStd.id}');
}

//更新学生登记照
getPhoto(isFromFile:boolean){
  //alert('test');
  const options: CameraOptions={
    quality: 100,
    destinationType: this.camera.DestinationType.FILE_URI,
    encodingType: this.camera.EncodingType.JPEG,
    mediaType: this.camera.MediaType.PICTURE,
    sourceType :isFromFile? this.camera.PictureSourceType.PHOTOLIBRARY
            :this.camera.PictureSourceType.CAMERA
```

```
    }
    this.camera.getPicture(options).then((imageData)=>{
      this.imgFileUpdUrl=imageData;
      this.imgFileUrl=(window as any).Ionic.WebView.convertFileSrc(imageData);
      this.isUploadable=true;
     }, (err)=>{
         alert(err)
     });
}

//上传登记照
upLoadStdImg() {
     if(this.isUploadable)
     {
       this.stdService.upLoadStdImg(this.imgFileUpdUrl);
     }
}

//处理表单提交,更新学生信息
processForm(event) {
  this.isSubmitted=true;
  if (!this.stdForm.valid) {
    console.log('请输入正确的字段值!')
    return false;
  } else {
    console.log(this.stdForm.value)
    let stdUpdated=this.stdForm.value as Student;
    stdUpdated.discriminator="Student";
    //如果重新上传了图片
    if(this.isUploadable)
    {
       stdUpdated.imageURL="~/UploadFiles/"
       +this.imgFileUpdUrl.substr(this.imgFileUpdUrl.lastIndexOf('/')+1);
    }
    else
    {
      stdUpdated.imageURL=this.curStd.imageURL;
    }

    this.stdService.updateStudent(stdUpdated)
    .subscribe(
      (response)=>{
        console.log(response);
        this.router.navigateByUrl('/std-details/${this.curStd.id}');
```

```
        },
        error=>{
          console.log(error);
        });
      }
    }
}
```

3. 页面测试

在 Android 虚拟机中运行程序，对修改学生信息页面进行以下测试。

（1）对学生的基本信息进行修改，确认输入错误时，表单验证会出现错误提示，输入正确后，错误提示消失。

（2）学生登记照使用相机拍摄或者从手机相册选择后上传，并确认是否上传成功。

（3）对学生信息进行修改后，点击“确认”按钮，修改学生信息，返回到学生信息详细页面，确认信息修改是否正确。

6.5.7　系统返回键的处理

当用户使用手机本身的返回键◁时，页面路由导航的逻辑为，当前页面若为“/home”，则弹出 toast 提示框，提示用户是否确认退出程序，若用户在设定的时间范围内再次点击返回键，则退出应用程序。若当前页面为其他页面，则根据应用程序本身的路由历史堆栈，逐级返回上一级页面。实现上述返回逻辑的过程如下。

（1）安装 toast。

在 VS Code 的终端命令提示符下输入以下命令：

```
ionic cordova plugin add cordova-plugin-x-toast
npm install @ionic-native/toast
```

（2）打开 app. module. ts 文件，引入 toast，代码如下：

```
import {NgModule} from '@angular/core';
import {BrowserModule} from '@angular/platform-browser';
import {RouteReuseStrategy} from '@angular/router';
import {HttpClientModule}    from '@angular/common/http';
import {IonicModule, IonicRouteStrategy} from '@ionic/angular';
import {SplashScreen} from '@ionic-native/splash-screen/ngx';
import {StatusBar} from '@ionic-native/status-bar/ngx';
import {AppComponent} from './app.component';
import {AppRoutingModule} from './app-routing.module';
import {FileTransfer} from '@ionic-native/file-transfer/ngx';
import {Camera} from '@ionic-native/camera/ngx';
import {Toast} from '@ionic-native/toast/ngx';

@NgModule({
  declarations:[AppComponent],
```

```
  entryComponents: [],
  imports: [BrowserModule,
            IonicModule.forRoot(),
            AppRoutingModule,
            HttpClientModule,
          ],
  providers: [
    StatusBar,
    SplashScreen,
    FileTransfer,
    Camera,
    Toast,
    {provide: RouteReuseStrategy, useClass: IonicRouteStrategy}
  ],
  bootstrap: [AppComponent]
})
export class AppModule {}
```

(3) 修改 app. component. ts 文件,代码如下:

```
import {Component} from '@angular/core';
import {Platform,NavController} from '@ionic/angular';
import {SplashScreen} from '@ionic-native/splash-screen/ngx';
import {StatusBar} from '@ionic-native/status-bar/ngx';
import {HttpClient} from '@angular/common/http';
import {StdService} from './services/std.service';
import {Router, NavigationEnd} from '@angular/router';
import {Toast} from '@ionic-native/toast/ngx';

@Component({
  selector: 'app-root',
  templateUrl: 'app.component.html',
  styleUrls: ['app.component.scss']
})
export class AppComponent {
  //记录当前页面的 URL,初始值为/home
  url: any='/home';
  //用于判断是否退出
  backButtonPressed: boolean=false;
  constructor(
    private platform: Platform,
    private splashScreen: SplashScreen,
    private statusBar: StatusBar,
    private http: HttpClient,
    private router:Router,
    private toast: Toast,
    private navController: NavController
```

```
) {
  this.initializeApp();
  this.initRouterListen();
  this.platform.backButton.subscribeWithPriority(1,()=>{
    //判断是否是初始界面
    if(this.url==='/home'||this.url==='/') {
        if (this.backButtonPressed) {
        navigator['app'].exitApp();
        this.backButtonPressed=false;     //退出
      } else {
        this.toast.show('再按一次退出应用','1500','bottom').subscribe(
          toast=>{
            console.log(toast);
          }
        );
        this.backButtonPressed =true;
        //延时器改变退出判断属性
        setTimeout(()=> this.backButtonPressed=false, 1500);
      }
    } else {
      //返回上一级页面
      this.navController.back();
    }
  });
}

//获取当前页面的 URL
initRouterListen() {
  this.router.events.subscribe(event=> {
    if(event instanceof NavigationEnd) {
      this.url=event.url;
    }
  });
}

async ngOnInit(): Promise<void>{
  //读取 Web API 的地址
  let res:any=await this.http.get('./assets/AppConfig.json').toPromise();
  //webapi url
  StdService.stdsUrl=res.stdsWebAPIUrl
}

initializeApp() {
  this.platform.ready().then(()=>{
    this.statusBar.styleDefault();
    this.splashScreen.hide();
```

```
      });
    }
  }
```

6.6 跨平台学生管理 APP 的部署

本节说明如何将应用程序部署到真实的手机中去，笔者使用的手机为华为荣耀（Honor 6X），5.5 寸屏幕，Android 8.0 系统。

（1）打开 config.xml，修改 <name>StdMngMobile</name> 为 <name>学生管理手机版</name>。

（2）打开 resources 文件夹，在这个文件夹下，icon.png 和 splash.png 分别代表着图标和启动页。使用自定义图标和启动页替换掉默认的 icon.png 和 splash.png（分辨率最好一致），然后执行以下命令：

```
ionic resources
```

就可以生成自动适用于不同手机尺寸的图标和启动页。注意 android 子目录下 icon 和 splash 文件的变化。

（3）将手机连接到开发用的笔记本或者台式机，在开发人员选项中打开 USB 调试模式，然后在 VS Code 的终端命令提示符中输入以下命令：

```
cordova run --list
```

确认可用设备出现在列表中，如图 6.20 所示。

图 6.20 Android **可用设备列表**

（4）在 VS Code 的终端命令提示符中输入以下命令：

```
ionic cordova run android --device
```

在手机中确认安装的过程，生成的 apk 文件可以分发给其他人使用。

参考文献

[1] 王珊,萨师煊. 数据库系统概论[M]. 5 版. 北京:高等教育出版社,2014.

[2] Microsoft Inc.. SQL Server 2012 联机丛书[EB/OL]. 2015-07-21. https://docs.microsoft.com/zh-cn/previous-versions/sql/sql-server-2012/.

[3] Microsoft Inc.. ADO.NET[EB/OL]. 2017-03-30. https://docs.microsoft.com/zh-cn/dotnet/framework/data/adonet/.

[4] Microsoft Inc.. C# 编程指南[EB/OL]. 2017-05-02. https://docs.microsoft.com/zh-cn/dotnet/csharp/programming-guide/.

[5] Microsoft Inc.. Visual Studio IDE 文档[EB/OL]. 2019-03-19. https://docs.microsoft.com/zh-cn/visualstudio/get-started/visual-studio-ide?view=vs-2017.

[6] Microsoft Inc.. 适用于 Windows 窗体的.NET 桌面指南[EB/OL]. 2017-03-30. https://docs.microsoft.com/zh-cn/dotnet/desktop/winforms/?view=netframeworkdesktop-4.8.

[7] Microsoft Inc.. Entity Framework 6[EB/OL]. 2016-10-23. https://docs.microsoft.com/zh-cn/ef/ef6/.

[8] Microsoft Inc.. 语言集成查询(LINQ)[EB/OL]. 2017-02-02. https://docs.microsoft.com/zh-cn/dotnet/csharp/programming-guide/concepts/linq.

[9] Steve Smith. ASP.NET Core MVC 概述[EB/OL]. 2020-02-12. https://docs.microsoft.com/zh-cn/aspnet/core/mvc/overview?view=aspnetcore-2.2.

[10] Twitter Inc.. Bootstrap Document[EB/OL]. 2018-07-25. https://getbootstrap.com/docs/4.5/getting-started/introduction/.

[11] John Resig. jQuery API[EB/OL]. 2018-02-05. https://api.jquery.com/.

[12] Microsoft Inc.. Entity Framework Core[EB/OL]. 2020-09-20. https://docs.microsoft.com/zh-cn/ef/core/.

[13] Microsoft Inc.. 创建并配置模型[EB/OL]. 2020-10-13. https://docs.microsoft.com/zh-cn/ef/core/modeling/.

[14] Microsoft Inc.. 管理数据库架构[EB/OL]. 2017-10-30. https://docs.microsoft.com/zh-cn/ef/core/managing-schemas/.

[15] Rick Anderson,Ryan Nowak. ASP.NET Core 中的 Razor Pages 介绍[EB/OL]. 2020-02-12. https://docs.microsoft.com/zh-cn/aspnet/core/razor-pages/?view=aspnetcore-5.0&tabs=visual-studio.

[16] Rick Anderson. ASP.NET Core MVC 入门[EB/OL]. 2020-11-16. https://docs.microsoft.com/zh-cn/aspnet/core/tutorials/first-mvc-app/start-mvc?view=aspnetcore-2.2&tabs=visual-studio.

[17] Tom Dykstra,Rick Anderson. 在 ASP.NET MVC Web 应用中使用 EF Core 入门

[EB/OL]. 2020-11-06. https://docs. microsoft. com/zh-cn/aspnet/core/data/ef-mvc/intro? view=aspnetcore-2. 2.

[18] Michael Dawson, Bethany Griggs. Node. js v14. 15. 4 Documentation[EB/OL]. https://nodejs. org/dist/latest-v14. x/docs/api/.

[19] Google Inc.. Angular 开发文档[EB/OL]. https://angular. cn/docs.

[20] Microsoft Inc.. Visual Studio Code Document[EB/OL]. https://code. visualstudio. com/docs.

[21] Rick Anderson, Kirk Larkin, Mike Wasson. 使用 ASP. NET Core 创建 Web API[EB/OL]. 2020-02-04. https://docs. microsoft. com/zh-cn/aspnet/core/tutorials/first-web-api? view=aspnetcore-2. 2&tabs=visual-studio.

[22] Roy Thomas Fielding. Architectural Styles and the Design of Network-based Software Architectures[D]. IRVINE USA: UNIVERSITY OF CALIFORNIA, 2000.

[23] Apple Inc.. Apache Cordova Document[EB/OL]. https://cordova. apache. org/docs/en/6. x/guide/overview/index.html.

[24] Ionic Inc.. Ionic Angular Overview[EB/OL]. https://ionicframework. com/docs/angular/overview.

[25] Microsoft Inc.. TypeScript for JavaScript Programmers[EB/OL]. https://www. typescriptlang. org/docs/handbook/typescript-in-5-minutes. html.

[26] Google Inc.. 探索 Android Studio[EB/OL]. https://developer. android. google. cn/studio/intro.